令和３年産

野菜生産出荷統計

大臣官房統計部

令　和　５　年　６　月

農林水産省

目　　次

[付:品目別目次]

利 用 者 の た め に

1　調査の概要

(1)　調査の目的

本調査は、作物統計調査の作付面積調査及び収穫量調査の野菜調査として実施したものであり、野菜の生産に関する実態を明らかにし、食料・農業・農村基本計画における野菜の生産努力目標の策定及び達成状況の検証、野菜の生産振興に資する各種事業の推進、農業保険法（昭和 22 年法律第 185 号）に基づく畑作物共済事業の共済金額の算定のための資料を整備することを目的としている。

(2)　調査の根拠法令

作物統計調査は、統計法（平成 19 年法律第 53 号）第 9 条第 1 項の規定に基づく総務大臣の承認を受け基幹統計調査として、作物統計調査規則（昭和 46 年農林省令第 40 号）に基づき実施している。

(3)　調査の機構

調査は、農林水産省大臣官房統計部及び地方組織（地方農政局、北海道農政事務所、内閣府沖縄総合事務局及び内閣府沖縄総合事務局の農林水産センター。以下同じ。）を通じて行った。

(4)　調査の体系（枠で囲んだ部分が本書に掲載する範囲）

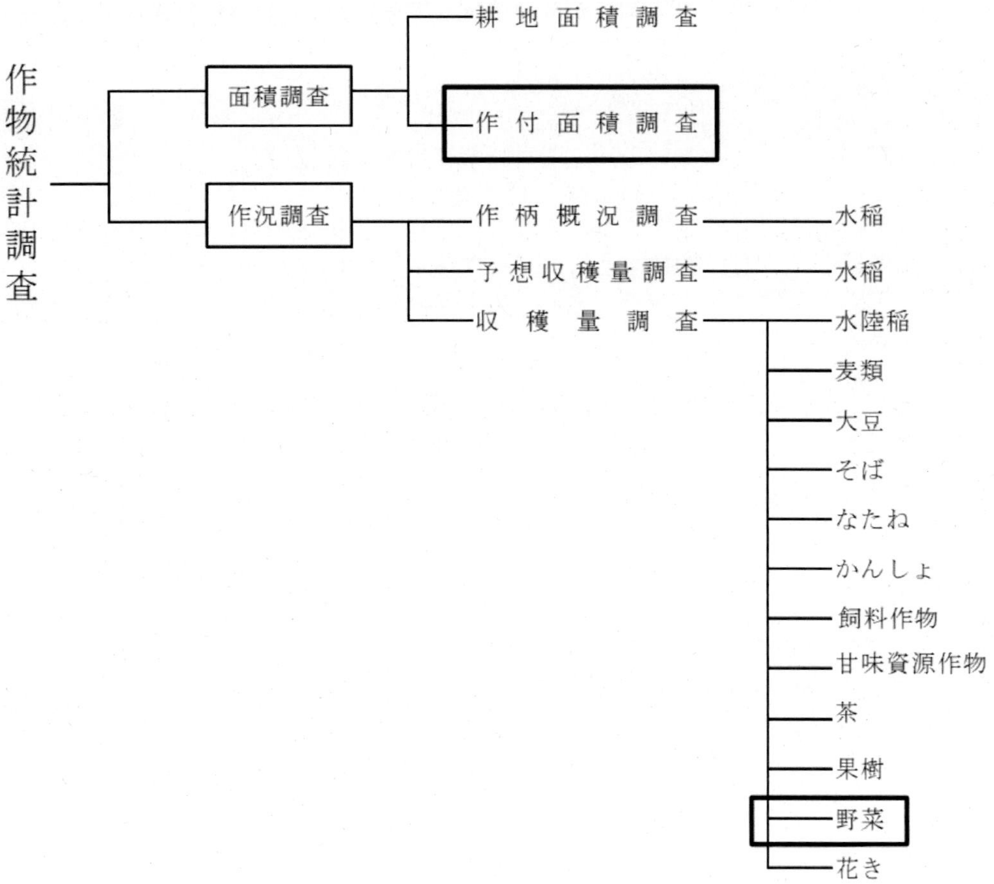

(5)　調査の範囲(別表１「品目別調査対象都道府県（主産県）一覧表」参照)

令和３年産については、主産県を調査の対象としている。

なお、全ての都道府県を調査対象とする全国調査を作付面積調査は３年（直近では令和元年産）、収穫量調査は６年（直近では平成 28 年産）ごとに実施しており、全国調査以外の年にあっては、調査対象品目ごとに、直近の全国調査年における面積調査結果に基づき、全国の作付面積のおおむね８割を占めるまでの上位都道府県を調査の範囲とし、その範囲に該当しない都道府県であっても、野菜生産出荷安定法に基づき指定する野菜指定産地を含む都道府県、特定野菜等供給産地育成価格差補給事業又は畑作物共済事業を実施する都道府県は調査の範囲としている。

(6)　調査対象者の選定

ア　作付面積調査

関係団体調査（全数調査）

調査対象品目を取り扱っている全ての農協等及び野菜生産出荷安定法（昭和 41 年法律第 103 号）第 10 条第１項に規定する登録生産者とした。

イ　収穫量調査

(ア)　関係団体調査（全数調査）

調査対象品目を取り扱っている全ての農協等及び野菜生産出荷安定法第 10 条第１項に規定する登録生産者とした。

(イ)　標本経営体調査（標本調査）

都道府県ごとの収穫量に占める関係団体の取扱数量の割合が８割に満たない都道府県については、2020 年農林業センサスにおいて調査対象品目を販売目的で作付けし、関係団体以外に出荷した農林業経営体から、品目別の作付面積の大きさに比例した確率比例抽出法により抽出を行った。なお、かぶ、ごぼう、れんこん、こまつな、ちんげんさい、ふき、みつば、しゅんぎく、みずな、セルリー、アスパラガス、カリフラワー、にら、にんにく、かぼちゃ、スイートコーン、さやいんげん、さやえんどう、グリーンピース、そらまめ、えだまめ及びしょうがについては、農林業センサスにおいて作付面積を把握していないため、系統抽出法により抽出を行った。

標本の大きさ（標本経営体数）については、全国の 10ａ当たり収量を指標とした目標精度（指定野菜については１～２％、指定野菜に準ずる野菜は２～３％）が確保されるよう、調査対象品目の全国収穫量に占める都道府県ごとのシェアを考慮して設定した 10ａ当たり収量に関する目標精度（指定野菜については３％～15％、指定野菜に準ずる野菜は５％～20％）を基に、団体シェアの割合等も考慮し、必要な標本経営体数を算出した。

(7)　調査対象者数

	関係団体調査			標本経営体調査				
	団体数 ①	有　効 回答数 ②	有　効 回答率 ③=②/①	母集団 の大きさ ④	標本の 大きさ ⑤	抽出率 ⑥=⑤/④	有　効 回答数 ⑦	有　効 回答率 ⑧=⑦/⑤
	団体		%	経営体	経営体	%	経営体	%
指定野菜のうち、春植えばれいしょ	401	358	89.3	13,047	894	6.9	450	50.3
指定野菜のうち、春野菜、夏秋野菜及びたまねぎ	1,377	1,272	92.4	214,027	10,267	4.8	4,192	40.8
指定野菜のうち、秋冬野菜及びほうれんそう並びに指定野菜に準ずる野菜	1,364	1,296	95.0	292,423	13,014	4.5	6,724	51.7

注：「有効回答数」とは、集計に用いた関係団体及び標本経営体の数であり、回答はあったが、当年産において作付けがなかった団体及び標本経営体は含まれていない。

(8)　調査の時期

調査期日

この調査における調査期日は、収穫期とする。

(9)　調査品目（41品目）

ア　指定野菜（14品目）

類　　別	品　　　目
根菜類	だいこん、にんじん、ばれいしょ（じゃがいも）、さといも
葉茎菜類	はくさい、キャベツ、ほうれんそう、レタス、ねぎ、たまねぎ
果菜類	きゅうり、なす、トマト、ピーマン

イ　指定野菜に準ずる野菜（27品目）

類　　別	品　　　目
根菜類	かぶ、ごぼう、れんこん、やまのいも
葉茎菜類	こまつな、ちんげんさい、ふき、みつば、しゅんぎく、みずな、セルリー、アスパラガス、カリフラワー、ブロッコリー、にら、にんにく
果菜類	かぼちゃ、スイートコーン、さやいんげん、さやえんどう、グリーンピース、そらまめ（乾燥したものを除く。）、えだまめ
香辛野菜	しょうが
果実的野菜	いちご、メロン（温室メロンを含む。）、すいか

(10)　調査事項

ア　作付面積調査・収穫量調査調査票（団体用）

調査品目別及び季節区分別の作付面積、出荷量及び用途別出荷量（指定野菜に限る。）

イ　収穫量調査調査票（経営体用）

調査品目別及び季節区分別の作付面積、出荷量及び「自家用、無償の贈与の量」

(11)　調査方法

調査は、農林水産省－地方農政局等－報告者の実施系統で実施する。

作付面積の把握は、関係団体等に対する往復郵送調査の方法による。

収穫量及び出荷量の把握は、関係団体等及び標本経営体に対する往復郵送調査の方法による。

関係団体等にあたっては、調査対象の協力が得られる場合は、オンラインシステムにより調査票を回収する自計調査又は電子メールにより調査票を配布・回収する自計調査も可能としている。

(12)　集計方法

ア　都道府県値

農林水産省地方組織に提出された調査票は、農林水産省地方組織において集計した。

(ｱ)　作付面積の集計は、関係団体調査結果を基に、職員又は統計調査員による巡回・見積り及び職員による情報収集により補完している。

(ｲ)　収穫量の集計は、関係団体調査及び標本経営体調査の結果から得られた10a当たり収量に作付面積を乗じて算出し、必要に応じて職員又は統計調査員による巡回及び職員による情報収集により補完している。

(ｳ)　出荷量の集計は、関係団体調査結果から得られた出荷量及び標本経営体調査結果から得られた10a当たり出荷量等を基に算出している。

なお、季節区分の一部のみの調査を行っている品目の年間計の都道府県値は、全国調査を行った平成28年産の調査結果に基づき、次により推計した。

都道府県値＝ 直近の全国調査年における当該品目の値×当年産として調査を実施した季節区分の合計値の比率（X）

X：当年産として調査を実施した季節区分の合計値÷直近の全国調査年における当年産として調査を実施した季節区分の合計値

(ｴ) 用途別出荷量の集計は、関係団体調査結果から得られた用途別出荷量等を基に算出している。
なお、主産県調査年において調査を行っていない季節区分がある場合の品目計の主産年調査年の結果は、全国調査を行った平成28 年産の調査結果に基づき、次により推計した。

$$品目計 = \frac{平成28年産の年間計出荷量 \times 当年産の調査対象季節区分の用途別出荷量}{平成28年産の調査対象季節区分の出荷量}$$

イ 全国値

農林水産省地方組織から報告された都道府県値を用い、農林水産省大臣官房統計部において集計した。

また、本年産調査は主産県調査年に当たることから、直近の全国調査の調査結果（作付面積調査は令和元年産、収穫量調査は平成28 年産）に基づき、次により推計した。

全国値＝ 直近の全国調査年の全国値×主産県値の比率（X）

X：当年産の主産県値÷直近の全国調査年の主産県値

ただし、春レタスのうちサラダ菜、冬春トマトのうちミニトマト、冬春ピーマンのうちししとう、夏秋レタスのうちサラダ菜、夏秋トマトのうちミニトマト、夏秋トマトのうち加工用トマト、夏秋ピーマンのうちししとう、冬レタスのうちサラダ菜、やまのいものうちながいも及びメロンのうち温室メロン（アールスフェボリット系）の出荷量の全国値については、当年産の主産県値の出荷率（出荷量÷収穫量）に当年産の収穫量の全国値を乗じて推計した。

(13) 市町村別の作付面積、収穫量及び出荷量

野菜指定産地に包括されている市町村について作成した。なお、北海道のばれいしょにおいては、全市町村について作成した。

(14) 調査の精度

ア 作付面積調査

関係団体に対する全数調査結果を用いて全国値を算出していることから、実績精度の算出は行っていない。

イ 収穫量調査

本調査の 10ａ当たり収量に係る調査結果（主産県計）の実績精度を標準誤差率（標準誤差の推定値÷推定値×100）により示すと、次表のとおりである。

(ｱ)　指定野菜

類別	品目	季節区分	標準誤差率(%)
根菜類	だいこん	春	1.6
		夏	1.9
		秋冬	1.4
	にんじん	春夏	1.0
		秋	1.6
		冬	1.5
	ばれいしょ	春植え	0.4
		秋植え	7.0
	さといも	秋冬	1.7
葉茎菜類	はくさい	春	1.6
		夏	0.7
		秋冬	1.2
	キャベツ	春	1.0
		夏秋	0.5
		冬	0.9
	ほうれんそう	-	1.4

類別	品目	季節区分	標準誤差率(%)
葉茎菜類	レタス	春	1.1
		冬	1.3
	ねぎ	春	1.9
		夏	1.6
		秋冬	1.1
果菜類	きゅうり	冬春	1.4
		夏秋	1.3
	なす	冬春	1.2
		夏秋	1.9
	トマト	冬春	1.0
		夏秋	1.6
	ピーマン	冬春	2.1
		夏秋	2.2

注：　夏秋レタス及びたまねぎについては、主要な都道府県において標本経営体調査を行っていないこと等から、実績精度の算出は行っていない。

(ｲ)　指定野菜に準ずる野菜

類別	品目	標準誤差率(%)
根菜類	かぶ	1.8
	ごぼう	1.5
	れんこん	4.4
	やまのいも	1.8
葉茎菜類	こまつな	1.1
	ちんげんさい	1.7
	ふき	1.9
	しゅんぎく	3.0
	みずな	2.7
	アスパラガス	1.4
	カリフラワー	2.2
	ブロッコリー	0.5
	にら	1.3
	にんにく	1.1

類別	品目	標準誤差率(%)
果菜類	かぼちゃ	1.9
	スイートコーン	0.9
	さやいんげん	2.9
	さやえんどう	5.1
	グリーンピース	3.8
	そらまめ	5.9
	えだまめ	1.2
香辛野菜	しょうが	2.4
果実的野菜	いちご	1.6
	メロン	4.8
	すいか	0.9

注：　みつば及びセルリーについては、主要な都道府県において標本経営体調査を行っていないこと等から、実績精度の算出は行っていない。

2　用語の解説

(1)　作付面積

は種又は植付けをしたもののうち、発芽又は定着した延べ面積をいう。

また、温室、ハウス等の施設に作付けされている場合の作付面積は、作物の栽培に直接必要な土地を含めた利用面積とした。したがって、温室・ハウス等の施設間の通路等は施設の管理に必要な土地であり、作物の栽培には直接的に必要な土地とみなされないことから作付面積には含めていない。

なお、れんこん、ふき、みつば、アスパラガス及びにらの作付面積は、株養成期間又は育苗中で、は種又は植付けをしたその年に収穫がない面積を除いた。

(2)　10a当たり収量

実際に収穫された10a当たりの収穫量をいい、具体的には作付面積の10a当たりの収穫量とする。

(3)　収穫量

収穫したもののうち、生食用又は加工用として流通する基準を満たすものの重量をいう。

また、収穫量の計量形態は、出荷の関連から出荷形態による重量とした。例えば、だいこんの出荷形態が葉付きの場合は、収穫量も葉付きで、えだまめの出荷形態が枝付きの場合は、収穫量も枝付きで計上した。

(4)　出荷量

収穫量のうち、生食用、加工用又は業務用として販売した量をいい、生産者が自家消費した量、生産物を贈与した量及び種子用又は飼料用として販売した量を差し引いた重量をいう。

また、出荷量の計測形態は、関係団体等の送り状の控え又は出荷台帳に記入された出荷時点における出荷荷姿の表示数量（レッテルの表示量目）を用いる。

なお、野菜需給均衡総合推進対策事業及び都道府県等が独自に実施した需給調整事業により産地廃棄された量は、収穫量に含めるが出荷量には含めない。

(5)　生食向け出荷、加工向け出荷及び業務用向け出荷

用途別出荷量については、調査時における仕向けにより区分した。

ア　「生食向け出荷」とは、生食用として出荷したものをいう。

イ　「加工向け出荷」とは、加工場又は加工する目的の業者に出荷したもの及び加工されることが明らかなものをいう。この場合、長期保存に供する冷凍用は加工向けに含めた。

ウ　「業務用向け出荷」とは、学校給食、レストラン等の外・中食業者へ出荷したものをいう。

(6)　指定野菜

野菜生産出荷安定法第２条（昭和 41 年法律第 103 号）に規定する「消費量が相対的に多く又は多くなることが見込まれる野菜であって、その種類、通常の出荷時期等により政令で定める種別に属するもの」をいう。

具体的には、野菜生産出荷安定法施行令（昭和 41 年政令第 224 号）第１条に掲げる次の品目をいう。

なお、本調査においては、ピーマンにはししとう、レタスにはサラダ菜を含むものとして調査を行っている。

キャベツ（春キャベツ、夏秋キャベツ及び冬キャベツ）、きゅうり（冬春きゅうり及び夏秋きゅうり）、さといも（秋冬さといも）、だいこん（春だいこん、夏だいこん及び秋冬だいこん）、たまねぎ、トマト（冬春トマト及び夏秋トマト）、なす（冬春なす及び夏秋なす）、にんじん（春夏にんじん、秋にんじん及び冬にんじん）、ねぎ（春ねぎ、夏ねぎ及び秋冬ねぎ）、はくさい（春はくさい、夏はくさい及び秋冬はくさい）、ばれいしょ、ピーマン（冬春ピーマン及び夏秋ピーマン）、ほうれんそう及びレタス（春レタス、夏秋レタス及び冬レタス）

(7)　指定野菜に準ずる野菜

本調査における「指定野菜に準ずる野菜」とは、野菜生産出荷安定法施行規則（昭和 41 年農林省令第 36 号）第８条に掲げる品目のうち次に掲げるものをいう。

なお、本調査においては、メロンには温室メロンを含むものとして調査を行っている。

アスパラガス、いちご、えだまめ、かぶ、かぼちゃ、カリフラワー、グリーンピース、ごぼう、こまつな、さやいんげん、さやえんどう、しゅんぎく、しょうが、すいか、スイートコーン、セルリー、そらまめ（乾燥したものを除く。）、ちんげんさい、にら、にんにく、ふき、ブロッコリー、みずな、みつば、メロン、やまのいも及びれんこん

(8)　年産区分及び季節区分(別表２「品目別年産区分・季節区分一覧表」参照)

(1)　年産区分

原則として、春、夏、秋、冬の４季節区分（収穫・出荷時期区分）を合計して１年産として取り扱った。

なお、この基準に合わない品目については、主な作型と主たる収穫・出荷期間により年産を区分した。

(2) 季節区分

年間を通じて栽培される品目については、産地、作型によって特定期間に出荷が集中するのでこれらを考慮し、主たる収穫・出荷期間により季節区分を設定した。具体的には、野菜生産出荷安定法施行令第１条に定められた区分である。

(9) 野菜指定産地

野菜生産出荷安定法第４条の規定に基づき農林水産大臣が指定した産地をいう（令和３年５月７日農林水産省告示第737号）。

(10) 関係団体

生産者から青果物販売の委託を受けて青果物を出荷する総合農協、専門農協又は有志で組織する任意団体をいう。

3 利用上の注意

(1) 全国農業地域の区分とその範囲

本書に掲載した統計の全国農業地域及び地方農政局の区分とその範囲は、次のとおりである。

ア 全国農業地域

全国農業地域名	所属都道府県名
北海道	北海道
東北	青森、岩手、宮城、秋田、山形、福島
北陸	新潟、富山、石川、福井
関東・東山	茨城、栃木、群馬、埼玉、千葉、東京、神奈川、山梨、長野
東海	岐阜、静岡、愛知、三重
近畿	滋賀、京都、大阪、兵庫、奈良、和歌山
中国	鳥取、島根、岡山、広島、山口
四国	徳島、香川、愛媛、高知
九州	福岡、佐賀、長崎、熊本、大分、宮崎、鹿児島
沖縄	沖縄

イ 地方農政局

地方農政局名	所属都道府県名
東北農政局	アの東北の所属都道府県名と同じ。
北陸農政局	アの北陸の所属都道府県名と同じ。
関東農政局	茨城、栃木、群馬、埼玉、千葉、東京、神奈川、山梨、長野、静岡
東海農政局	岐阜、愛知、三重
近畿農政局	アの近畿の所属都道府県名と同じ。
中国四国農政局	鳥取、島根、岡山、広島、山口、徳島、香川、愛媛、高知
九州農政局	アの九州の所属都道府県名と同じ。

注： 東北農政局、北陸農政局、近畿農政局及び九州農政局の結果については、当該農業地域における各地域の結果と同じであることから、統計表章はしていない。

(2)　統計数値の四捨五入について

本書に掲載した統計数値は、次の方法により四捨五入しており、合計値と内訳の計が一致しない場合がある。

原　　数		7桁以上 (100万)	6桁 (10万)	5桁 (1万)	4桁 (1,000)	3桁以下 (100)
四捨五入する桁数(下から)		3桁	2桁		1桁	四捨五入 しない
例	四捨五入する前（原数）	1,234,567	123,456	12,345	1,234	123
	四捨五入した後（統計数値）	1,235,000	123,500	12,300	1,230	123

(3)　「（参考）対平均収量比」について

統計表の「（参考）対平均収量比」とは、10ａ当たり平均収量（原則として、直近７か年のうち最高及び最低を除いた５か年の平均値）に対する当年産の10ａ当たり収量の比率である。

なお、10ａ当たり平均収量について、直近７か年の実収量のデータが得られない場合は次の方法により作成するものとし、３か年分の実収量のデータが得られない場合は作成していない。

ア　６年分の実収量のデータが得られた場合は、最高及び最低を除いた４か年の平均値
イ　５年分の実収量のデータが得られた場合は、最高及び最低を除いた３か年の平均値
ウ　３年又は４年分の実収量のデータが得られた場合は、それらの単純平均

(4)　統計表中に使用した記号は、次のとおりである。

「０」：　単位に満たないもの（例：0.4ha　→　０ha）
「－」：　事実のないもの
「…」：　事実不詳又は調査を欠くもの
「ｘ」：　個人又は法人その他の団体に関する秘密を保護するため、統計数値を公表しないもの
「nc」：　計算不能

(5)　秘匿方法について

統計調査結果について、生産者数が２以下の場合には、個人又は法人その他の団体に関する調査結果の秘密保護の観点から、当該結果を「ｘ」表示とする秘匿措置を施している。

なお、全体（計）からの差引きにより、秘匿措置を講じた当該結果が推定できる場合には、本来秘匿措置を施す必要のない箇所についても「ｘ」表示としている。

(6)　この統計表に掲載された数値を他に転載する場合は、「野菜生産出荷統計」（農林水産省）による旨を記載してください。

(7)　本統計の累年データについては、農林水産省ホームページの統計情報に掲載している分野別分類の「作付面積・生産量、被害、家畜の頭数など」、品目別分類「野菜」の「作況調査（野菜）」で御覧いただけます。

【 https://www.maff.go.jp/j/tokei/kouhyou/sakumotu/sakkyou_yasai/index.html#r 】

４　お問合せ先

農林水産省　大臣官房統計部　生産流通消費統計課　園芸統計班
電話：（代表）０３－３５０２－８１１１　内線３６８０
　　　（直通）０３－６７４４－２０４４

※　本調査に関する御意見、御要望は、上記問合せ先のほか、農林水産省ホームページでも受け付けております。

【 https://www.contactus.maff.go.jp/j/form/tokei/kikaku/160815.html 】

別表１

品目別調査対象都道府県（主産県）一覧表

１　指定野菜（14品目）

都道府県	だいこん			にんじん			ばれいしょ		さといも		はくさい			キャベツ		
	春	夏	秋冬	春夏	秋	冬	春植え	秋植え	秋冬	その他	春	夏	秋冬	春	夏秋	冬
北海道	○	○	○	○	○		○	○			○	○	○		○	○
青森	○	○	○	○	○	○	○	○				○			○	
岩手		○	○	○					○				○		○	
宮城			○				○	○					○	○	○	
秋田			○										○		○	
山形			○						○				○			
福島			○			○	○	○	○				○			
茨城	○		○	○		○	○	○	○		○		○	○	○	○
栃木	○	○							○				○			
群馬	○	○	○						○			○	○	○	○	○
埼玉	○		○	○		○			○				○	○		○
千葉	○		○	○		○	○	○	○				○	○	○	○
東京			○			○			○					○	○	○
神奈川	○		○						○					○	○	○
新潟			○	○		○			○				○			
富山		○	○						○				○	○		
石川			○			○										
福井	○		○		○	○			○							○
山梨															○	
長野		○	○				○	○			○	○	○	○	○	
岐阜	○	○	○	○		○			○				○	○		
静岡	○		○	○			○	○	○					○		○
愛知	○		○			○			○		○		○	○		○
三重						○	○	○	○				○	○		○
滋賀			○										○			○
京都														○		
大阪									○					○		○
兵庫		○	○	○					○				○	○		○
奈良			○													
和歌山			○	○							○		○	○		○
鳥取						○							○		○	○
島根															○	○
岡山	○	○	○	○		○	○	○			○		○	○	○	○
広島	○	○	○				○	○					○		○	○
山口	○	○	○								○		○	○		○
徳島			○	○									○	○		○
香川	○		○			○								○		○
愛媛									○				○	○		○
高知																
福岡	○		○						○					○		○
佐賀							○	○								○
長崎	○		○	○		○	○	○			○		○	○		○
熊本	○	○	○	○		○	○	○	○		○		○	○	○	○
大分	○		○	○		○			○		○		○	○		
宮崎			○	○		○	○	○	○				○	○		○
鹿児島	○		○			○	○	○	○		○		○	○		○
沖縄				○		○				○						

1　指定野菜（14品目）（続き）

都道府県	ほうれんそう	レタス			ね　ぎ			たまねぎ	きゅうり		な　す		トマト		ピーマン	
		春	夏秋	冬	春	夏	秋冬		冬春	夏秋	冬春	夏秋	冬春	夏秋	冬春	夏秋
北海道	○		○			○	○	○		○			○	○		○
青森			○			○	○			○			○	○		○
岩手	○	○	○			○	○		○	○		○		○		○
宮城	○				○	○	○		○	○		○		○		○
秋田	○					○	○			○		○		○		
山形						○	○		○	○		○		○		○
福島	○				○	○	○	○	○	○		○	○	○		○
茨城	○	○	○	○	○	○	○	○	○	○		○	○	○	○	○
栃木	○	○	○	○		○	○	○	○	○	○	○	○	○		
群馬	○	○	○		○	○	○	○	○	○	○	○	○	○		
埼玉	○	○		○	○	○	○	○	○	○	○	○	○			
千葉	○	○		○	○	○	○	○	○	○	○	○	○	○		○
東京	○															
神奈川	○	○					○		○	○		○	○	○		
新潟						○	○		○	○		○	○	○		○
富山	○					○	○	○		○		○		○		
石川						○	○			○			○	○		
福井	○					○	○					○		○		
山梨									○	○		○	○	○		
長野	○	○	○			○	○	○		○		○		○		○
岐阜	○						○	○	○	○		○	○	○		○
静岡	○	○		○	○	○	○	○					○	○		
愛知	○			○	○	○	○	○	○		○	○	○	○		○
三重					○	○	○	○	○			○	○	○		○
滋賀	○								○	○		○	○	○		
京都	○				○					○		○		○		○
大阪				○	○			○		○	○	○				
兵庫	○	○		○	○		○	○		○		○	○	○		○
奈良	○	○					○			○	○	○	○	○		
和歌山	○							○	○	○			○		○	○
鳥取	○				○	○	○							○		○
島根							○	○	○	○		○	○	○		○
岡山		○		○	○	○	○	○		○	○	○		○		○
広島	○				○	○	○		○	○		○	○	○		○
山口	○							○	○	○		○		○		○
徳島	○	○		○	○		○		○		○	○	○	○		○
香川		○		○	○	○	○	○	○	○	○	○	○	○		
愛媛	○			○			○	○	○	○	○	○	○	○		○
高知					○		○		○		○		○		○	○
福岡	○	○		○	○	○	○	○	○	○	○	○	○	○		
佐賀	○	○		○	○		○	○	○	○	○	○	○			
長崎	○	○		○	○	○	○	○	○	○	○		○	○		
熊本	○	○		○			○	○	○	○	○	○	○	○	○	○
大分		○	○		○	○	○			○		○		○		○
宮崎	○						○	○	○	○	○	○	○	○	○	○
鹿児島				○	○	○	○		○		○		○		○	○
沖縄		○		○									○		○	

品目別調査対象都道府県（主産県）一覧表（続き）

2　指定野菜に準ずる野菜（27品目）

都道府県	かぶ	ごぼう	れんこん	やまのいも	こまつな	ちんげんさい	ふき	みつば	しゅんぎく	みずな	セルリー	アスパラガス	カリフラワー	ブロッコリー
北海道	○	○		○	○	○	○	○		○	○	○	○	○
青森	○	○		○					○			○		○
岩手				○			○		○			○		○
宮城					○	○			○	○				
秋田	○			○			○		○			○	○	
山形	○				○		○					○	○	
福島	○					○	○	○	○			○	○	○
茨城	○	○	○	○	○	○		○	○	○			○	○
栃木	○	○							○			○		○
群馬		○		○	○	○	○		○	○			○	○
埼玉	○				○	○		○	○	○			○	○
千葉	○	○		○	○	○		○	○		○		○	○
東京	○				○								○	○
神奈川	○				○								○	○
新潟	○				○		○		○			○	○	
富山	○													
石川					○									○
福井														○
山梨				○										
長野				○		○	○		○		○	○	○	○
岐阜	○				○				○					
静岡					○	○	○	○			○		○	○
愛知	○		○			○	○	○	○		○		○	○
三重	○													○
滋賀	○								○	○				
京都	○				○		○		○	○				○
大阪					○		○	○	○	○			○	○
兵庫			○		○	○			○	○				○
奈良					○				○	○				
和歌山					○		○		○					○
鳥取				○	○	○								○
島根	○											○		○
岡山			○	○								○	○	○
広島					○		○		○	○		○		○
山口			○		○				○					○
徳島	○		○		○	○	○						○	○
香川					○						○	○		○
愛媛							○		○			○		○
高知														○
福岡	○				○	○	○	○	○	○	○	○	○	○
佐賀			○									○		○
長崎					○							○		○
熊本		○	○			○			○			○	○	○
大分						○		○				○		○
宮崎		○												
鹿児島		○								○				○
沖縄						○								

2　指定野菜に準ずる野菜（27品目）（続き）

都道府県	にら	にんにく	かぼちゃ	スイートコーン	さやいんげん	さやえんどう	グリーンピース	そらまめ	えだまめ	しょうが	いちご	メロン	すいか
北　海　道	○	○	○	○	○	○	○		○		○	○	○
青　　　森		○	○	○	○	○		○	○		○	○	○
岩　　　手		○	○	○	○	○			○				
宮　　　城			○	○	○	○		○	○		○		
秋　　　田		○	○		○	○		○	○			○	○
山　　　形	○		○		○				○			○	○
福　　　島	○	○	○	○	○	○	○		○		○		
茨　　　城	○		○	○	○	○		○		○	○	○	○
栃　　　木	○			○	○						○		
群　　　馬	○			○	○				○		○		
埼　　　玉				○	○				○		○		
千　　　葉	○		○	○	○	○		○	○	○	○	○	○
東　　　京													
神　奈　川			○		○				○				○
新　　　潟			○			○		○	○		○		○
富　　　山									○				
石　　　川			○									○	○
福　　　井												○	○
山　　　梨				○	○								
長　　　野			○	○	○	○					○		○
岐　　　阜					○		○		○		○		
静　　　岡				○		○		○		○	○	○	○
愛　　　知				○		○				○	○	○	○
三　　　重			○			○					○		
滋　　　賀							○						○
京　　　都						○	○						
大　　　阪							○	○	○				
兵　　　庫	○			○		○	○	○	○		○		○
奈　　　良							○				○		○
和　歌　山			○			○	○	○					○
鳥　　　取				○				○				○	○
島　　　根													
岡　　　山			○			○				○		○	○
広　　　島			○		○	○							
山　　　口			○								○		○
徳　　　島		○		○		○		○	○	○			
香　　　川		○	○	○	○			○	○		○		
愛　　　媛			○		○	○		○	○				○
高　　　知	○				○					○			
福　　　岡	○				○	○	○	○			○		○
佐　　　賀			○								○		
長　　　崎	○		○		○	○		○		○	○		○
熊　　　本	○	○	○		○	○	○	○		○	○	○	○
大　　　分	○	○	○			○							○
宮　　　崎	○	○		○					○	○	○		
鹿　児　島		○	○		○	○	○	○		○			○
沖　　　縄			○		○								

別表２

品目別年産区分・季節区分一覧表

類別	品目名	年産区分（主たる収穫・出荷期間）	季節区分		備考
			季節区分名	（主たる収穫・出荷期間）	
根菜類		令和　令和			
	だいこん	３年４月～４年３月	春	４月 ～ ６月	
			夏	７月 ～ ９月	
			秋冬	10月 ～ ３月	
	かぶ	２年９月～３年８月	－	－	
	にんじん	３年４月～４年３月	春夏	４月 ～ ７月	
			秋	８月 ～ 10月	
			冬	11月 ～ ３月	
	ごぼう	３年４月～４年３月	－	－	
	れんこん	３年４月～４年３月	－	－	
	ばれいしょ	３年４月～４年３月	春植え	都府県産 ４月 ～ ８月	
	（じゃがいも）		〃	北海道産 ９月 ～ 10月	
			秋植え	11月 ～ ３月	
	さといも	３年４月～４年３月	秋冬	６月 ～ ３月	
			その他	４月 ～ ５月	
	やまのいも	３年４月～４年３月	－	－	やまのいもには、ながいもを含む。
葉茎菜類	はくさい	３年４月～４年３月	春	４月 ～ ６月	
			夏	７月 ～ ９月	
			秋冬	10月 ～ ３月	
	こまつな	３年１月～３年12月	－	－	
	キャベツ	３年４月～４年３月	春	４月 ～ ６月	
			夏秋	７月 ～ 10月	
			冬	11月 ～ ３月	
	ちんげんさい	３年１月～３年12月	－	－	
	ほうれんそう	３年４月～４年３月	－	－	
	ふき	３年１月～３年12月	－	－	
	みつば	３年１月～３年12月	－	－	
	しゅんぎく	３年１月～３年12月	－	－	
	みずな	３年１月～３年12月	－	－	
	セルリー	３年１月～３年12月	－	－	
	アスパラガス	３年１月～３年12月	－	－	
	カリフラワー	３年４月～４年３月	－	－	
	ブロッコリー	３年４月～４年３月	－	－	
	レタス	３年４月～４年３月	春	４月 ～ ５月	レタスには、サラダ菜を含む。
			夏秋	６月 ～ 10月	
			冬	11月 ～ ３月	
	ねぎ	３年４月～４年３月	春	４月 ～ ６月	
			夏	７月 ～ ９月	
			秋冬	10月 ～ ３月	
	にら	３年１月～３年12月	－	－	
	たまねぎ	３年４月～４年３月	－	都府県産 ４月 ～ ３月	
			－	北海道産 ８月 ～ ３月	
	にんにく	３年１月～３年12月	－	－	
果菜類	きゅうり	２年12月～３年11月	冬春	12月 ～ ６月	
			夏秋	７月 ～ 11月	
	かぼちゃ	３年１月～３年12月	－	－	
	なす	２年12月～３年11月	冬春	12月 ～ ６月	
			夏秋	７月 ～ 11月	
	トマト	２年12月～３年11月	冬春	12月 ～ ６月	トマトには、加工用トマト、ミニトマトを含む。
			夏秋	７月 ～ 11月	
	ピーマン	２年11月～３年10月	冬春	11月 ～ ５月	ピーマンには、ししとうを含む。
			夏秋	６月 ～ 10月	
	スイートコーン	３年１月～３年12月	－	－	
	さやいんげん	３年１月～３年12月	－	－	
	さやえんどう	２年９月～３年８月	－	－	
	グリーンピース	２年９月～３年８月	－	－	
	そらまめ	３年１月～３年12月	－	－	
	えだまめ	３年１月～３年12月	－	－	
香辛野菜	しょうが	３年４月～４年３月	－	－	
果実的野菜	いちご	２年10月～３年９月	－	－	
	メロン	３年１月～３年12月	－	－	メロンにはアールスフェボリット系メロンを含む。
	すいか	３年１月～３年12月	－	－	

注：季節区分名欄で「その他」とは、統計処理上品目別に設定した季節区分の主たる収穫・出荷期間以外の月を一括したものである。

I　調査結果の概要

1　令和３年産野菜の作付面積、収穫量及び出荷量の動向

令和３年産の野菜（41品目）の作付面積は44万3,200haで、前年産に比べ5,500ha（１％）減少した。

収穫量は1,287万5,000ｔ、出荷量は1,110万6,000ｔで、前年産に比べそれぞれ17万ｔ（１％）、15万2,000ｔ（１％）減少した。

図１　野菜の作付面積、収穫量及び出荷量の推移

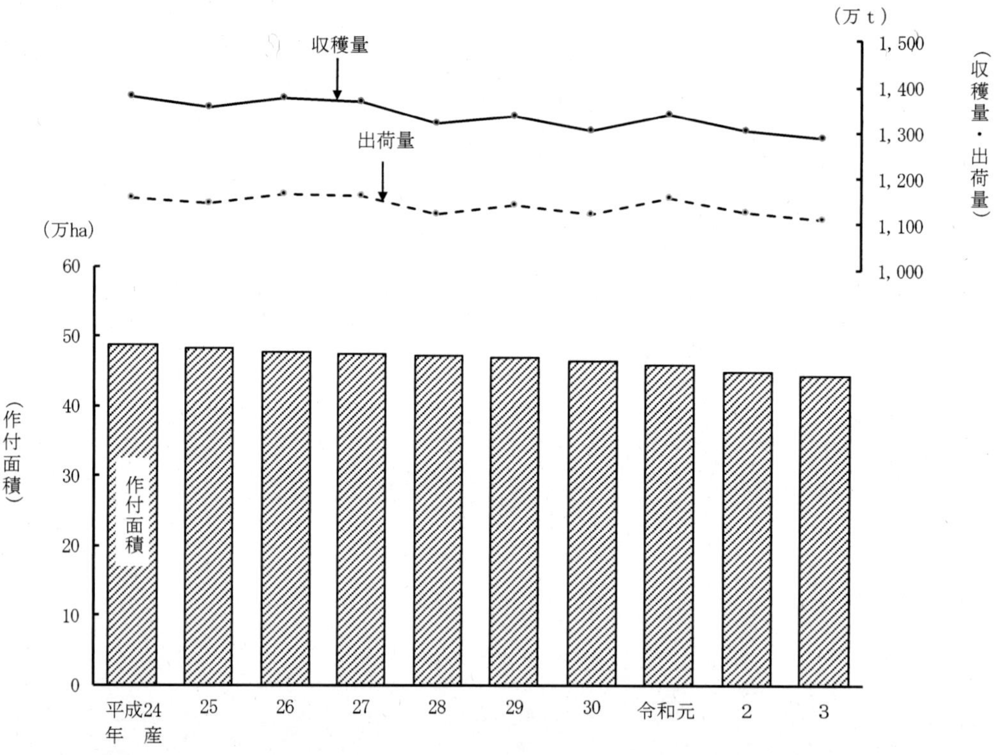

注：本調査の対象は、指定野菜（14品目）及び指定野菜に準じる野菜（27品目）の計41品目である。

表１　令和３年産野菜の作付面積、10ａ当たり収量、収穫量及び出荷量（全国）

品目	作付面積	10ａ当たり収量	収穫量	出荷量	対前年産比				（参考）対平均収量比
					作付面積	10ａ当たり収量	収穫量	出荷量	
	ha	kg	t	t	%	%	%	%	%
計	**443,200**	**…**	**12,875,000**	**11,106,000**	**99**	**nc**	**99**	**99**	**nc**
根菜類	**149,700**	**…**	**4,674,000**	**3,925,000**	**99**	**nc**	**101**	**101**	**nc**
だいこん	29,200	4,280	1,251,000	1,033,000	98	102	100	100	101
かぶ	4,010	2,700	108,200	90,700	96	107	103	104	98
にんじん	16,900	3,760	635,500	572,400	101	108	108	109	110
ごぼう	7,410	1,790	132,800	116,700	101	103	105	105	99
れんこん	3,980	1,290	51,500	43,200	102	92	94	93	88
ばれいしょ（じゃがいも）	70,900	3,070	2,175,000	1,823,000	99	100	99	98	100
さといも	10,400	1,370	142,700	96,100	97	105	102	104	109
やまのいも	6,890	2,570	177,400	150,000	99	104	104	104	113
葉茎菜類	**180,100**	**…**	**5,255,000**	**4,642,000**	**99**	**nc**	**96**	**96**	**nc**
はくさい	16,500	5,450	899,900	744,800	99	101	101	100	105
こまつな	7,420	1,610	119,300	106,900	98	100	98	98	99
キャベツ	34,300	4,330	1,485,000	1,330,000	101	103	104	103	103
ちんげんさい	2,100	1,990	41,800	37,200	98	103	101	101	102
ほうれんそう	19,300	1,090	210,500	179,700	98	100	98	98	96
ふき	456	1,850	8,420	7,190	92	103	94	94	97
みつば	862	1,590	13,700	12,700	99	104	102	102	102
しゅんぎく	1,800	1,510	27,200	22,400	98	101	99	99	100
みずな	2,420	1,710	41,300	36,800	97	97	94	95	99
セルリー	541	5,550	30,000	28,800	100	102	102	102	100
アスパラガス	4,500	560	25,200	22,400	94	101	94	95	106
カリフラワー	1,240	1,740	21,600	18,500	102	101	103	103	102
ブロッコリー	16,900	1,020	171,600	155,500	102	97	98	98	100
レタス	20,000	2,730	546,800	516,400	97	100	97	97	101
ねぎ	21,800	2,020	440,400	364,700	99	100	100	100	99
にら	1,930	2,920	56,300	51,500	97	101	99	100	101
たまねぎ	25,500	4,300	1,096,000	992,900	100	81	81	82	88
にんにく	2,520	802	20,200	14,000	100	96	95	93	94
果菜類	**91,400**	**…**	**2,263,000**	**1,935,000**	**98**	**nc**	**100**	**101**	**nc**
きゅうり	9,940	5,550	551,300	478,800	98	104	102	102	108
かぼちゃ	14,500	1,200	174,300	140,400	98	95	93	93	98
なす	8,260	3,600	297,700	237,800	98	102	100	101	107
トマト	11,400	6,360	725,200	659,900	100	103	103	103	104
ピーマン	3,190	4,660	148,500	132,200	101	103	104	104	105
スイートコーン	21,500	1,020	218,800	178,400	96	97	93	93	102
さやいんげん	4,810	761	36,600	24,400	96	98	94	92	107
さやえんどう	2,740	723	19,800	13,000	98	104	102	104	107
グリーンピース	633	885	5,600	4,440	92	108	100	100	113
そらまめ	1,690	822	13,900	9,910	95	95	91	91	100
えだまめ	12,800	559	71,500	56,100	100	108	108	110	108
香辛野菜									
しょうが	1,730	2,800	48,500	38,200	99	110	109	109	105
果実的野菜	**20,200**	**…**	**634,400**	**564,800**	**98**	**nc**	**103**	**103**	**nc**
いちご	4,930	3,340	164,800	152,300	98	105	104	104	109
メロン	6,090	2,460	150,000	136,700	97	104	101	101	106
すいか	9,200	3,470	319,600	275,800	98	104	103	103	105

注：「（参考）対平均収量比」とは、10ａ当たり平均収量（原則として直近７か年のうち、最高及び最低を除いた５か年の平均値）に対する当年産の10ａ当たり収量の比率である（以下、表42まで同じ。）。

2　指定野菜の品目別の概要

(1)　だいこん

ア　作付面積

作付面積は２万9,200haで、前年産に比べ600ha（２%）減少した。

イ　10ａ当たり収量

10ａ当たり収量は4,280kgで、前年産に比べ70kg（２%）上回った。

ウ　収穫量

収穫量は125万1,000ｔで､前年産並みとなった。

エ　出荷量

出荷量は103万3,000ｔで､前年産並みとなった。

図２　だいこんの作付面積、収穫量及び出荷量の推移

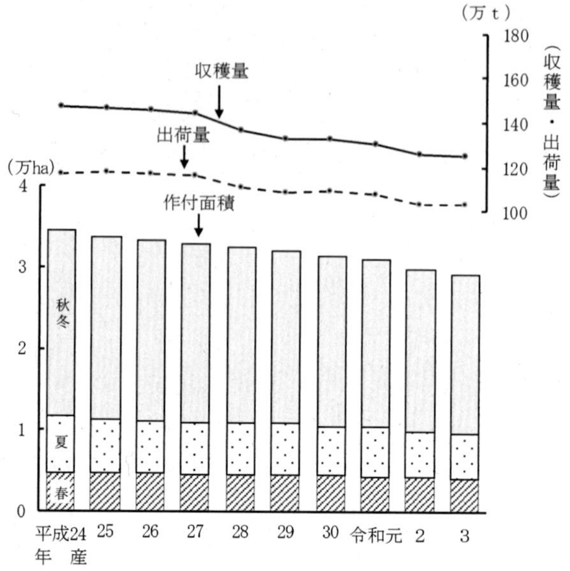

オ　季節区分別の概況

(ｱ)　春だいこん

作付面積は4,200haで、前年産に比べ30ha（１%）減少した。

10ａ当たり収量は4,770kgで、前年産に比べ140kg（３%）上回った。

収穫量は20万500ｔ、出荷量は18万3,800ｔで、前年産に比べそれぞれ4,800ｔ（２%）、4,700ｔ（３%）増加した。

(ｲ)　夏だいこん

作付面積は5,490haで、前年産に比べ110ha（２%）減少した。

10ａ当たり収量は4,080kgで、前年産に比べ90kg（２%）下回った。

収穫量は22万3,800ｔ、出荷量は20万5,700ｔで、前年産に比べそれぞれ9,900ｔ（４%）、9,100ｔ（４%）減少した。

(ｳ)　秋冬だいこん

作付面積は１万9,500haで、前年産に比べ400ha（２%）減少した。

10ａ当たり収量は4,240kgで、前年産に比べ100kg（２%）上回った。

収穫量は82万6,700ｔ、出荷量は64万3400ｔで、それぞれ前年産並みとなった。

表２　令和３年産だいこんの作付面積、10a当たり収量、収穫量及び出荷量（全国）

品目	作付面積	10ａ当たり収量	収穫量	出荷量	対前年産比				（参考）対平均収量比
					作付面積	10ａ当たり収量	収穫量	出荷量	
	ha	kg	t	t	%	%	%	%	%
だいこん	**29,200**	**4,280**	**1,251,000**	**1,033,000**	**98**	**102**	**100**	**100**	**101**
春	4,200	4,770	200,500	183,800	99	103	102	103	100
夏	5,490	4,080	223,800	205,700	98	98	96	96	100
秋冬	19,500	4,240	826,700	643,400	98	102	100	100	101

(2) にんじん

ア　作付面積

作付面積は１万6,900haで、前年産に比べ100ha（１%）増加した。

イ　10ａ当たり収量

10ａ当たり収量は3,760kgで、前年産に比べ270kg（８%）上回った。

ウ　収穫量は63万5,500ｔで、前年産に比べ４万9,600ｔ（８%）増加した。

エ　出荷量

出荷量は57万2,400ｔで、前年産に比べ４万6,500ｔ（９%）増加した。

図３　にんじんの作付面積、収穫量及び出荷量の推移

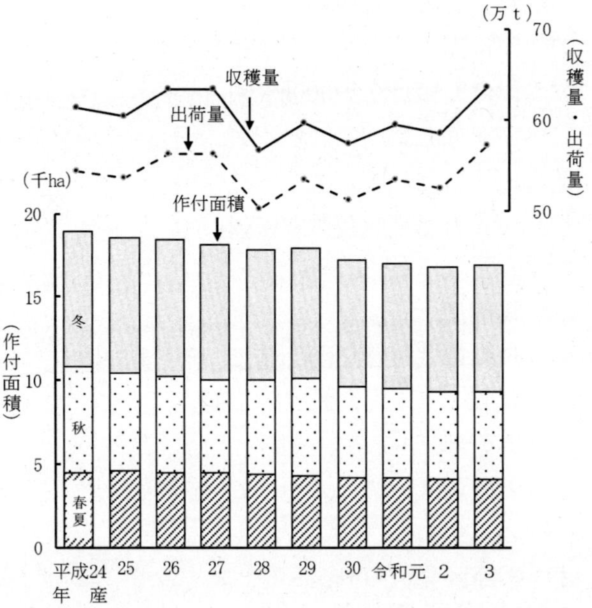

オ　季節区分別の概況

(ｱ)　春夏にんじん

作付面積は4,100haで、前年産に比べ30ha（１%）増加した。

10ａ当たり収量は4,020kgで、前年産に比べ190kg（５%）上回った。これは、おおむね天候に恵まれ、生育が良好であったためである。

収穫量は16万4,800ｔ、出荷量は15万2,400ｔで、前年産に比べそれぞれ8,900ｔ（６%）、9,000ｔ（６%）増加した。

(ｲ)　秋にんじん

作付面積は5,240ha で、前年産に比べ30ha（１%）増加した。

10ａ当たり収量は4,170kg で、前年産に比べ340kg（９%）上回った。これは、おおむね天候に恵まれ、生育が良好であったためである。

収穫量は21万8,700ｔ、出荷量は19万8,800ｔで、前年産に比べそれぞれ１万9,300ｔ（10%）、１万7,500ｔ（10%）増加した。

(ｳ)　冬にんじん

作付面積は7,570haで、前年産並みとなった。

10ａ当たり収量は3,330kgで、前年産に比べ270kg（９%）上回った。これは、おおむね天候に恵まれ生育が良好であったためである。

収穫量は25万2000ｔ、出荷量は22万1,200ｔで、前年産に比べそれぞれ２万1,500ｔ（９%）、２万ｔ（10%）増加した。

表３　令和３年産にんじんの作付面積、10a当たり収量、収穫量及び出荷量（全国）

品目	作付面積	10ａ当たり収量	収穫量	出荷量	対前年産比 作付面積	対前年産比 10ａ当たり収量	対前年産比 収穫量	対前年産比 出荷量	（参考）対平均収量比
	ha	kg	t	t	%	%	%	%	%
にんじん	**16,900**	**3,760**	**635,500**	**572,400**	**101**	**108**	**108**	**109**	**110**
春夏	4,100	4,020	164,800	152,400	101	105	106	106	106
秋	5,240	4,170	218,700	198,800	101	109	110	110	117
冬	7,570	3,330	252,000	221,200	100	109	109	110	108

(3) ばれいしょ（じゃがいも）

ア　作付面積

作付面積は７万900haで、前年産に比べ1,000ha（１％）減少した。

イ　10ａ当たり収量

10ａ当たり収量は3,070kgで、前年産並みとなった。

ウ　収穫量

収穫量は217万5,000ｔで、前年産に比べ３万ｔ（１％）減少した。

エ　出荷量

出荷量は182万3,000ｔで、前年産に比べ３万4000ｔ（２％）減少した。

図４　ばれいしょの作付面積、収穫量及び出荷量の推移

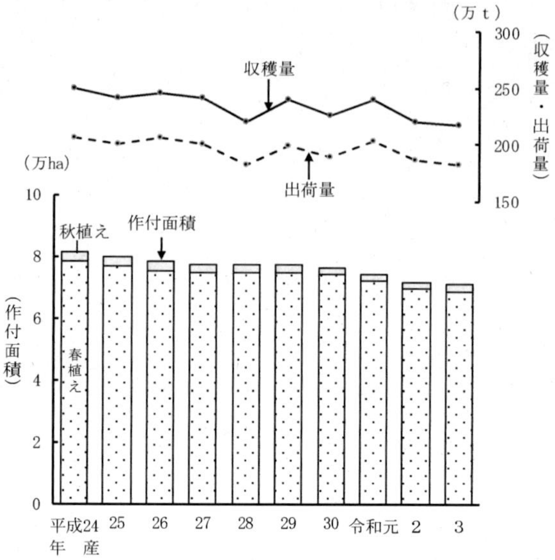

オ　季節区分別の概況

(ｱ)　春植えばれいしょ

作付面積は６万8,500haで、前年産に比べ1,100ha（２％）減少した。

10a当たり収量は3,120kgで、前年並みとなった。

収穫量は213万9,000t、出荷量は179万6,000tで、前年産に比べそれぞれ２万8,000t（１％）、３万1,000t（２％）減少した。

(ｲ)　秋植えばれいしょ

作付面積は2,400haで、前年産に比べ90ha（４％）増加した。これは、鹿児島県において、かんしょからの転換があったためである。

10ａ当たり収量は1,510kgで、前年産に比べ170kg（10％）下回った。これは、長崎県において、９月下旬から10月下旬にかけて高温・少雨で推移したことから、肥大が抑制されたためである。

収穫量は３万6,300ｔ、出荷量は２万7,400ｔで、前年産に比べそれぞれ2,600ｔ（７％）、1,700ｔ（６％）減少した。

表４　令和３年産ばれいしょの作付面積、10a当たり収量、収穫量及び出荷量（全国）

品目	作付面積	10ａ当たり収量	収穫量	出荷量	対前年産比				（参考）対平均収量比
					作付面積	10ａ当たり収量	収穫量	出荷量	
	ha	kg	t	t	%	%	%	%	%
ばれいしょ	**70,900**	**3,070**	**2,175,000**	**1,823,000**	**99**	**100**	**99**	**98**	**100**
春植え	68,500	3,120	2,139,000	1,796,000	98	100	99	98	100
秋植え	2,400	1,510	36,300	27,400	104	90	93	94	93

(4)　さといも

ア　作付面積

作付面積は１万400haで、前年産に比べ300ha（３％）減少した。

イ　10ａ当たり収量

10ａ当たり収量は1,370kgで、前年産に比べ70kg（５％）上回った。

ウ　収穫量

収穫量は14万2,700ｔで、前年産に比べ3,200ｔ（２％）増加した。

エ　出荷量

出荷量は９万6,100ｔで、前年産に比べ3,700t（４％）増加した。

図５　さといもの作付面積、収穫量及び出荷量の推移

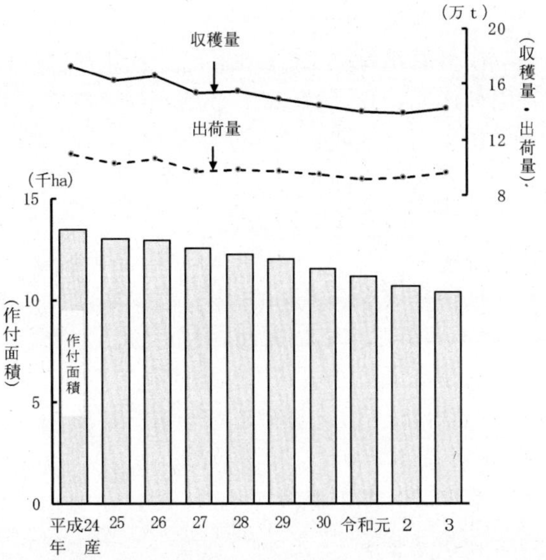

オ　季節区分別の概況

秋冬さといも

作付面積は１万 400ha で、前年産に比べ 300ha（３％）減少した。これは、生産者の高齢化等の労力事情により作付中止や規模縮小があったためである。

10ａ当たり収量は 1,370kg で、前年産に比べ 70kg（５％）上回った。これは、おおむね天候に恵まれ生育が良好であったためである。

収穫量は14万2,700ｔ、出荷量は９万6,000ｔで、前年産に比べそれぞれ3,300ｔ（２％）、3,700t（４％）増加した。

表５　令和３年産さといもの作付面積、10a当たり収量、収穫量及び出荷量（全国）

品目	作付面積	10ａ当たり収量	収穫量	出荷量	対前年産比				（参考）対平均収量比
					作付面積	10ａ当たり収量	収穫量	出荷量	
	ha	kg	t	t	%	%	%	%	%
さといも	**10,400**	**1,370**	**142,700**	**96,100**	**97**	**105**	**102**	**104**	**109**
うち秋冬	10,400	1,370	142,700	96,000	97	105	102	104	108

(5) はくさい

ア　作付面積

作付面積は１万6, 500haで、前年産に比べ100ha（１%）減少した。

イ　10ａ当たり収量

10ａ当たり収量は5, 450kgで、前年産に比べ70kg（１%）上回った。

ウ　収穫量

収穫量は89万9, 900ｔで、前年産に比べ7, 600ｔ（１%）増加した。

エ　出荷量

出荷量は74万4, 800ｔで、前年産並みとなった。

図６　はくさいの作付面積、収穫量及び出荷量の推移

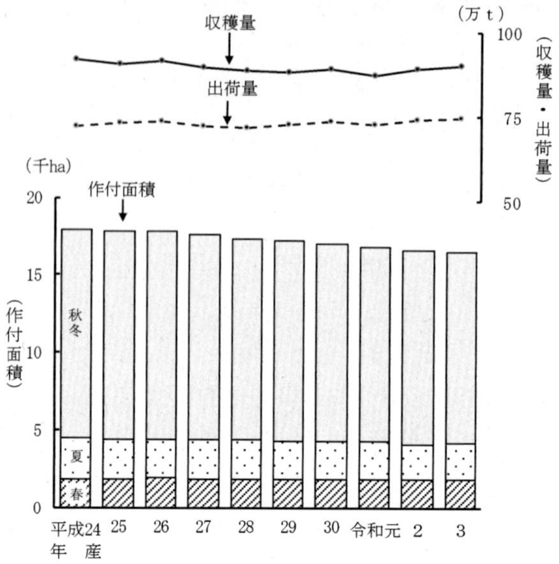

オ　季節区分別の概況

(ｱ)　春はくさい

作付面積は1, 830haで、前年産に比べ30ha（２%）増加した。

10ａ当たり収量は6, 490kgで、前年産並みとなった。

収穫量は11万8, 800ｔ、出荷量は10万9, 900ｔで、前年産に比べそれぞれ2, 600ｔ（２%）、2, 700t（３%）増加した。

(ｲ)　夏はくさい

作付面積は2, 380haで、前年産に比べ50ha（２%）増加した。

10ａ当たり収量は7, 010kgで、前年産並みとなった。

収穫量は16万6, 900ｔで、前年産に比べ2, 800ｔ（２%）増加し、出荷量は14万9, 500ｔで、前年産並みとなった。

(ｳ)　秋冬はくさい

作付面積は１万2, 300haで、前年産に比べ200ha（２%）減少した。

10ａ当たり収量は4, 990kgで、前年産に比べ90kg（２%）上回った。

収穫量は61万4, 200ｔ、出荷量は48万5, 300ｔで、それぞれ前年産並みとなった。

表６　令和３年産はくさいの作付面積、10a当たり収量、収穫量及び出荷量（全国）

品目	作付面積	10ａ当たり収量	収穫量	出荷量	対前年産比				(参考)対平均収量比
					作付面積	10ａ当たり収量	収穫量	出荷量	
	ha	kg	t	t	%	%	%	%	%
はくさい	**16, 500**	**5, 450**	**899, 900**	**744, 800**	**99**	**101**	**101**	**100**	**105**
春	1, 830	6, 490	118, 800	109, 900	102	100	102	103	103
夏	2, 380	7, 010	166, 900	149, 500	102	100	102	100	97
秋冬	12, 300	4, 990	614, 200	485, 300	98	102	100	100	108

(6) キャベツ

ア　作付面積

作付面積は３万4,300haで、前年産に比べ300ha（１%）増加した。

イ　10ａ当たり収量

10ａ当たり収量は4,330kgで、前年産に比べ110kg（３%）上回った。

ウ　収穫量

収穫量は148万5,000ｔで、前年産に比べ５万1,000ｔ（４%）増加した。

エ　出荷量

出荷量は133万tで、前年産に比べ３万7,000ｔ（３%）増加した。

オ　季節区分別の概況

(ｱ)　春キャベツ

作付面積は8,900haで、前年産に比べ130ha（１%）増加した。

10ａ当たり収量は4,190kgで、前年産に比べ130kg（３%）上回った。

収穫量は37万2,500ｔ、出荷量は33万9,300ｔで、前年産に比べそれぞれ１万6,300t（５%）、１万5,400t（５%）増加した。

(ｲ)　夏秋キャベツ

作付面積は１万500haで、前年産に比べ400ha（４%）増加した。これは、夏秋レタス等の他品目からの転換等があったためである

10ａ当たり収量は4,920kgで、前年産に比べ180kg（４%）上回った。

収穫量は51万6,800ｔ、出荷量は45万3,600ｔで、前年産に比べそれぞれ３万8,200ｔ（８%）、２万3,700ｔ（６%）増加した。

(ｳ)　冬キャベツ

作付面積は１万5,000haで、前年産に比べ100ha（１%）減少した。

10ａ当たり収量は3,970kgで、前年産並みとなった。

収穫量は59万5,900ｔ、出荷量は53万6,900ｔで、それぞれ前年産並みとなった。

図７　キャベツの作付面積、収穫量及び出荷量の推移

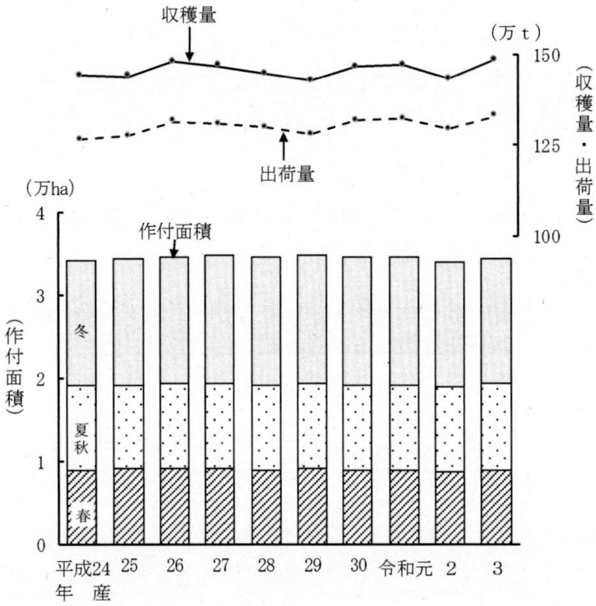

表７　令和３年産キャベツの作付面積、10a当たり収量、収穫量及び出荷量（全国）

品目	作付面積	10ａ当たり収量	収穫量	出荷量	対前年産比				(参考)対平均収量比
					作付面積	10ａ当たり収量	収穫量	出荷量	
	ha	kg	t	t	%	%	%	%	%
キャベツ	**34,300**	**4,330**	**1,485,000**	**1,330,000**	**101**	**103**	**104**	**103**	**103**
春	8,900	4,190	372,500	339,300	101	103	105	105	102
夏秋	10,500	4,920	516,800	453,600	104	104	108	106	104
冬	15,000	3,970	595,900	536,900	99	100	100	100	101

(7) ほうれんそう

ア　作付面積

作付面積は１万9,300haで、前年産に比べ300ha（２%）減少した。

イ　10ａ当たり収量

10ａ当たり収量は1,090kgで、前年産並みとなった。

ウ　収穫量

収穫量は21万500ｔで、前年産に比べ3,400ｔ（２%）減少した。

エ　出荷量

出荷量は17万9,700ｔで、前年産に比べ3,000ｔ（２%）減少した。

図８　ほうれんそうの作付面積、収穫量及び出荷量の推移

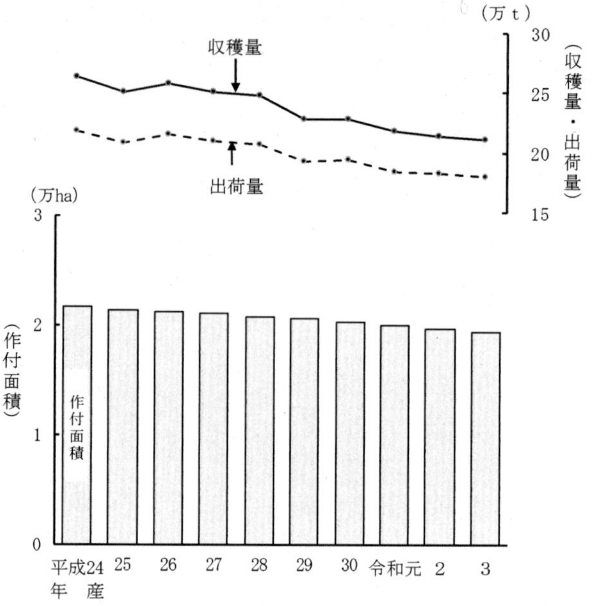

表８　令和３年産ほうれんそうの作付面積、10a当たり収量、収穫量及び出荷量（全国）

品目	作付面積	10ａ当たり収量	収穫量	出荷量	対前年産比				（参考）対平均収量比
					作付面積	10ａ当たり収量	収穫量	出荷量	
	ha	kg	t	t	%	%	%	%	%
ほうれんそう	19,300	1,090	210,500	179,700	98	100	98	98	96

(8) レタス

ア　作付面積

作付面積は２万haで、前年産に比べ700ha（３%）減少した。

イ　10ａ当たり収量

10ａ当たり収量は2,730kgで、前年産並みとなった。

ウ　収穫量

収穫量は54万6,800ｔで、前年産に比べ１万7,100ｔ（３%）減少した。

エ　出荷量

出荷量は51万6,400ｔで、前年産に比べ１万5,200ｔ（３%）減少した。

図９　レタスの作付面積、収穫量及び出荷量の推移

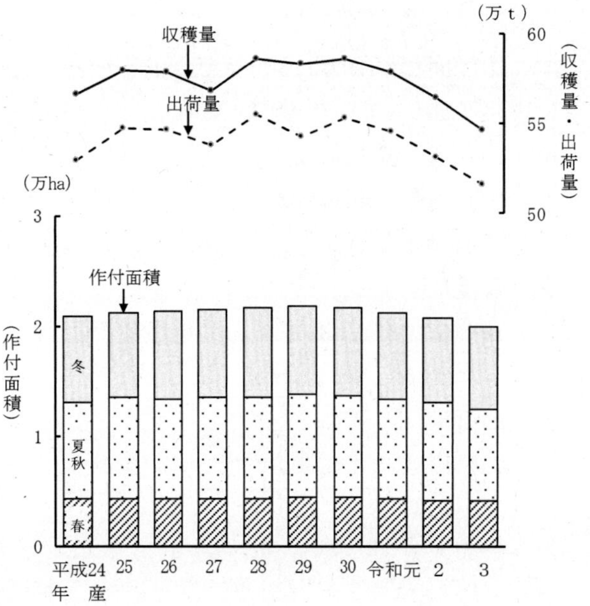

オ　季節区分別の概況

(ｱ)　春レタス

作付面積は4,090haで、前年産に比べ60ha（１%）減少した。

10ａ当たり収量は2,780kgで、前年産並みとなった。

収穫量は11万3,800ｔ、出荷量は10万7,100ｔで、前年産に比べそれぞれ1,400ｔ（１%）、900ｔ（１%）減少した。

(ｲ)　夏秋レタス

作付面積は8,390haで、前年産に比べ450ha（５%）減少した。これは、価格の低迷による作付中止や規模縮小等があったためである。

10ａ当たり収量は3,040kgで、前年産に比べ50kg（２%）上回った。

収穫量は25万5,100ｔ、出荷量は24万4,800ｔで、前年産に比べそれぞれ9,100ｔ（３%）、7,400ｔ（３%）減少した。

(ｳ)　冬レタス

作付面積は7,520haで、前年産に比べ220ha（３%）減少した。これは、生産者の高齢化等の労力事情により作付中止や他野菜への転換があったためである。

10ａ当たり収量は2,360kgで、前年産に比べ30kg（１%）下回った。

収穫量は17万7,800ｔ、出荷量は16万4,600ｔで、前年産に比べそれぞれ6,800ｔ（４%）、6,700ｔ（４%）減少した。

表９　令和３年産レタスの作付面積、10a当たり収量、収穫量及び出荷量（全国）

品目	作付面積	10ａ当たり収量	収穫量	出荷量	対前年産比				（参考）対平均収量比
					作付面積	10ａ当たり収量	収穫量	出荷量	
	ha	kg	t	t	%	%	%	%	%
レタス	**20,000**	**2,730**	**546,800**	**516,400**	**97**	**100**	**97**	**97**	**101**
春	4,090	2,780	113,800	107,100	99	100	99	99	102
夏秋	8,390	3,040	255,100	244,800	95	102	97	97	101
冬	7,520	2,360	177,800	164,600	97	99	96	96	101

(9) ね　ぎ

ア　作付面積

作付面積は２万1,800haで、前年産に比べ200ha（１％）減少した。

イ　10ａ当たり収量

10ａ当たり収量は2,020kgで、前年産並みとなった。

ウ　収穫量

収穫量は44万400ｔで、前年産並みとなった。

エ　出荷量

出荷量は36万4,700ｔで、前年産並みとなった。

オ　季節区分別の概況

(ｱ)　春ねぎ

作付面積は3,280haで、前年産に比べ90ha（３％）減少した。これは、生産者の高齢化等の労力事情により作付中止や規模縮小等があったためである。

10ａ当たり収量は2,290kgで、前年産に比べ80kg（３％）下回った。

収穫量は７万5,200ｔ、出荷量は６万7,200ｔで、前年産に比べそれぞれ4,800ｔ（６％）、4,100ｔ（６％）減少した。

(ｲ)　夏ねぎ

作付面積は4,840haで、前年産に比べ40ha（１％）増加した。

10ａ当たり収量は1,850kgで、前年産に比べ10kg（１％）上回った。

収穫量は８万9,600ｔ、出荷量は８万400ｔで、前年産に比べいずれも1,500ｔ（２％）増加した。

(ｳ)　秋冬ねぎ

作付面積は１万3,700haで、前年産に比べ100ha（１％）減少した。

10ａ当たり収量は2,010kgで、前年産に比べ30kg（２％）上回った。

収穫量は27万5,600ｔ、出荷量は21万7,200ｔで、前年産に比べそれぞれ2,600ｔ（１％）、3,300ｔ（２％）増加した。

図10　ねぎの作付面積、収穫量及び出荷量の推移

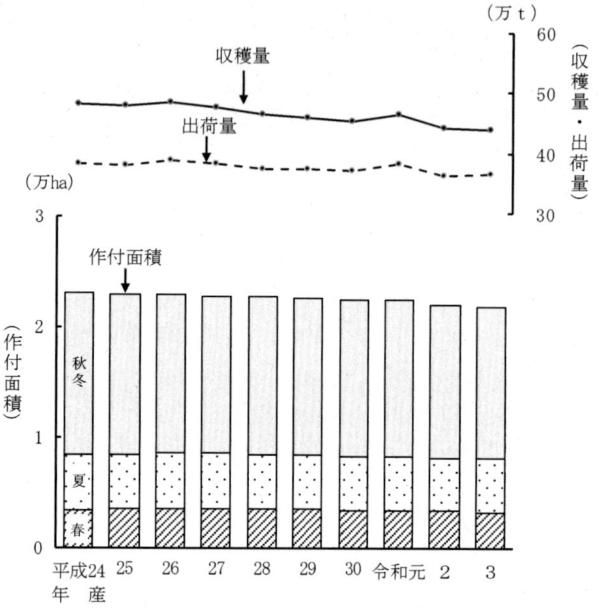

表10　令和３年産ねぎの作付面積、10a当たり収量、収穫量及び出荷量（全国）

品目	作付面積	10ａ当たり収量	収穫量	出荷量	対前年産比				（参考）対平均収量比
					作付面積	10ａ当たり収量	収穫量	出荷量	
	ha	kg	t	t	%	%	%	%	%
ね　ぎ	**21,800**	**2,020**	**440,400**	**364,700**	**99**	**100**	**100**	**100**	**99**
春	3,280	2,290	75,200	67,200	97	97	94	94	96
夏	4,840	1,850	89,600	80,400	101	101	102	102	102
秋　冬	13,700	2,010	275,600	217,200	99	102	101	102	98

(10) たまねぎ

ア　作付面積

作付面積は２万5,500haで、前年産並みとなった。

イ　10ａ当たり収量

10ａ当たり収量は4,300kgで、前年産に比べ1,020kg（19％）下回った。これは、北海道において６月から７月にかけて高温・少雨で推移したことから肥大が抑制されたためである。

ウ　収穫量

収穫量は109万6,000ｔで前年産に比べ26万1,000ｔ（19％）減少した。

エ　出荷量

出荷量は99万2,900ｔで前年産に比べ22万5,100ｔ（18％）減少した。

図11　たまねぎの作付面積、収穫量及び出荷量の推移

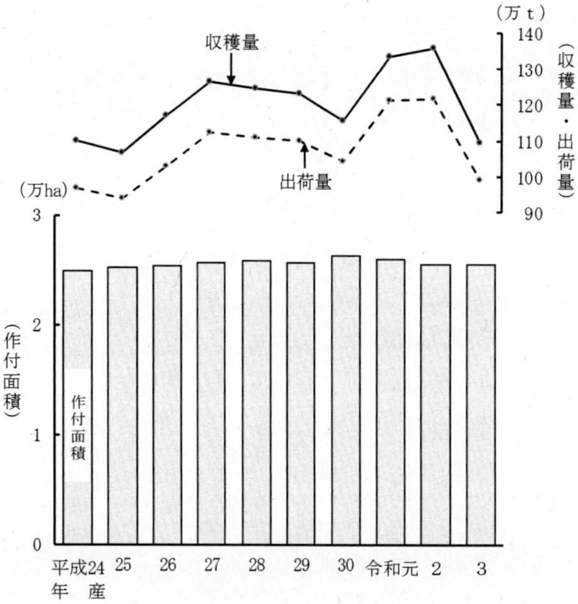

表11　令和３年産たまねぎの作付面積、10a当たり収量、収穫量及び出荷量（全国）

品目	作付面積	10ａ当たり収量	収穫量	出荷量	対前年産比				（参考）対平均収量比
					作付面積	10ａ当たり収量	収穫量	出荷量	
	ha	kg	t	t	%	%	%	%	%
たまねぎ	25,500	4,300	1,096,000	992,900	100	81	81	82	88

(11) きゅうり

ア　作付面積

作付面積は9,940haで、前年産に比べ160ha（２％）減少した。

イ　10ａ当たり収量

10ａ当たり収量は5,550kgで、前年産に比べ210kg（４％）上回った。

ウ　収穫量

収穫量は55万1,300ｔで、前年産に比べ１万2,100ｔ（２％）増加した。

エ　出荷量

出荷量は47万8,800ｔで、前年産に比べ１万800ｔ（２％）増加した。

オ　季節区分別の概況

(ｱ)　冬春きゅうり

作付面積は2,630haで、前年産に比べ30ha（１％）減少した。

10ａ当たり収量は１万1,000kgで、前年産に比べ400kg（４％）上回った。

収穫量は28万9,700ｔ、出荷量は27万2,500ｔで、前年産に比べそれぞれ6,600ｔ（２％）、6,300ｔ（２％）増加した。

(ｲ)　夏秋きゅうり

作付面積は7,320haで、前年産に比べ120ha（２％）減少した。

10ａ当たり収量は3,570kgで、前年産に比べ130kg（４％）上回った。

収穫量は26万1,500ｔ、出荷量は20万6,400ｔで、前年産に比べそれぞれ5,400ｔ（２％）、4,500t（２％）増加した。

図12　きゅうりの作付面積、収穫量及び出荷量の推移

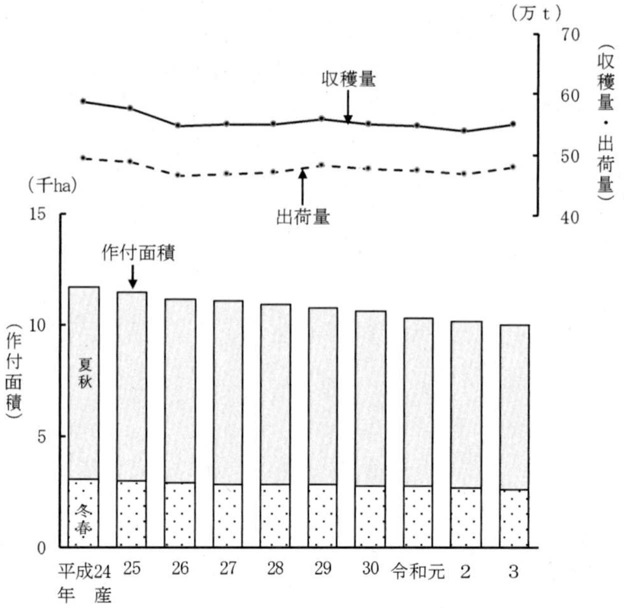

表12　令和３年産きゅうりの作付面積、10a当たり収量、収穫量及び出荷量（全国）

品目	作付面積	10ａ当たり収量	収穫量	出荷量	対前年産比				(参考)対平均収量比
					作付面積	10ａ当たり収量	収穫量	出荷量	
	ha	kg	t	t	%	%	%	%	%
きゅうり	**9,940**	**5,550**	**551,300**	**478,800**	**98**	**104**	**102**	**102**	**108**
冬春	2,630	11,000	289,700	272,500	99	104	102	102	105
夏秋	7,320	3,570	261,500	206,400	98	104	102	102	110

(12) な す

ア 作付面積

作付面積は8,260haで、前年産に比べ160ha（２%）減少した。

イ 10ａ当たり収量

10ａ当たり収量は3,600kgで、前年産に比べ70kg（２%）上回った。

ウ 収穫量

収穫量は29万7,700ｔで、前年産並みとなった。

エ 出荷量

出荷量は23万7,800ｔで、前年産に比べ1,400ｔ（１%）増加した。

オ 季節区分別の概況

(ｱ) 冬春なす

作付面積は1,040haで、前年産に比べ10ha（１%）減少した。

10ａ当たり収量は１万1,000kgで、前年産に比べ100kg（１%）下回った。

収穫量は11万4,500ｔ、出荷量は10万7,800ｔで、前年産に比べそれぞれ1,700ｔ（１%）、1,300ｔ（１%）減少した。

(ｲ) 夏秋なす

作付面積は7,230haで、前年産に比べ140ha（２%）減少した。

10ａ当たり収量は2,530kgで、前年産に比べ80kg（３%）上回った。

収穫量は18万3,200ｔ、出荷量は13万ｔで、前年産に比べそれぞれ2,400ｔ（１%）、2,700ｔ（２%）増加した。

図13 なすの作付面積、収穫量及び出荷量の推移

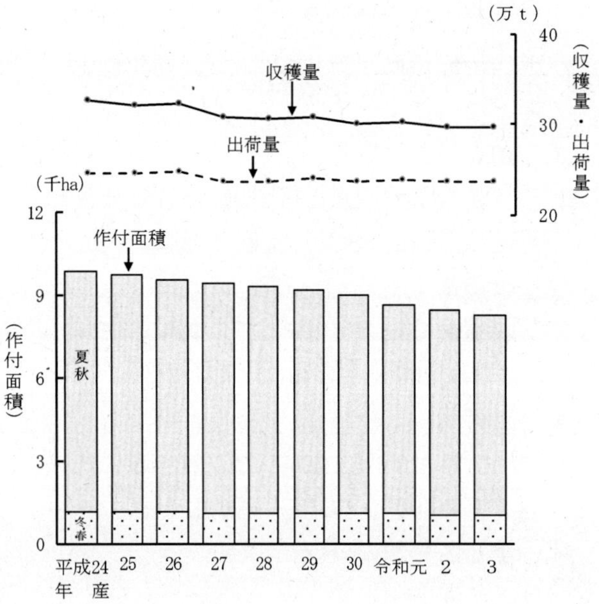

表13 令和３年産なすの作付面積、10a当たり収量、収穫量及び出荷量（全国）

品目	作付面積	10ａ当たり収量	収穫量	出荷量	対前年産比				(参考)対平均収量比
					作付面積	10ａ当たり収量	収穫量	出荷量	
	ha	kg	t	t	%	%	%	%	%
な す	**8,260**	**3,600**	**297,700**	**237,800**	**98**	**102**	**100**	**101**	**107**
冬 春	1,040	11,000	114,500	107,800	99	99	99	99	102
夏 秋	7,230	2,530	183,200	130,000	98	103	101	102	107

(13) トマト

ア　作付面積

作付面積は1万1,400haで、前年産並みとなった。

イ　10a当たり収量

10a当たり収量は6,360kgで、前年産に比べ170kg（3％）上回った。

ウ　収穫量

収穫量は72万5,200tで、前年産に比べ1万9,200t（3％）増加した。

エ　出荷量

出荷量は65万9,900tで、前年産に比べ1万9,000t（3％）増加した。

オ　季節区分別の概況

(ｱ)　冬春トマト

作付面積は3,840haで、前年産に比べ30ha（1％）減少した。

10a当たり収量は1万300kgで、前年産に比べ360kg（4％）上回った。

収穫量は39万4,900t、出荷量は37万5,400tで、前年産に比べそれぞれ1万300t（3％）、1万700t（3％）増加した。

(ｲ)　夏秋トマト

作付面積は7,550haで、前年産並みとなった。

10a当たり収量は4,370kgで、前年産に比べ110kg（3％）上回った。

収穫量は33万300t、出荷量は28万4,500tで、前年産に比べそれぞれ9,000t（3％）、8,300t（3％）増加した。

図14　トマトの作付面積、収穫量及び出荷量の推移

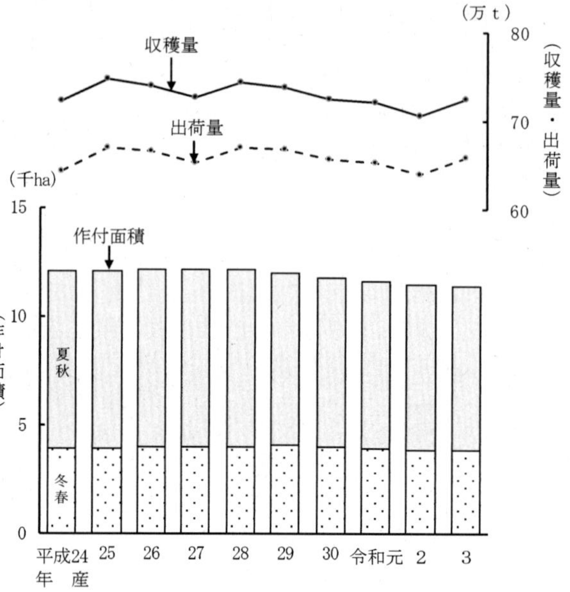

表14　令和3年産トマトの作付面積、10a当たり収量、収穫量及び出荷量（全国）

品目	作付面積	10a当たり収量	収穫量	出荷量	対前年産比 作付面積	対前年産比 10a当たり収量	対前年産比 収穫量	対前年産比 出荷量	(参考)対平均収量比
	ha	kg	t	t	%	%	%	%	%
トマト	**11,400**	**6,360**	**725,200**	**659,900**	**100**	**103**	**103**	**103**	**104**
冬春	3,840	10,300	394,900	375,400	99	104	103	103	103
夏秋	7,550	4,370	330,300	284,500	100	103	103	103	104

(14) ピーマン

ア　作付面積

作付面積は3,190haで、前年産に比べ30ha（１％）増加した。

イ　10ａ当たり収量

10ａ当たり収量は4,660kgで、前年産に比べ130kg（３％）増加した。

ウ　収穫量

収穫量は14万8,500ｔで、前年産に比べ5,400ｔ（４％）増加した。

エ　出荷量

出荷量は13万2,200ｔで、前年産に比べ4,800ｔ（４％）増加した。

オ　季節区分別の概況

(ｱ)　冬春ピーマン

作付面積は725haで、前年産に比べ４ha（１％）減少した。

10ａ当たり収量は１万500kgで、前年産に比べ300kg（３％）上回った。

収穫量は７万5,800ｔ、出荷量は７万1,600ｔで、前年産に比べそれぞれ1,800ｔ（２％）、1,300ｔ（２％）増加した。

(ｲ)　夏秋ピーマン

作付面積は2,470haで、前年産に比べ40ha（２％）増加した。

10ａ当たり収量は2,940kgで、前年産に比べ90kg（３％）上回った。

収穫量は７万2,700ｔ、出荷量は６万500ｔで、前年産に比べそれぞれ3,500ｔ（５％）、3,400ｔ（６％）増加した。

図15　ピーマンの作付面積、収穫量及び出荷量の推移

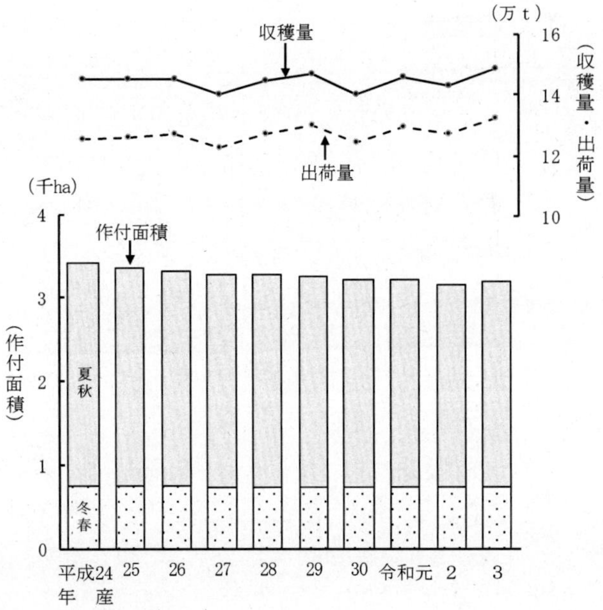

表15　令和３年産ピーマンの作付面積、10a当たり収量、収穫量及び出荷量（全国）

品目	作付面積	10ａ当たり収量	収穫量	出荷量	対前年産比				（参考）対平均収量比
					作付面積	10ａ当たり収量	収穫量	出荷量	
	ha	kg	t	t	%	%	%	%	%
ピーマン	**3,190**	**4,660**	**148,500**	**132,200**	**101**	**103**	**104**	**104**	**105**
冬春	725	10,500	75,800	71,600	99	103	102	102	101
夏秋	2,470	2,940	72,700	60,500	102	103	105	106	110

3　指定野菜に準ずる野菜の品目別の概要

(1)　根菜類

ア　かぶ

作付面積は4,010haで、前年産に比べ150ha（4％）減少した。これは、生産者の高齢化等の労力事情により作付中止や規模縮小があったためである。

10ａ当たり収量は2,700kgで、前年産に比べ180kg（7％）上回った。これは、おおむね天候に恵まれ生育が良好であったためである。

収穫量は10万8,200ｔ、出荷量は９万700ｔで、前年産に比べそれぞれ3,400ｔ（３％）、3,600ｔ（４％）増加した。

図16　かぶの作付面積、収穫量及び出荷量の推移

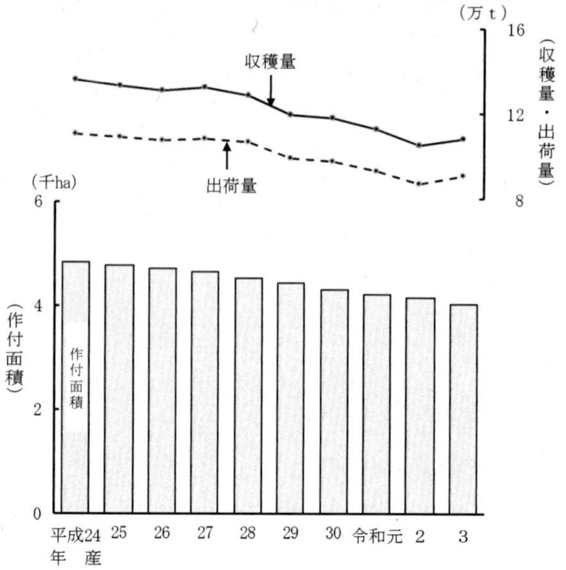

表16　令和３年産かぶの作付面積、10a当たり収量、収穫量及び出荷量（全国）

品目	作付面積	10ａ当たり収量	収穫量	出荷量	対前年産比				(参考)対平均収量比
					作付面積	10ａ当たり収量	収穫量	出荷量	
	ha	kg		t	%	%	%	%	%
かぶ	4,010	2,700	108,200	90,700	96	107	103	104	98

イ　ごぼう

作付面積は7,410haで、前年産に比べ90ha（1％）増加した。

10ａ当たり収量は1,790kgで、前年産に比べ60kg（3％）上回った。

収穫量は13万2,800ｔ、出荷量は11万6,700ｔで、前年産に比べそれぞれ5,900ｔ（5％）、5,700ｔ（5％）増加した。

図17　ごぼうの作付面積、収穫量及び出荷量の推移

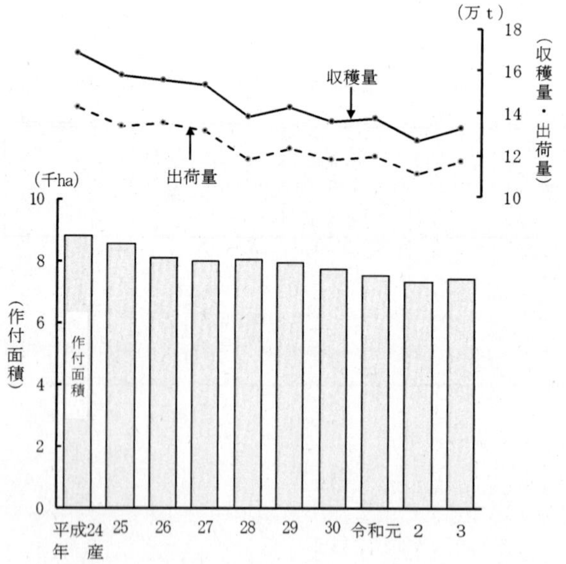

表17　令和３年産ごぼうの作付面積、10a当たり収量、収穫量及び出荷量（全国）

品目	作付面積	10ａ当たり収量	収穫量	出荷量	対前年産比				(参考)対平均収量比
					作付面積	10ａ当たり収量	収穫量	出荷量	
	ha	kg	t	t	%	%	%	%	%
ごぼう	7,410	1,790	132,800	116,700	101	103	105	105	99

ウ　れんこん

作付面積は3,980ha で、前年産に比べ60ha（２％）増加した。

10ａ当たり収量は1,290kgで、前年産に比べ110kg（８％）下回った。これは、主に茨城県において７月から８月にかけての強風の影響で茎葉が損傷し、根茎の肥大が抑制されたためである。

収穫量は５万1,500ｔ、出荷量は４万3,200ｔで、前年産に比べそれぞれ3,500ｔ（６％）、3,200ｔ（７％）減少した。

図18　れんこんの作付面積、収穫量及び出荷量の推移

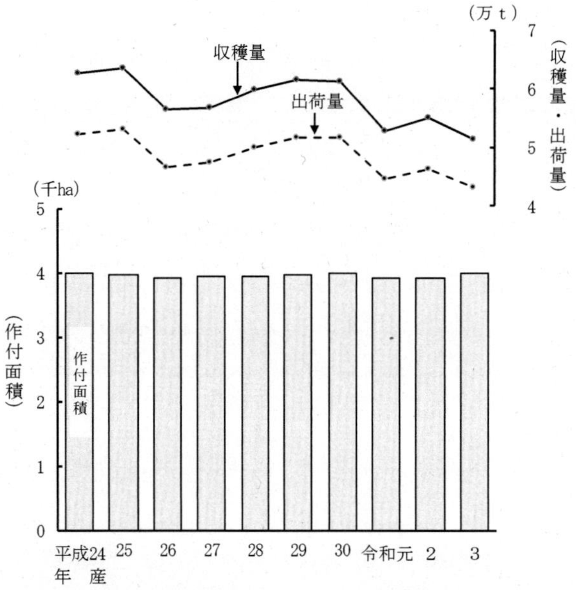

表18　令和３年産れんこんの作付面積、10a当たり収量、収穫量及び出荷量（全国）

品　　目	作付面積	10ａ当たり収量	収　穫　量	出　荷　量	対前年産比 作付面積	対前年産比 10ａ当たり収量	対前年産比 収穫量	対前年産比 出荷量	（参考）対平均収量比
	ha	kg	t	t	%	%	%	%	%
れ ん こ ん	3,980	1,290	51,500	43,200	102	92	94	93	88

エ　やまのいも

作付面積は6,890ha で、前年産に比べ40ha（１％）減少した。

10ａ当たり収量は2,570kg で、前年産に比べ110kg（４％）上回った。

収穫量は17万7,400ｔ、出荷量は15万ｔで、前年産に比べそれぞれ6,900ｔ（４％）、5,700ｔ（４％）増加した。

図19　やまのいもの作付面積、収穫量及び出荷量の推移

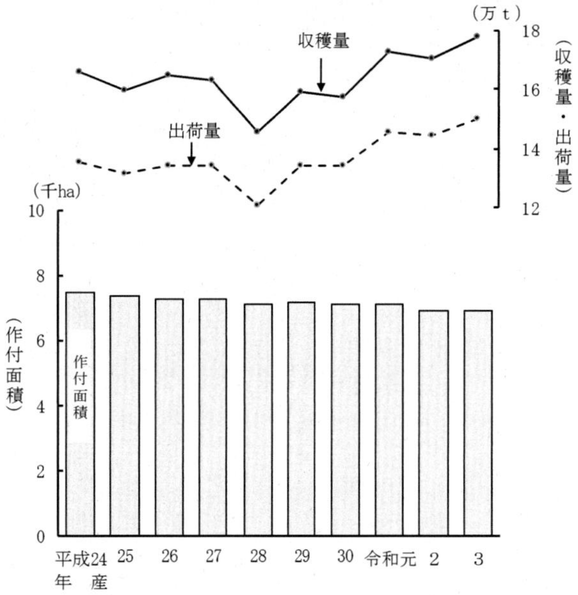

表19　令和３年産やまのいもの作付面積、10a当たり収量、収穫量及び出荷量（全国）

品　　目	作付面積	10ａ当たり収量	収　穫　量	出　荷　量	対前年産比 作付面積	対前年産比 10ａ当たり収量	対前年産比 収穫量	対前年産比 出荷量	（参考）対平均収量比
	ha	kg	t	t	%	%	%	%	%
や ま の い も	6,890	2,570	177,400	150,000	99	104	104	104	113

(2) 葉茎菜類

ア　こまつな

作付面積は7,420haで、前年産に比べ130ha（２％）減少した。

10ａ当たり収量は1,610kgで、前年産並みとなった。

収穫量は11万9,300ｔ、出荷量は10万6,900ｔで、前年産に比べそれぞれ2,600ｔ（２％）、2,500ｔ（２％）減少した。

図20　こまつなの作付面積、収穫量及び出荷量の推移

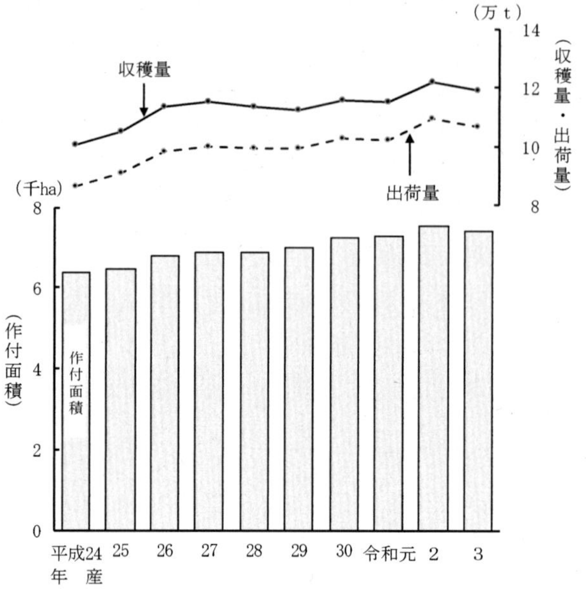

表20　令和３年産こまつなの作付面積、10a当たり収量、収穫量及び出荷量（全国）

品目	作付面積	10ａ当たり収量	収穫量	出荷量	対前年産比				（参考）対平均収量比
					作付面積	10ａ当たり収量	収穫量	出荷量	
	ha	kg	t	t	%	%	%	%	%
こまつな	7,420	1,610	119,300	106,900	98	100	98	98	99

イ　ちんげんさい

作付面積は2,100haで、前年産に比べ50ha（２％）減少した。

10ａ当たり収量は1,990kgで、前年産に比べ60kg（３％）上回った。

収穫量は４万1,800ｔ、出荷量は３万7,200ｔで、前年産に比べいずれも400ｔ（１％）増加した。

図21　ちんげんさいの作付面積、収穫量及び出荷量の推移

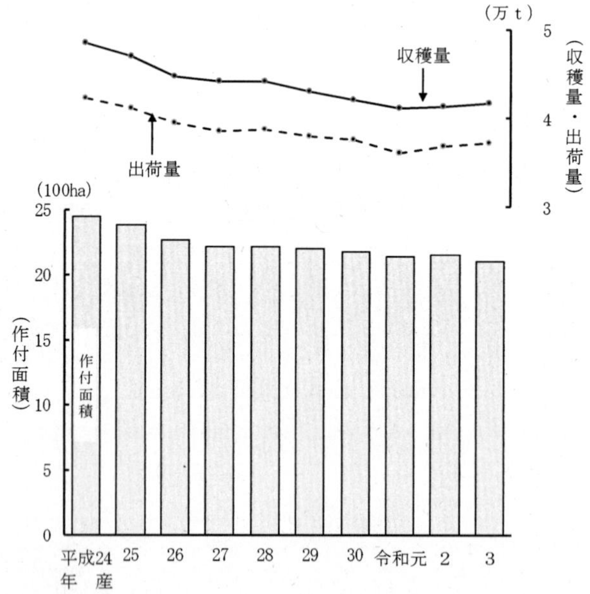

表21　令和３年産ちんげんさいの作付面積、10a当たり収量、収穫量及び出荷量（全国）

品目	作付面積	10ａ当たり収量	収穫量	出荷量	対前年産比				（参考）対平均収量比
					作付面積	10ａ当たり収量	収穫量	出荷量	
	ha	kg	t	t	%	%	%	%	%
ちんげんさい	2,100	1,990	41,800	37,200	98	103	101	101	102

ウ　ふき

作付面積は 456ha で、前年産に比べ42ha（８％）減少した。これは、生産者の高齢化等の労力事情により作付中止や規模縮小があったためである。

10ａ当たり収量は 1,850kg で、前年産に比べ 50kg（３％）上回った。

収穫量は8,420ｔ、出荷量は7,190ｔで、前年産に比べそれぞれ560ｔ（６％）、470ｔ（６％）減少した。

図22　ふきの作付面積、収穫量及び出荷量の推移

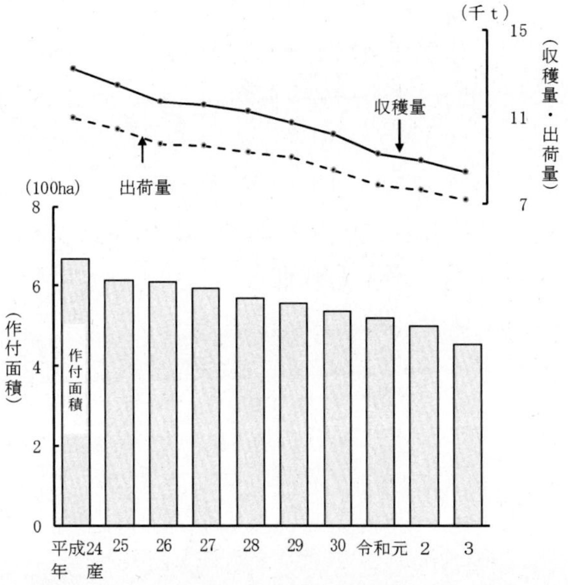

表22　令和３年産ふきの作付面積、10a当たり収量、収穫量及び出荷量（全国）

品目	作付面積	10ａ当たり収量	収穫量	出荷量	対前年産比				（参考）対平均収量比
					作付面積	10ａ当たり収量	収穫量	出荷量	
	ha	kg	t	t	%	%	%	%	%
ふき	456	1,850	8,420	7,190	92	103	94	94	97

エ　みつば

作付面積は 862ha で、前年産に比べ12ha（１％）減少した。

10ａ当たり収量は 1,590kg で、前年産に比べ 60kg（４％）上回った。

収穫量は１万3,700ｔ、出荷量は１万2,700ｔで、前年産に比べいずれも 300ｔ（２％）増加した。

図23　みつばの作付面積、収穫量及び出荷量の推移

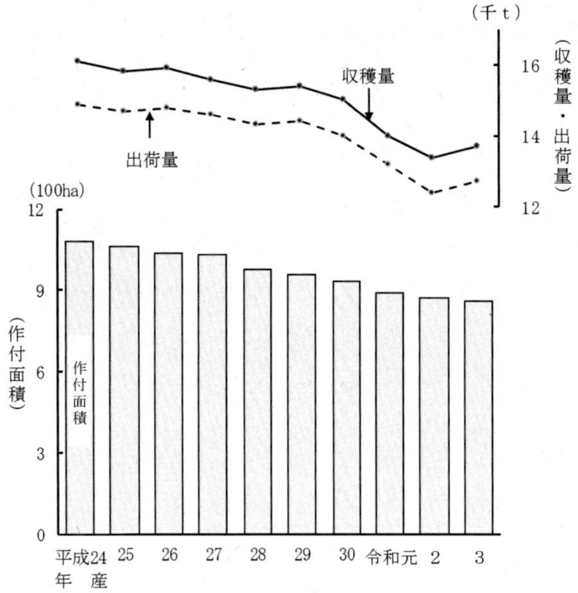

表23　令和３年産みつばの作付面積、10a当たり収量、収穫量及び出荷量（全国）

品目	作付面積	10ａ当たり収量	収穫量	出荷量	対前年産比				（参考）対平均収量比
					作付面積	10ａ当たり収量	収穫量	出荷量	
	ha	kg	t	t	%	%	%	%	%
みつば	862	1,590	13,700	12,700	99	104	102	102	102

オ　しゅんぎく

作付面積は1,800haで、前年産に比べ30ha（２%）減少した。

10ａ当たり収量は1,510kgで、前年産に比べ10kg（１%）上回った。

収穫量は２万7,200ｔ、出荷量は２万2,400ｔで、前年産に比べいずれも200ｔ（１%）減少した。

図24　しゅんぎくの作付面積、収穫量及び出荷量の推移

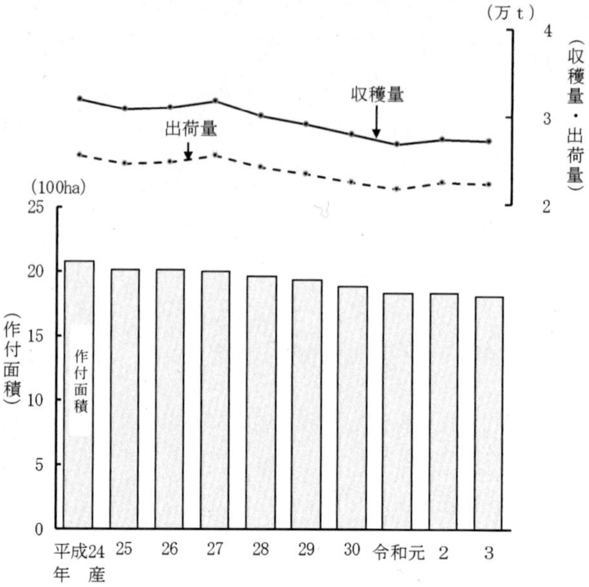

表24　令和３年産しゅんぎくの作付面積、10a当たり収量、収穫量及び出荷量（全国）

品目	作付面積	10ａ当たり収量	収穫量	出荷量	対前年産比				（参考）対平均収量比
					作付面積	10ａ当たり収量	収穫量	出荷量	
	ha	kg	t	t	%	%	%	%	%
しゅんぎく	1,800	1,510	27,200	22,400	98	101	99	99	100

カ　みずな

作付面積は2,420haで、前年産に比べ70ha（３%）減少した。これは、生産者の高齢化等の労力事情により作付中止や規模縮小があったためである。

10ａ当たり収量は1,710kgで、前年産に比べ50kg（３%）下回った。

収穫量は４万1,300ｔ、出荷量は３万6,800ｔで、前年産に比べそれぞれ2,500ｔ（６%）、2,100ｔ（５%）減少した。

図25　みずなの作付面積、収穫量及び出荷量の推移

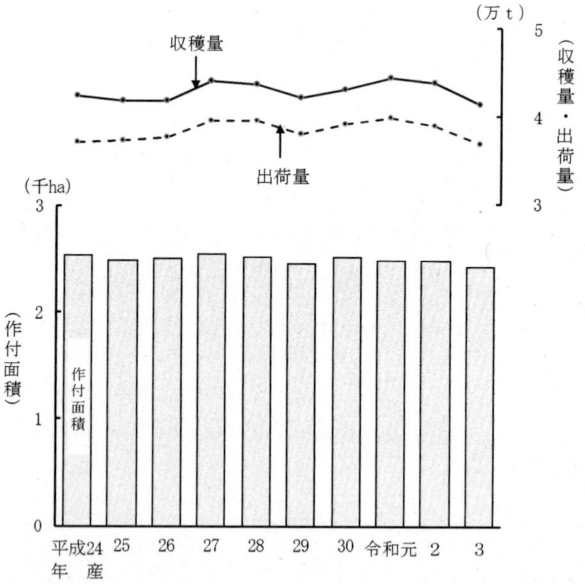

表25　令和３年産みずなの作付面積、10a当たり収量、収穫量及び出荷量（全国）

品目	作付面積	10ａ当たり収量	収穫量	出荷量	対前年産比				（参考）対平均収量比
					作付面積	10ａ当たり収量	収穫量	出荷量	
	ha	kg	t	t	%	%	%	%	%
みずな	2,420	1,710	41,300	36,800	97	97	94	95	99

キ　セルリー

作付面積は541haで、前年産並みとなった。

10ａ当たり収量は5,550kgで、前年産に比べ90kg（２％）上回った。

収穫量は３万ｔ、出荷量は２万8,800ｔで、前年産に比べそれぞれ500ｔ（２％）、700ｔ（２％）増加した。

図26　セルリーの作付面積、収穫量及び出荷量の推移

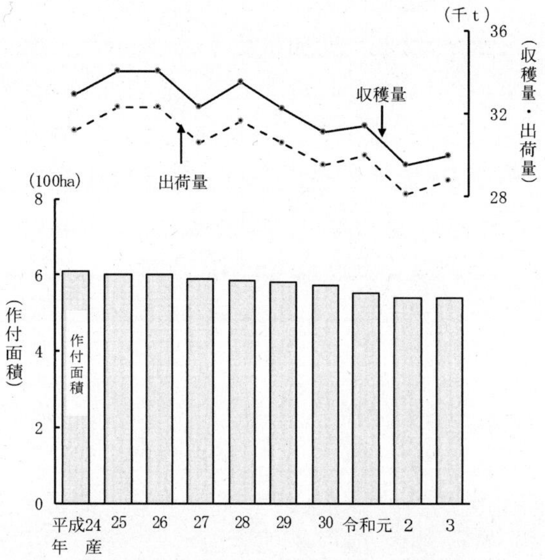

表26　令和３年産セルリーの作付面積、10a当たり収量、収穫量及び出荷量（全国）

品目	作付面積	10ａ当たり収量	収穫量	出荷量	対前年産比				（参考）対平均収量比
					作付面積	10ａ当たり収量	収穫量	出荷量	
	ha	kg	t	t	%	%	%	%	%
セルリー	541	5,550	30,000	28,800	100	102	102	102	100

ク　アスパラガス

作付面積は4,500haで、前年産に比べ300ha（６％）減少した。これは、生産者の高齢化等の労力事情により作付中止や規模縮小があったためである。

10ａ当たり収量は560kgで、前年産に比べ４kg（１％）上回った。

収穫量は２万5,200ｔ、出荷量は２万2,400ｔで、前年産に比べそれぞれ1,500t（６％）、1,200t（５％）減少した。

図27　アスパラガスの作付面積、収穫量及び出荷量の推移

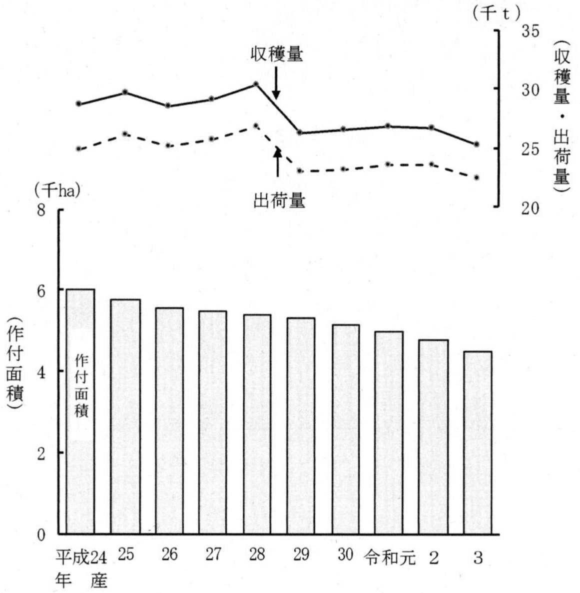

表27　令和３年産アスパラガスの作付面積、10a当たり収量、収穫量及び出荷量（全国）

品目	作付面積	10ａ当たり収量	収穫量	出荷量	対前年産比				（参考）対平均収量比
					作付面積	10ａ当たり収量	収穫量	出荷量	
	ha	kg	t	t	%	%	%	%	%
アスパラガス	4,500	560	25,200	22,400	94	101	94	95	106

ケ　カリフラワー

作付面積は1,240haで、前年産に比べ20ha（2％）増加した。

10a当たり収量は1,740kgで、前年産に比べ20kg（1％）上回った。

収穫量は2万1,600t、出荷量は1万8,500tで、前年産に比べそれぞれ600t（3％）、500t（3％）増加した。

図28　カリフラワーの作付面積、収穫量及び出荷量の推移

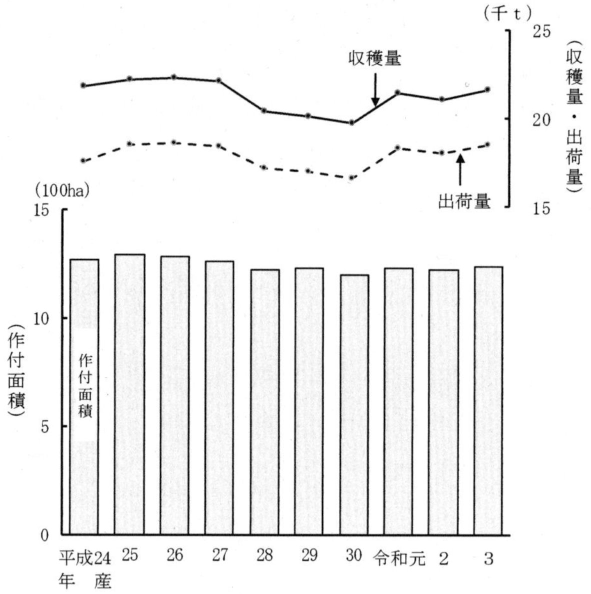

表28　令和3年産カリフラワーの作付面積、10a当たり収量、収穫量及び出荷量（全国）

品目	作付面積	10a当たり収量	収穫量	出荷量	対前年産比				(参考)対平均収量比
					作付面積	10a当たり収量	収穫量	出荷量	
	ha	kg	t	t	%	%	%	%	%
カリフラワー	1,240	1,740	21,600	18,500	102	101	103	103	102

コ　ブロッコリー

作付面積は1万6,900haで、前年産に比べ300ha（2％）増加した。

10a当たり収量は1,020kgで、前年産に比べ30kg（3％）下回った。

収穫量は17万1,600t、出荷量は15万5,500tで、前年産に比べそれぞれ2,900t（2％）、2,700t（2％）減少した。

図29　ブロッコリーの作付面積、収穫量及び出荷量の推移

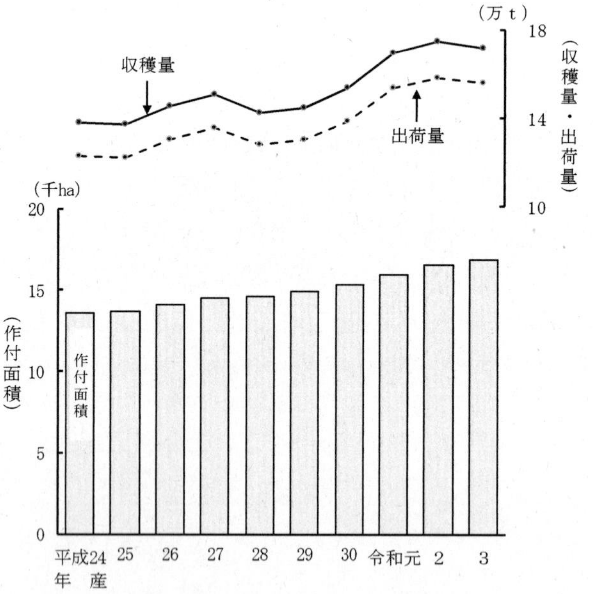

表29　令和3年産ブロッコリーの作付面積、10a当たり収量、収穫量及び出荷量（全国）

品目	作付面積	10a当たり収量	収穫量	出荷量	対前年産比				(参考)対平均収量比
					作付面積	10a当たり収量	収穫量	出荷量	
	ha	kg	t	t	%	%	%	%	%
ブロッコリー	16,900	1,020	171,600	155,500	102	97	98	98	100

サ　にら

作付面積は1,930haで、前年産に比べ50ha（３％）減少した。これは、生産者の高齢化等の労力事情により作付中止や規模縮小があったためである。

10ａ当たり収量は2,920kgで、前年産に比べ40kg（１％）上回った。

収穫量は５万6,300ｔ、前年産に比べ700ｔ（１％）減少し、出荷量は５万1,500ｔで、前年産並みとなった。

図30　にらの作付面積、収穫量及び出荷量の推移

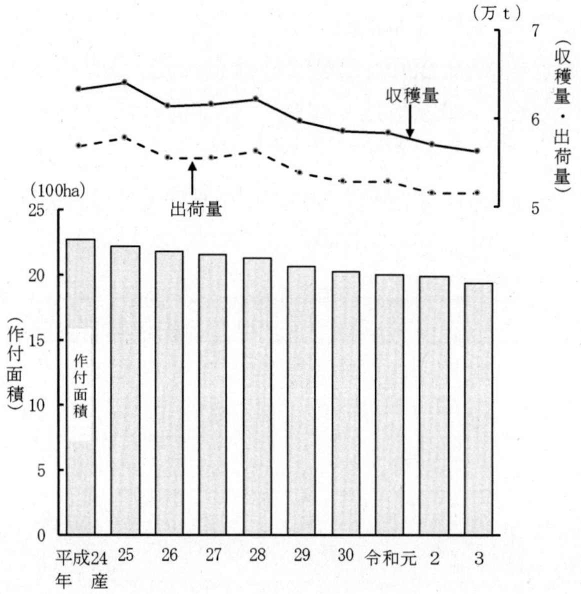

表30　令和３年産にらの作付面積、10a当たり収量、収穫量及び出荷量（全国）

品　目	作付面積	10ａ当たり収量	収穫量	出荷量	対前年産比				(参考)対平均収量比
					作付面積	10ａ当たり収量	収穫量	出荷量	
	ha	kg	t	t	%	%	%	%	%
に　ら	1,930	2,920	56,300	51,500	97	101	99	100	101

シ　にんにく

作付面積は2,520haで、前年産並みとなった。

10ａ当たり収量は802kgで、前年産に比べ36kg（４％）下回った。

収穫量は２万200ｔ、出荷量は１万4,000ｔで、前年産に比べそれぞれ1,000ｔ（５％）、1,000t（７％）減少した。

図31　にんにくの作付面積、収穫量及び出荷量の推移

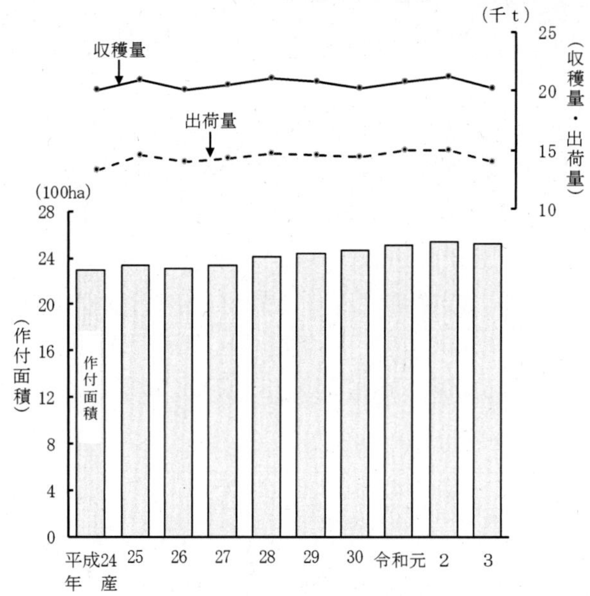

表31　令和３年産にんにくの作付面積、10a当たり収量、収穫量及び出荷量（全国）

品　目	作付面積	10ａ当たり収量	収穫量	出荷量	対前年産比				(参考)対平均収量比
					作付面積	10ａ当たり収量	収穫量	出荷量	
	ha	kg	t	t	%	%	%	%	%
に ん に く	2,520	802	20,200	14,000	100	96	95	93	94

(3) 果菜類

ア かぼちゃ

作付面積は１万4,500haで、前年産に比べ300ha（２％）減少した。

10ａ当たり収量は1,200kgで、前年産に比べ60kg（５％）下回った。これは、主に北海道において６月から７月の高温・少雨の影響により、生育が抑制されたためである。

収穫量は17万4,300ｔ、出荷量は14万400ｔで、前年産に比べそれぞれ１万2,300ｔ（７％）、１万600ｔ（７％）減少した。

図32　かぼちゃの作付面積、収穫量及び出荷量の推移

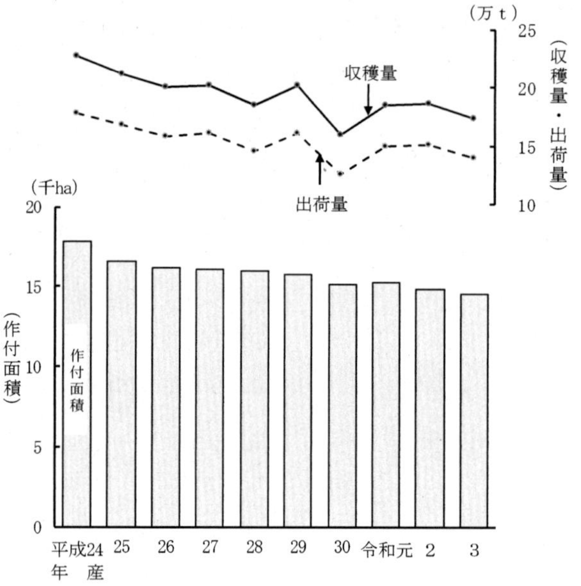

表32　令和３年産かぼちゃの作付面積、10a当たり収量、収穫量及び出荷量（全国）

品目	作付面積	10ａ当たり収量	収穫量	出荷量	対前年産比				（参考）対平均収量比
					作付面積	10ａ当たり収量	収穫量	出荷量	
	ha	kg	t	t	%	%	%	%	%
かぼちゃ	14,500	1,200	174,300	140,400	98	95	93	93	98

イ スイートコーン

作付面積は２万1,500haで、前年産に比べ900ha（４％）減少した。これは、新型コロナウイルス感染症拡大の影響により、需要が減少したためである。

10ａ当たり収量は1,020kgで、前年産に比べ30kg（３％）下回った。

収穫量は21万8,800ｔ、出荷量は17万8,400ｔで、前年産に比べそれぞれ１万5,900ｔ（７％）、１万4,200ｔ（７％）減少した。

図33 スイートコーンの作付面積、収穫量及び出荷量の推移

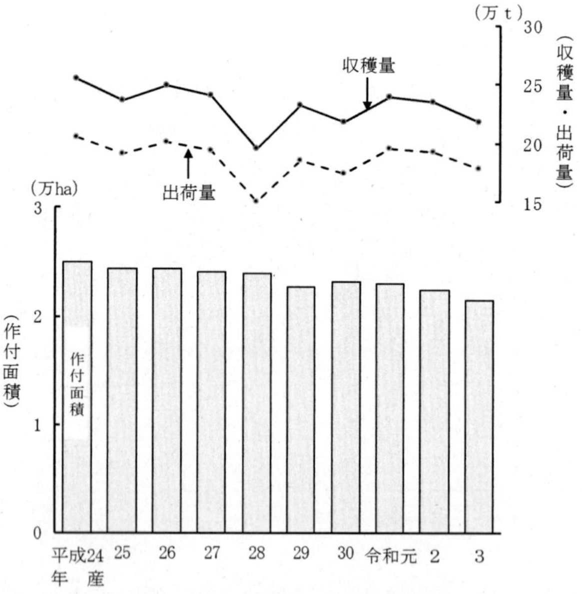

表33　令和３年産スイートコーンの作付面積、10a当たり収量、収穫量及び出荷量（全国）

品目	作付面積	10ａ当たり収量	収穫量	出荷量	対前年産比				（参考）対平均収量比
					作付面積	10ａ当たり収量	収穫量	出荷量	
	ha	kg	t	t	%	%	%	%	%
スイートコーン	21,500	1,020	218,800	178,400	96	97	93	93	102

ウ　さやいんげん

作付面積は4,810haで、前年産に比べ210ha（4％）減少した。これは、新型コロナウイルス感染症拡大の影響により、需要が減少したためである。

10ａ当たり収量は761kgで、前年産に比べ14kg（2％）下回った。

収穫量は3万6,600ｔ、出荷量は2万4,400ｔで、前年産に比べそれぞれ2,300ｔ（6％）、2,100ｔ（8％）減少した。

図34　さやいんげんの作付面積、収穫量及び出荷量の推移

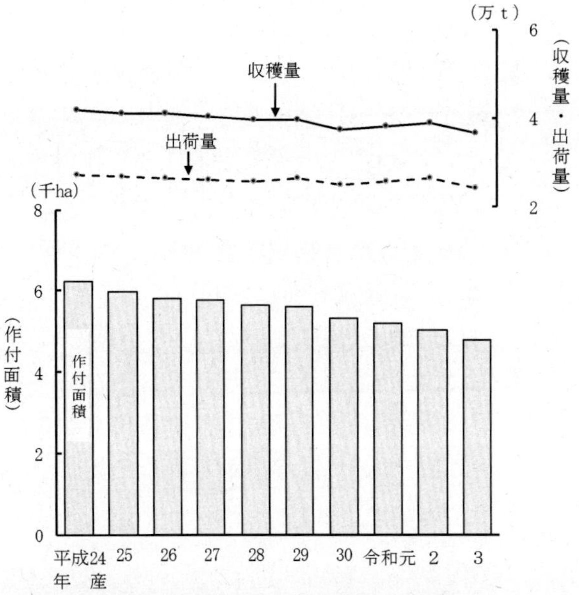

表34　令和3年産さやいんげんの作付面積、10a当たり収量、収穫量及び出荷量（全国）

品　目	作付面積	10ａ当たり収量	収穫量	出荷量	対前年産比				（参考）対平均収量比
					作付面積	10ａ当たり収量	収穫量	出荷量	
	ha	kg	t	t	%	%	%	%	%
さやいんげん	4,810	761	36,600	24,400	96	98	94	92	107

エ　さやえんどう

作付面積は2,740haで、前年産に比べ60ha（2％）減少した。

10ａ当たり収量は723kgで、前年産に比べ27kg（4％）上回った。

収穫量は1万9,800ｔ、出荷量は1万3,000ｔで、前年産に比べそれぞれ300ｔ（2％）、500ｔ（4％）増加した。

図35　さやえんどうの作付面積、収穫量及び出荷量の推移

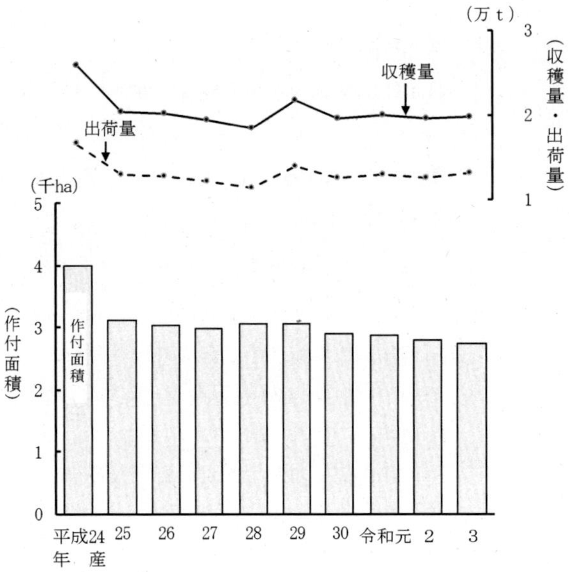

注：平成24年産はグリーンピースを含む。

表35　令和3年産さやえんどうの作付面積、10a当たり収量、収穫量及び出荷量（全国）

品　目	作付面積	10ａ当たり収量	収穫量	出荷量	対前年産比				（参考）対平均収量比
					作付面積	10ａ当たり収量	収穫量	出荷量	
	ha	kg	t	t	%	%	%	%	%
さやえんどう	2,740	723	19,800	13,000	98	104	102	104	107

オ　グリーンピース

作付面積は633haで、前年産に比べ52ha（８％）減少した。これは、生産者の高齢化等の労力事情により作付中止や規模縮小があったためである。

10ａ当たり収量は885kgで、前年産に比べ67kg（８％）上回った。これは、おおむね天候に恵まれ、生育が良好であったためである。

収穫量は5,600ｔ、出荷量は4,440ｔで、それぞれ前年産並みとなった。

図36 グリーンピースの作付面積、収穫量及び出荷量の推移

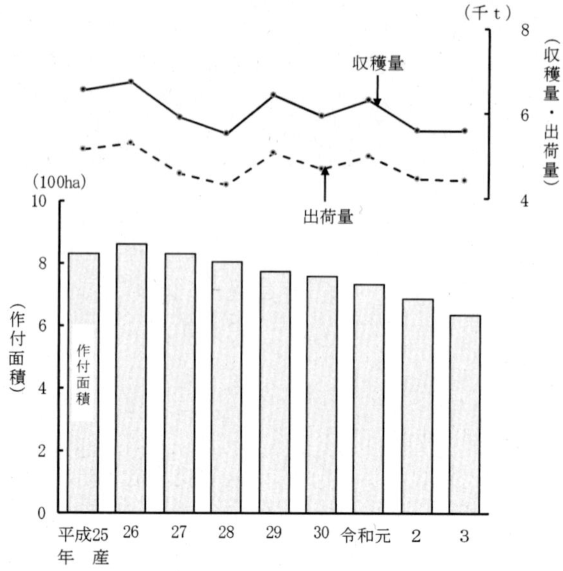

注：　平成24年産までさやえんどうに含めていたグリーンピースを平成25年産からさやえんどうと区分した。

表36　令和３年産グリーンピースの作付面積、10a当たり収量、収穫量及び出荷量（全国）

品　　目	作付面積	10ａ当たり収　　量	収　穫　量	出　荷　量	対前年産比				（参考）対平均収量比
					作付面積	10ａ当たり収　量	収穫量	出荷量	
	ha	kg	t	t	%	%	%	%	%
グリーンピース	633	885	5,600	4,440	92	108	100	100	113

カ　そらまめ

作付面積は1,690haで、前年産に比べ80ha（５％）減少した。これは、生産者の高齢化等の労力事情により作付中止や規模縮小があったためである。

10ａ当たり収量は822kgで、前年産に比べ42kg（５％）下回った。これは、主に新潟県において雪害及び強風による茎葉の損傷等があったためである。

収穫量は１万3,900ｔ、出荷量は9,910ｔで、前年産に比べそれぞれ1,400ｔ（９％）、990ｔ（９％）減少した。

図37　そらまめの作付面積、収穫量及び出荷量の推移

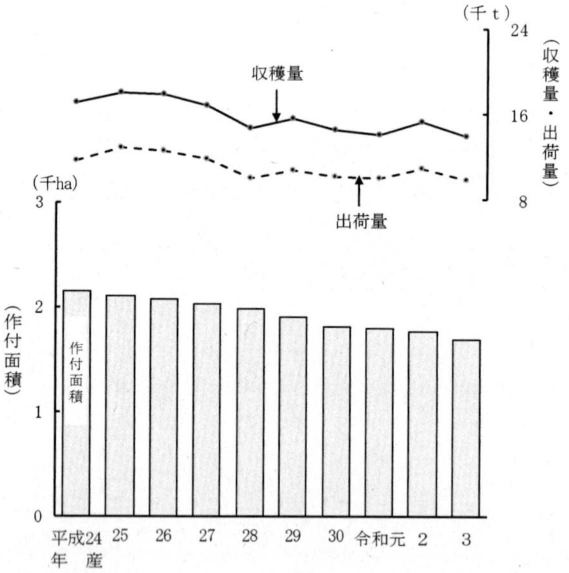

表37　令和３年産そらまめの作付面積、10a当たり収量、収穫量及び出荷量（全国）

品　　目	作付面積	10ａ当たり収　　量	収　穫　量	出　荷　量	対前年産比				（参考）対平均収量比
					作付面積	10ａ当たり収　量	収穫量	出荷量	
	ha	kg	t	t	%	%	%	%	%
そらまめ	1,690	822	13,900	9,910	95	95	91	91	100

キ　えだまめ

作付面積は１万2,800ha で、前年産並みとなった。

10ａ当たり収量は559kg で、前年産に比べ 41kg（８％）上回った。これは、おおむね天候に恵まれ、生育が良好であったためである。

収穫量は７万1,500ｔ、出荷量は５万6,100ｔで、前年産に比べそれぞれ5,200kg（８％）、4,900t（10％）増加した。

図38　えだまめの作付面積、収穫量及び出荷量の推移

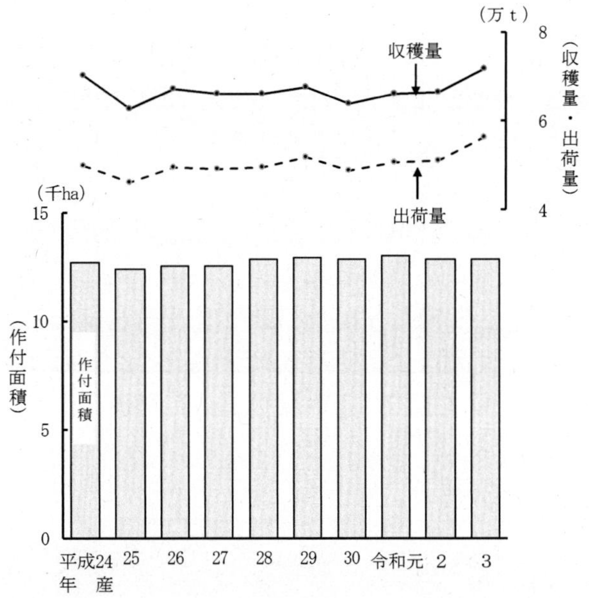

表38　令和３年産えだまめの作付面積、10a当たり収量、収穫量及び出荷量（全国）

品目	作付面積	10ａ当たり収量	収穫量	出荷量	対前年産比				（参考）対平均収量比
					作付面積	10ａ当たり収量	収穫量	出荷量	
	ha	kg	t	t	%	%	%	%	%
えだまめ	12,800	559	71,500	56,100	100	108	108	110	108

(4)　香辛野菜

しょうが

作付面積は1,730ha で、前年産に比べ20ha（１％）減少した。

10ａ当たり収量は2,800kg で、前年産に比べ250kg（10％）上回った。これは、おおむね天候に恵まれ、生育が良好であったためである。

収穫量は４万8,500ｔ、出荷量は３万8,200ｔで、前年産に比べそれぞれ3,800ｔ（９％）、3,100ｔ（９％）増加した。

図39　しょうがの作付面積、収穫量及び出荷量の推移

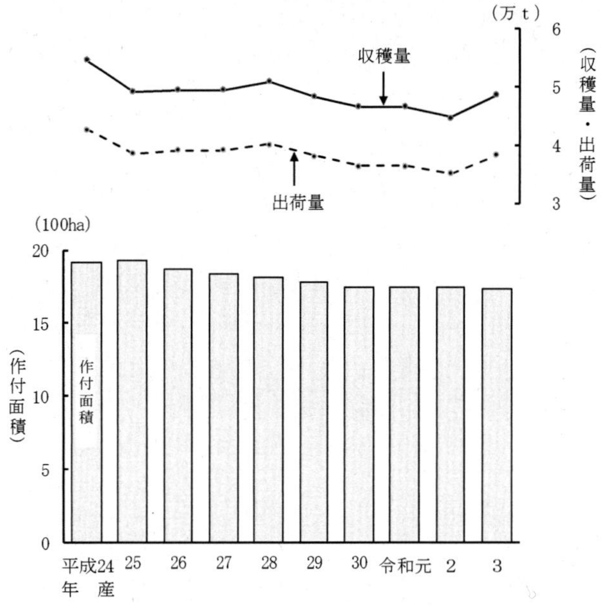

表39　令和３年産しょうがの作付面積、10a当たり収量、収穫量及び出荷量（全国）

品目	作付面積	10ａ当たり収量	収穫量	出荷量	対前年産比				（参考）対平均収量比
					作付面積	10ａ当たり収量	収穫量	出荷量	
	ha	kg	t	t	%	%	%	%	%
しょうが	1,730	2,800	48,500	38,200	99	110	109	109	105

(5) 果実的野菜

ア いちご

作付面積は4,930haで、前年産に比べ90ha（２％）減少した。

10ａ当たり収量は3,340kgで、前年産に比べ170kg（５％）上回った。これは、おおむね天候に恵まれ、生育が良好であったためである。

収穫量は16万4,800ｔ、出荷量は15万2,300ｔで、前年産に比べそれぞれ5,600ｔ（４％）、5,500ｔ（４％）増加した。

図40　いちごの作付面積、収穫量及び出荷量の推移

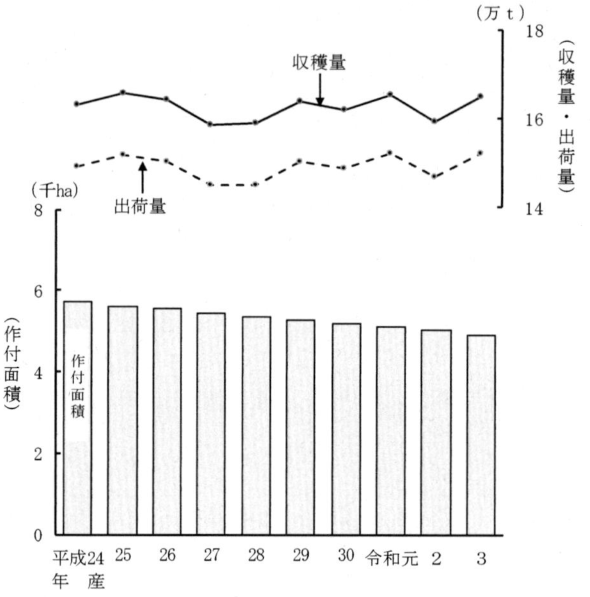

表40　令和３年産いちごの作付面積、10a当たり収量、収穫量及び出荷量（全国）

品目	作付面積	10ａ当たり収量	収穫量	出荷量	対前年産比 作付面積	対前年産比 10ａ当たり収量	対前年産比 収穫量	対前年産比 出荷量	（参考）対平均収量比
	ha	kg	t	t	%	%	%	%	%
いちご	4,930	3,340	164,800	152,300	98	105	104	104	109

イ メロン

作付面積は6,090haで、前年産に比べ160ha（３％）減少した。これは、生産者の高齢化等の労力事情により作付中止や規模縮小があったためである。

10ａ当たり収量は2,460kgで、前年産に比べ90kg（４％）上回った。

収穫量は15万ｔ、出荷量は13万6,700ｔで、前年産に比べそれぞれ2,100ｔ（１％）、2,000ｔ（１％）増加した。

図41　メロンの作付面積、収穫量及び出荷量の推移

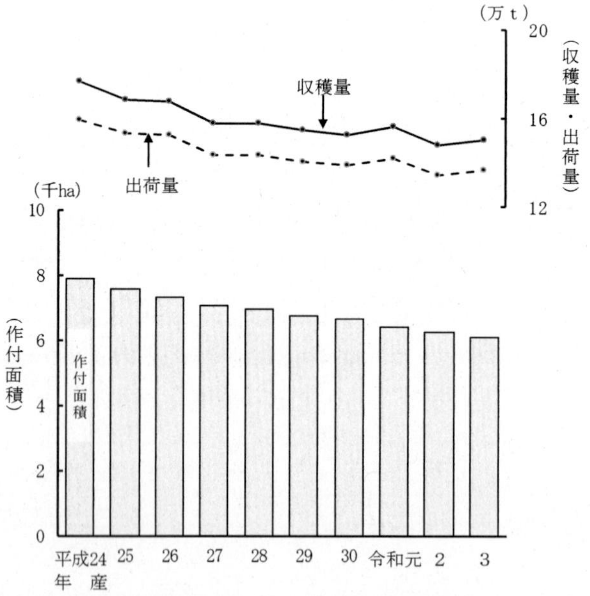

表41　令和３年産メロンの作付面積、10a当たり収量、収穫量及び出荷量（全国）

品目	作付面積	10ａ当たり収量	収穫量	出荷量	対前年産比 作付面積	対前年産比 10ａ当たり収量	対前年産比 収穫量	対前年産比 出荷量	（参考）対平均収量比
	ha	kg	t	t	%	%	%	%	%
メロン	6,090	2,460	150,000	136,700	97	104	101	101	106

ウ　すいか

作付面積は9,200haで、前年産に比べ150ha（２％）減少した。

10ａ当たり収量は3,470kgで、前年産に比べ140kg（４％）上回った。

収穫量は31万9,600ｔ、出荷量は27万5,800ｔで、前年産に比べそれぞれ8,700t（３％）、7,700ｔ（３％）増加した。

図42　すいかの作付面積、収穫量及び出荷量の推移

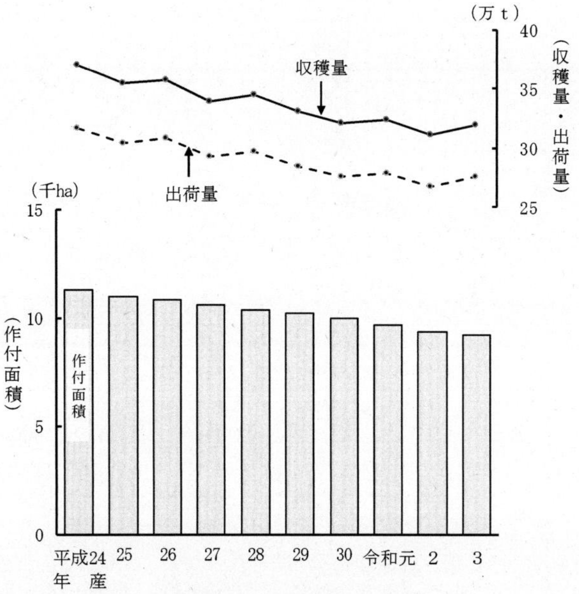

表42　令和３年産すいかの作付面積、10a当たり収量、収穫量及び出荷量（全国）

品目	作付面積	10ａ当たり収量	収穫量	出荷量	対前年産比 作付面積	対前年産比 10ａ当たり収量	対前年産比 収穫量	対前年産比 出荷量	（参考）対平均収量比
	ha	kg	t	t	%	%	%	%	%
すいか	9,200	3,470	319,600	275,800	98	104	103	103	105

Ⅱ　統　計　表

1　全国の作付面積、10ａ当たり収量、収穫量及び出荷量の推移

品目		作付面積				
		平成28年産	29	30	令和元	2
		ha	ha	ha	ha	ha
計	(1)	**471,600**	**468,700**	**464,100**	**457,900**	**448,700**
根菜類	(2)	163,100	162,600	159,800	156,200	151,500
だいこん	(3)	32,300	32,000	31,400	30,900	29,800
春	(4)	4,590	4,530	4,450	4,350	4,230
夏	(5)	6,240	6,270	5,990	6,050	5,600
秋冬	(6)	21,500	21,200	21,000	20,500	19,900
かぶ	(7)	4,510	4,420	4,300	4,210	4,160
にんじん	(8)	17,800	17,900	17,200	17,000	16,800
春夏	(9)	4,420	4,290	4,190	4,150	4,070
秋	(10)	5,580	5,840	5,410	5,370	5,210
冬	(11)	7,830	7,800	7,630	7,520	7,540
ごぼう	(12)	8,040	7,950	7,710	7,540	7,320
れんこん	(13)	3,930	3,970	4,000	3,910	3,920
ばれいしょ	(14)	77,200	77,200	76,500	74,400	71,900
春植え	(15)	74,600	74,500	74,000	72,000	69,600
秋植え	(16)	2,670	2,640	2,510	2,410	2,310
さといも	(17)	12,200	12,000	11,500	11,100	10,700
秋冬	(18)	12,200	11,900	11,500	11,100	10,700
その他	(19)	16	15	11	10	9
やまのいも	(20)	7,120	7,150	7,120	7,130	6,930
葉茎菜類	(21)	184,100	184,200	184,300	183,200	181,400
はくさい	(22)	17,300	17,200	17,000	16,700	16,600
春	(23)	1,860	1,850	1,840	1,810	1,800
夏	(24)	2,490	2,460	2,420	2,460	2,330
秋冬	(25)	13,000	12,900	12,700	12,500	12,500
こまつな	(26)	6,890	7,010	7,250	7,300	7,550
キャベツ	(27)	34,600	34,800	34,600	34,600	34,000
春	(28)	9,000	9,080	9,040	8,860	8,770
夏秋	(29)	10,200	10,300	10,200	10,300	10,100
冬	(30)	15,400	15,400	15,400	15,400	15,100
ちんげんさい	(31)	2,220	2,200	2,170	2,140	2,150
ほうれんそう	(32)	20,700	20,500	20,300	19,900	19,600
ふき	(33)	571	557	538	518	498
みつば	(34)	979	957	931	891	874
しゅんぎく	(35)	1,960	1,930	1,880	1,830	1,830
みずな	(36)	2,510	2,460	2,510	2,480	2,490
セルリー	(37)	585	580	573	552	540
アスパラガス	(38)	5,420	5,330	5,170	5,010	4,800

	10 a 当たり収量						
3	平成28年産	29	30	令和元	2	3	
ha	kg	kg	kg	kg	kg	kg	
443,200	…	…	…	…	…	…	(1)
149,700	…	…	…	…	…	…	(2)
29,200	4,220	4,140	4,230	4,210	4,210	4,280	(3)
4,200	4,750	4,850	4,730	4,730	4,630	4,770	(4)
5,490	3,800	4,150	4,010	4,150	4,170	4,080	(5)
19,500	4,220	3,990	4,180	4,110	4,140	4,240	(6)
4,010	2,850	2,700	2,740	2,670	2,520	2,700	(7)
16,900	3,180	3,330	3,340	3,500	3,490	3,760	(8)
4,100	3,830	3,870	3,710	3,900	3,830	4,020	(9)
5,240	2,810	3,540	3,300	3,910	3,830	4,170	(10)
7,570	3,080	2,870	3,160	2,970	3,060	3,330	(11)
7,410	1,710	1,790	1,750	1,810	1,730	1,790	(12)
3,980	1,520	1,550	1,530	1,350	1,400	1,290	(13)
70,900	2,850	3,100	2,950	3,220	3,070	3,070	(14)
68,500	2,890	3,160	2,990	3,270	3,110	3,120	(15)
2,400	1,530	1,520	1,820	1,730	1,680	1,510	(16)
10,400	1,270	1,240	1,260	1,260	1,300	1,370	(17)
10,400	1,270	1,250	1,260	1,260	1,300	1,370	(18)
8	606	627	591	549	553	573	(19)
6,890	2,050	2,230	2,210	2,420	2,460	2,570	(20)
180,100	…	…	…	…	…	…	(21)
16,500	5,140	5,120	5,230	5,240	5,380	5,450	(22)
1,830	6,110	6,410	6,310	6,450	6,460	6,490	(23)
2,380	7,270	7,500	7,400	7,300	7,040	7,010	(24)
12,300	4,570	4,480	4,680	4,630	4,900	4,990	(25)
7,420	1,650	1,600	1,590	1,570	1,610	1,610	(26)
34,300	4,180	4,100	4,240	4,250	4,220	4,330	(27)
8,900	4,080	4,180	4,170	4,020	4,060	4,190	(28)
10,500	4,650	4,780	4,900	4,860	4,740	4,920	(29)
15,000	3,930	3,610	3,830	3,990	3,970	3,970	(30)
2,100	1,990	1,960	1,940	1,920	1,930	1,990	(31)
19,300	1,190	1,110	1,120	1,090	1,090	1,090	(32)
456	1,960	1,920	1,900	1,800	1,800	1,850	(33)
862	1,560	1,610	1,610	1,570	1,530	1,590	(34)
1,800	1,530	1,500	1,490	1,470	1,500	1,510	(35)
2,420	1,740	1,710	1,720	1,790	1,760	1,710	(36)
541	5,730	5,550	5,430	5,690	5,460	5,550	(37)
4,500	561	492	513	535	556	560	(38)

1　全国の作付面積、10ａ当たり収量、収穫量及び出荷量の推移（続き）

品　目		収　穫　量				
		平成28年産	29	30	令和元	2
		t	t	t	t	t
計	(1)	13,180,000	13,344,000	13,036,000	13,407,000	13,045,000
根菜類	(2)	4,754,000	4,947,000	4,778,000	4,909,000	4,642,000
だいこん	(3)	1,362,000	1,325,000	1,328,000	1,300,000	1,254,000
春	(4)	218,000	219,700	210,400	205,600	195,700
夏	(5)	237,200	260,400	240,200	250,800	233,700
秋冬	(6)	906,500	845,000	876,900	843,500	824,300
かぶ	(7)	128,700	119,300	117,700	112,600	104,800
にんじん	(8)	566,800	596,500	574,700	594,900	585,900
春夏	(9)	169,100	165,900	155,500	161,800	155,900
秋	(10)	156,800	206,600	178,500	210,100	199,400
冬	(11)	240,900	224,000	241,000	223,000	230,500
ごぼう	(12)	137,600	142,100	135,300	136,800	126,900
れんこん	(13)	59,800	61,500	61,300	52,700	55,000
ばれいしょ	(14)	2,199,000	2,395,000	2,260,000	2,399,000	2,205,000
春植え	(15)	2,158,000	2,355,000	2,215,000	2,357,000	2,167,000
秋植え	(16)	40,800	40,100	45,600	41,800	38,900
さといも	(17)	154,600	148,600	144,800	140,400	139,500
秋冬	(18)	154,500	148,500	144,700	140,300	139,400
その他	(19)	97	94	65	55	50
やまのいも	(20)	145,700	159,300	157,400	172,700	170,500
葉茎菜類	(21)	5,443,000	5,363,000	5,342,000	5,521,000	5,489,000
はくさい	(22)	888,700	880,900	889,900	874,800	892,300
春	(23)	113,600	118,500	116,100	116,800	116,200
夏	(24)	181,100	184,500	179,200	179,500	164,100
秋冬	(25)	594,100	577,900	594,800	578,500	612,000
こまつな	(26)	113,600	112,100	115,600	114,900	121,900
キャベツ	(27)	1,446,000	1,428,000	1,467,000	1,472,000	1,434,000
春	(28)	366,800	379,300	376,800	356,500	356,200
夏秋	(29)	474,300	492,400	499,500	500,800	478,600
冬	(30)	605,300	555,800	590,100	614,300	598,800
ちんげんさい	(31)	44,100	43,100	42,000	41,100	41,400
ほうれんそう	(32)	247,300	228,100	228,300	217,800	213,900
ふき	(33)	11,200	10,700	10,200	9,300	8,980
みつば	(34)	15,300	15,400	15,000	14,000	13,400
しゅんぎく	(35)	30,000	29,000	28,000	26,900	27,400
みずな	(36)	43,600	42,100	43,100	44,400	43,800
セルリー	(37)	33,500	32,200	31,100	31,400	29,500
アスパラガス	(38)	30,400	26,200	26,500	26,800	26,700

	出荷量						
3	平成28年産	29	30	令和元	2	3	
t	t	t	t	t	t	t	
12,875,000	**11,204,000**	**11,419,000**	**11,197,000**	**11,574,000**	**11,258,000**	**11,106,000**	(1)
4,674,000	3,919,000	4,121,000	3,989,000	4,129,000	3,899,000	3,925,000	(2)
1,251,000	1,105,000	1,087,000	1,089,000	1,073,000	1,035,000	1,033,000	(3)
200,500	194,500	200,200	191,700	187,000	179,100	183,800	(4)
223,800	216,300	237,800	218,900	230,900	214,800	205,700	(5)
826,700	694,500	649,400	678,300	654,900	640,700	643,400	(6)
108,200	106,300	98,800	97,900	93,300	87,100	90,700	(7)
635,500	502,800	533,700	512,500	533,800	525,900	572,400	(8)
164,800	153,200	153,700	142,900	148,900	143,400	152,400	(9)
218,700	142,200	187,400	161,400	191,500	181,300	198,800	(10)
252,000	207,400	192,600	208,200	193,400	201,200	221,200	(11)
132,800	117,800	122,800	117,200	119,400	111,000	116,700	(12)
51,500	49,900	51,600	51,600	44,500	46,400	43,200	(13)
2,175,000	1,818,000	1,996,000	1,889,000	2,027,000	1,857,000	1,823,000	(14)
2,139,000	1,787,000	1,966,000	1,855,000	1,996,000	1,827,000	1,796,000	(15)
36,300	30,400	30,100	34,700	31,400	29,100	27,400	(16)
142,700	98,600	97,000	95,300	92,100	92,400	96,100	(17)
142,700	98,500	96,900	95,300	92,100	92,300	96,000	(18)
46	87	84	58	48	42	39	(19)
177,400	120,800	134,300	134,400	145,500	144,300	150,000	(20)
5,255,000	4,758,000	4,707,000	4,713,000	4,890,000	4,853,000	4,642,000	(21)
899,900	715,800	726,800	734,400	726,500	741,100	744,800	(22)
118,800	103,800	109,000	106,900	107,600	107,200	109,900	(23)
166,900	158,400	167,200	162,700	163,200	149,800	149,500	(24)
614,200	453,700	450,700	464,800	455,700	484,100	485,300	(25)
119,300	99,100	99,200	102,500	102,100	109,400	106,900	(26)
1,485,000	1,298,000	1,280,000	1,319,000	1,325,000	1,293,000	1,330,000	(27)
372,500	328,800	342,600	340,600	323,700	323,900	339,300	(28)
516,800	429,700	440,200	447,900	449,900	429,900	453,600	(29)
595,900	539,600	497,300	530,100	551,400	538,700	536,900	(30)
41,800	38,700	38,000	37,500	36,100	36,800	37,200	(31)
210,500	207,300	193,300	194,800	184,900	182,700	179,700	(32)
8,420	9,380	9,130	8,560	7,850	7,660	7,190	(33)
13,700	14,300	14,400	14,000	13,200	12,400	12,700	(34)
27,200	24,200	23,500	22,600	21,800	22,600	22,400	(35)
41,300	39,400	38,000	39,000	39,800	38,900	36,800	(36)
30,000	31,600	30,600	29,500	30,000	28,100	28,800	(37)
25,200	26,800	23,000	23,200	23,600	23,600	22,400	(38)

1　全国の作付面積、10ａ当たり収量、収穫量及び出荷量の推移（続き）

品目		作付面積				
		平成28年産	29	30	令和元	2
		ha	ha	ha	ha	ha
カリフラワー	(39)	1,220	1,230	1,200	1,230	1,220
ブロッコリー	(40)	14,600	14,900	15,400	16,000	16,600
レタス	(41)	21,600	21,800	21,700	21,200	20,700
春	(42)	4,340	4,480	4,390	4,310	4,150
夏秋	(43)	9,190	9,290	9,260	9,100	8,840
冬	(44)	8,050	7,990	8,030	7,790	7,740
ねぎ	(45)	22,600	22,600	22,400	22,400	22,000
春	(46)	3,460	3,460	3,430	3,410	3,370
夏	(47)	5,000	5,000	4,920	4,910	4,800
秋冬	(48)	14,200	14,100	14,000	14,100	13,800
にら	(49)	2,120	2,060	2,020	2,000	1,980
たまねぎ	(50)	25,800	25,600	26,200	25,900	25,500
にんにく	(51)	2,410	2,430	2,470	2,510	2,530
果菜類	(52)	99,900	98,000	96,500	95,600	93,500
きゅうり	(53)	10,900	10,800	10,600	10,300	10,100
冬春	(54)	2,860	2,830	2,760	2,720	2,660
夏秋	(55)	8,060	7,940	7,810	7,580	7,440
かぼちゃ	(56)	16,000	15,800	15,200	15,300	14,800
なす	(57)	9,280	9,160	8,970	8,650	8,420
冬春	(58)	1,090	1,080	1,080	1,070	1,050
夏秋	(59)	8,190	8,080	7,890	7,580	7,370
トマト	(60)	12,100	12,000	11,800	11,600	11,400
冬春	(61)	4,010	4,030	3,970	3,920	3,870
夏秋	(62)	8,100	7,980	7,810	7,660	7,550
ピーマン	(63)	3,270	3,250	3,220	3,200	3,160
冬春	(64)	733	739	741	745	729
夏秋	(65)	2,540	2,510	2,480	2,460	2,430
スイートコーン	(66)	24,000	22,700	23,100	23,000	22,400
さやいんげん	(67)	5,650	5,590	5,330	5,190	5,020
さやえんどう	(68)	3,070	3,050	2,910	2,870	2,800
グリーンピース	(69)	805	772	760	731	685
そらまめ	(70)	1,980	1,900	1,810	1,790	1,770
えだまめ	(71)	12,800	12,900	12,800	13,000	12,800
香辛野菜						
しょうが	(72)	1,810	1,780	1,750	1,740	1,750
果実的野菜	(73)	22,700	22,200	21,800	21,200	20,600
いちご	(74)	5,370	5,280	5,200	5,110	5,020
メロン	(75)	6,950	6,770	6,630	6,410	6,250
すいか	(76)	10,400	10,200	9,970	9,640	9,350

	10 a 当 た り 収 量						
3	平成28年産	29	30	令和元	2	3	
ha	kg	kg	kg	kg	kg	kg	
1, 240	1, 670	1, 630	1, 640	1, 740	1, 720	1, 740	(39)
16, 900	975	970	999	1, 060	1, 050	1, 020	(40)
20, 000	2, 710	2, 680	2, 700	2, 730	2, 720	2, 730	(41)
4, 090	2, 680	2, 750	2, 750	2, 750	2, 780	2, 780	(42)
8, 390	3, 050	3, 170	3, 010	3, 010	2, 990	3, 040	(43)
7, 520	2, 340	2, 070	2, 320	2, 390	2, 390	2, 360	(44)
21, 800	2, 060	2, 030	2, 020	2, 080	2, 010	2, 020	(45)
3, 280	2, 430	2, 380	2, 260	2, 370	2, 370	2, 290	(46)
4, 840	1, 810	1, 830	1, 750	1, 840	1, 840	1, 850	(47)
13, 700	2, 040	2, 020	2, 070	2, 080	1, 980	2, 010	(48)
1, 930	2, 930	2, 890	2, 900	2, 920	2, 880	2, 920	(49)
25, 500	4, 820	4, 800	4, 410	5, 150	5, 320	4, 300	(50)
2, 520	876	852	818	829	838	802	(51)
91, 400	…	…	…	…	…	…	(52)
9, 940	5, 050	5, 180	5, 190	5, 320	5, 340	5, 550	(53)
2, 630	10, 300	10, 800	10, 800	10, 700	10, 600	11, 000	(54)
7, 320	3, 190	3, 210	3, 220	3, 400	3, 440	3, 570	(55)
14, 500	1, 160	1, 270	1, 050	1, 210	1, 260	1, 200	(56)
8, 260	3, 300	3, 360	3, 350	3, 490	3, 530	3, 600	(57)
1, 040	10, 300	11, 000	10, 800	11, 200	11, 100	11, 000	(58)
7, 230	2, 360	2, 330	2, 330	2, 400	2, 450	2, 530	(59)
11, 400	6, 140	6, 140	6, 140	6, 210	6, 190	6, 360	(60)
3, 840	10, 000	9, 980	10, 300	10, 200	9, 940	10, 300	(61)
7, 550	4, 230	4, 200	4, 030	4, 180	4, 260	4, 370	(62)
3, 190	4, 430	4, 520	4, 360	4, 550	4, 530	4, 660	(63)
725	10, 500	10, 600	10, 200	10, 500	10, 200	10, 500	(64)
2, 470	2, 680	2, 750	2, 600	2, 750	2, 850	2, 940	(65)
21, 500	818	1, 020	942	1, 040	1, 050	1, 020	(66)
4, 810	699	712	702	738	775	761	(67)
2, 740	599	711	674	697	696	723	(68)
633	686	830	782	860	818	885	(69)
1, 690	742	816	801	788	864	822	(70)
12, 800	516	525	498	508	518	559	(71)
1, 730	2, 810	2, 710	2, 660	2, 670	2, 550	2, 800	(72)
20, 200	…	…	…	…	…	…	(73)
4, 930	2, 960	3, 100	3, 110	3, 230	3, 170	3, 340	(74)
6, 090	2, 280	2, 290	2, 310	2, 430	2, 370	2, 460	(75)
9, 200	3, 320	3, 250	3, 220	3, 360	3, 330	3, 470	(76)

1 全国の作付面積、10a当たり収量、収穫量及び出荷量の推移（続き）

品目		収穫量				
		平成28年産	29	30	令和元	2
		t	t	t	t	t
カリフラワー	(39)	20,400	20,100	19,700	21,400	21,000
ブロッコリー	(40)	142,300	144,600	153,800	169,500	174,500
レタス	(41)	585,700	583,200	585,600	578,100	563,900
春	(42)	116,500	123,200	120,700	118,500	115,200
夏秋	(43)	280,600	294,500	278,500	273,600	264,200
冬	(44)	188,600	165,500	186,300	186,000	184,600
ねぎ	(45)	464,800	458,800	452,900	465,300	441,100
春	(46)	84,000	82,400	77,500	80,900	80,000
夏	(47)	90,500	91,500	86,200	90,500	88,100
秋冬	(48)	290,300	284,900	289,300	293,900	273,000
にら	(49)	62,100	59,600	58,500	58,300	57,000
たまねぎ	(50)	1,243,000	1,228,000	1,155,000	1,334,000	1,357,000
にんにく	(51)	21,100	20,700	20,200	20,800	21,200
果菜類	(52)	2,270,000	2,336,000	2,233,000	2,286,000	2,252,000
きゅうり	(53)	550,300	559,500	550,000	548,100	539,200
冬春	(54)	293,400	304,800	298,100	290,100	283,100
夏秋	(55)	256,900	254,800	251,800	258,000	256,100
かぼちゃ	(56)	185,300	201,300	159,300	185,600	186,600
なす	(57)	306,000	307,800	300,400	301,700	297,000
冬春	(58)	112,600	119,200	116,900	119,700	116,200
夏秋	(59)	193,400	188,600	183,500	182,000	180,800
トマト	(60)	743,200	737,200	724,200	720,600	706,000
冬春	(61)	400,900	402,300	409,600	400,400	384,600
夏秋	(62)	342,300	334,900	314,600	320,200	321,300
ピーマン	(63)	144,800	147,000	140,300	145,700	143,100
冬春	(64)	76,700	78,100	75,900	78,200	74,000
夏秋	(65)	68,100	68,900	64,400	67,600	69,200
スイートコーン	(66)	196,200	231,700	217,600	239,000	234,700
さやいんげん	(67)	39,500	39,800	37,400	38,300	38,900
さやえんどう	(68)	18,400	21,700	19,600	20,000	19,500
グリーンピース	(69)	5,520	6,410	5,940	6,290	5,600
そらまめ	(70)	14,700	15,500	14,500	14,100	15,300
えだまめ	(71)	66,000	67,700	63,800	66,100	66,300
香辛野菜						
しょうが	(72)	50,800	48,300	46,600	46,500	44,700
果実的野菜	(73)	662,000	649,800	635,300	645,400	618,000
いちご	(74)	159,000	163,700	161,800	165,200	159,200
メロン	(75)	158,200	155,000	152,900	156,000	147,900
すいか	(76)	344,800	331,100	320,600	324,200	310,900

	出荷量						
3	平成28年産	29	30	令和元	2	3	
t	t	t	t	t	t	t	
21,600	17,200	17,000	16,600	18,300	18,000	18,500	(39)
171,600	127,900	130,200	138,900	153,700	158,200	155,500	(40)
546,800	555,200	542,300	553,200	545,600	531,600	516,400	(41)
113,800	109,400	115,700	113,400	111,200	108,000	107,100	(42)
255,100	270,800	273,700	267,200	262,100	252,200	244,800	(43)
177,800	174,900	152,800	172,700	172,300	171,300	164,600	(44)
440,400	375,600	374,400	370,300	382,500	364,100	364,700	(45)
75,200	73,800	72,900	68,700	71,800	71,300	67,200	(46)
89,600	79,000	81,300	76,600	80,700	78,900	80,400	(47)
275,600	222,700	220,200	225,100	230,100	213,900	217,200	(48)
56,300	56,200	53,900	52,900	52,900	51,500	51,500	(49)
1,096,000	1,107,000	1,099,000	1,042,000	1,211,000	1,218,000	992,900	(50)
20,200	14,700	14,500	14,400	15,000	15,000	14,000	(51)
2,263,000	1,901,000	1,977,000	1,894,000	1,946,000	1,922,000	1,935,000	(52)
551,300	470,600	483,200	476,100	474,700	468,000	478,800	(53)
289,700	274,000	286,500	280,500	272,100	266,200	272,500	(54)
261,500	196,600	196,700	195,600	202,600	201,900	206,400	(55)
174,300	145,600	161,000	125,200	149,700	151,000	140,400	(56)
297,700	236,100	241,400	236,100	239,500	236,400	237,800	(57)
114,500	106,300	112,400	110,300	112,900	109,100	107,800	(58)
183,200	129,700	129,000	125,800	126,500	127,300	130,000	(59)
725,200	670,200	667,800	657,100	653,800	640,900	659,900	(60)
394,900	380,100	381,700	388,800	379,600	364,700	375,400	(61)
330,300	290,100	286,100	268,300	274,200	276,200	284,500	(62)
148,500	127,000	129,800	124,500	129,500	127,400	132,200	(63)
75,800	72,400	73,900	71,900	74,000	70,300	71,600	(64)
72,700	54,600	55,900	52,600	55,600	57,100	60,500	(65)
218,800	150,700	186,300	174,400	195,000	192,600	178,400	(66)
36,600	25,700	26,400	24,900	25,800	26,500	24,400	(67)
19,800	11,300	13,800	12,500	12,800	12,500	13,000	(68)
5,600	4,300	5,060	4,680	5,000	4,450	4,440	(69)
13,900	9,990	10,700	10,100	9,970	10,900	9,910	(70)
71,500	49,700	51,800	48,700	50,500	51,200	56,100	(71)
48,500	40,100	38,100	36,400	36,400	35,100	38,200	(72)
634,400	585,000	575,300	563,800	573,100	549,600	564,800	(73)
164,800	145,000	150,200	148,600	152,100	146,800	152,300	(74)
150,000	143,600	140,700	138,700	141,900	134,700	136,700	(75)
319,600	296,400	284,400	276,500	279,100	268,100	275,800	(76)

2　令和３年産野菜指定産地の作付面積、収穫量及び出荷量

品目	作付面積	収穫量	出荷量
	ha	t	t
計	154,200	6,573,000	6,014,000
だいこん	8,660	482,600	443,900
春	1,180	72,000	68,500
夏	3,470	155,800	146,200
秋冬	4,020	254,800	229,200
にんじん	11,300	477,000	440,800
春夏	2,690	119,100	111,000
秋	4,190	189,600	176,600
冬	4,430	168,300	153,200
ばれいしょ（じゃがいも）	47,900	1,615,000	1,440,000
秋冬さといも	1,110	20,500	15,100
はくさい	6,190	453,400	411,400
春	906	68,600	64,700
夏	2,000	153,800	138,200
秋冬	3,290	231,000	208,500
キャベツ	18,000	904,500	829,800
春	3,310	150,900	143,000
夏秋	6,920	403,100	359,500
冬	7,770	350,500	327,300
ほうれんそう	6,230	64,100	57,400
レタス	14,900	434,400	415,800
春	2,400	68,400	65,600
夏秋	6,960	228,400	221,400
冬	5,550	137,600	128,800
ねぎ	5,820	126,900	111,500
春	762	18,700	17,300
夏	1,320	28,600	26,200
秋冬	3,740	79,600	68,000
たまねぎ	20,200	947,700	886,300
きゅうり	4,740	348,800	316,100
冬春	1,770	217,400	204,600
夏秋	2,970	131,400	111,500
なす	2,100	153,000	138,600
冬春	821	100,200	94,700
夏秋	1,280	52,800	43,900
トマト	5,710	444,300	413,900
冬春	2,270	257,000	245,500
夏秋	3,440	187,300	168,400
ピーマン	1,350	100,500	93,600
冬春	613	67,800	64,200
夏秋	736	32,700	29,400

注：　数値は、野菜指定産地（令和３年５月７日農林水産省告示第737号）が含まれている市町村の作付面積、収穫量及び出荷量の合計である。

3 令和３年産都道府県別の作付面積、10ａ当たり収量、収穫量及び出荷量

(1) だいこん

ア 計

全国農業地域・都道府県		作付面積	10ａ当たり収量	収穫量	出荷量	対前年産比 作付面積	対前年産比 10ａ当たり収量	対前年産比 収穫量	対前年産比 出荷量	(参考) 対平均収量比
		ha	kg	t	t	%	%	%	%	%
全国	(1)	29,200	4,280	1,251,000	1,033,000	98	102	100	100	101
(全国農業地域)										
北海道	(2)	2,980	4,810	143,200	134,800	100	97	97	97	98
都府県	(3)	…	…	…	…	nc	nc	nc	nc	nc
東北	(4)	5,650	3,600	203,300	152,900	98	101	99	100	101
北陸	(5)	1,910	3,480	66,500	50,700	98	107	105	108	107
関東・東山	(6)	…	…	…	…	nc	nc	nc	nc	nc
東海	(7)	…	…	…	…	nc	nc	nc	nc	nc
近畿	(8)	…	…	…	…	nc	nc	nc	nc	nc
中国	(9)	…	…	…	…	nc	nc	nc	nc	nc
四国	(10)	…	…	…	…	nc	nc	nc	nc	nc
九州	(11)	…	…	…	…	nc	nc	nc	nc	nc
沖縄	(12)	…	…	…	…	nc	nc	nc	nc	nc
(都道府県)										
北海道	(13)	2,980	4,810	143,200	134,800	100	97	97	97	98
青森	(14)	2,770	4,130	114,400	104,200	98	101	99	99	98
岩手	(15)	856	3,110	26,600	19,800	100	105	106	108	105
宮城	(16)	461	2,100	9,700	3,850	94	103	98	98	102
秋田	(17)	535	3,200	17,100	8,130	99	103	101	101	117
山形	(18)	419	3,480	14,600	8,360	97	97	95	95	99
福島	(19)	611	3,420	20,900	8,580	96	99	95	95	101
茨城	(20)	1,160	4,780	55,400	45,500	96	101	96	97	100
栃木	(21)	308	3,470	10,700	7,610	85	87	74	68	84
群馬	(22)	781	4,200	32,800	23,200	98	103	101	105	109
埼玉	(23)	513	4,720	24,200	19,400	95	107	101	102	113
千葉	(24)	2,570	5,740	147,500	136,900	98	102	100	99	105
東京	(25)	208	4,030	8,380	7,730	100	99	99	99	90
神奈川	(26)	1,070	6,930	74,100	67,800	102	99	101	99	94
新潟	(27)	1,310	3,740	49,000	36,400	100	107	107	109	110
富山	(28)	147	2,530	3,720	2,990	92	118	108	115	116
石川	(29)	214	4,010	8,580	6,710	91	106	96	102	101
福井	(30)	233	2,230	5,200	4,640	97	102	99	100	92
山梨	(31)	…	…	…	…	nc	nc	nc	nc	nc
長野	(32)	648	2,520	16,300	8,140	92	104	95	93	97
岐阜	(33)	530	3,620	19,200	14,500	101	107	108	108	101
静岡	(34)	460	4,070	18,700	15,300	98	98	96	97	94
愛知	(35)	556	4,410	24,500	21,200	98	103	102	102	115
三重	(36)	…	…	…	…	nc	nc	nc	nc	nc
滋賀	(37)	116	3,060	3,550	1,960	95	95	90	90	97
京都	(38)	…	…	…	…	nc	nc	nc	nc	nc
大阪	(39)	…	…	…	…	nc	nc	nc	nc	nc
兵庫	(40)	357	3,110	11,100	5,690	96	90	86	88	93
奈良	(41)	91	3,430	3,120	1,870	99	99	98	98	91
和歌山	(42)	128	6,630	8,490	7,260	96	108	103	103	97
鳥取	(43)	…	…	…	…	nc	nc	nc	nc	nc
島根	(44)	…	…	…	…	nc	nc	nc	nc	nc
岡山	(45)	247	3,850	9,500	6,680	100	98	98	97	107
広島	(46)	447	2,300	10,300	5,540	102	94	96	98	91
山口	(47)	389	2,490	9,690	7,010	98	94	91	93	87
徳島	(48)	345	6,750	23,300	20,600	97	103	100	98	97
香川	(49)	152	5,360	8,150	7,110	104	111	116	125	106
愛媛	(50)	…	…	…	…	nc	nc	nc	nc	nc
高知	(51)	…	…	…	…	nc	nc	nc	nc	nc
福岡	(52)	311	4,500	14,000	11,700	99	100	99	99	99
佐賀	(53)	…	…	…	…	nc	nc	nc	nc	nc
長崎	(54)	663	6,890	45,700	40,200	92	99	91	90	98
熊本	(55)	819	2,820	23,100	19,300	98	99	98	98	93
大分	(56)	362	3,260	11,800	8,320	97	93	89	89	96
宮崎	(57)	1,730	4,060	70,200	63,200	99	104	103	103	96
鹿児島	(58)	1,970	4,700	92,500	82,900	100	107	107	106	102
沖縄	(59)	…	…	…	…	nc	nc	nc	nc	nc
関東農政局	(60)	…	…	…	…	nc	nc	nc	nc	nc
東海農政局	(61)	…	…	…	…	nc	nc	nc	nc	nc
中国四国農政局	(62)	…	…	…	…	nc	nc	nc	nc	nc

注：「（参考）対平均収量比」とは、10ａ当たり平均収量（原則として直近７か年のうち、最高及び最低を除いた５か年の平均値）に対する当年産の10ａ当たり収量の比率である。

なお、直近７か年のうち、３か年分の10ａ当たり収量のデータが確保できない場合は、10ａ当たり平均収量を作成していない（以下（41）まで同じ。）。

イ　春だいこん

作付面積	10a当たり収量	収穫量	出荷量	対前年産比				(参考)対平均収量比	
				作付面積	10a当たり収量	収穫量	出荷量		
ha	kg	t	t	%	%	%	%	%	
4,200	**4,770**	**200,500**	**183,800**	**99**	**103**	**102**	**103**	**100**	(1)
212	4,930	10,500	9,820	109	95	105	103	96	(2)
…	…	…	…	nc	nc	nc	nc	nc	(3)
…	…	…	…	nc	nc	nc	nc	nc	(4)
…	…	…	…	nc	nc	nc	nc	nc	(5)
…	…	…	…	nc	nc	nc	nc	nc	(6)
…	…	…	…	nc	nc	nc	nc	nc	(7)
…	…	…	…	nc	nc	nc	nc	nc	(8)
…	…	…	…	nc	nc	nc	nc	nc	(9)
…	…	…	…	nc	nc	nc	nc	nc	(10)
…	…	…	…	nc	nc	nc	nc	nc	(11)
…	…	…	…	nc	nc	nc	nc	nc	(12)
212	4,930	10,500	9,820	109	95	105	103	96	(13)
411	4,960	20,400	19,300	104	104	109	109	96	(14)
…	…	…	…	nc	nc	nc	nc	nc	(15)
…	…	…	…	nc	nc	nc	nc	nc	(16)
…	…	…	…	nc	nc	nc	nc	nc	(17)
…	…	…	…	nc	nc	nc	nc	nc	(18)
…	…	…	…	nc	nc	nc	nc	nc	(19)
290	5,100	14,800	13,200	100	103	102	102	111	(20)
45	4,520	2,030	1,860	85	102	86	87	101	(21)
84	3,690	3,100	2,800	nc	nc	nc	nc	113	(22)
147	5,170	7,600	6,550	97	101	98	98	105	(23)
1,050	5,510	57,900	54,600	98	102	100	99	99	(24)
…	…	…	…	nc	nc	nc	nc	nc	(25)
97	4,360	4,230	4,080	100	95	95	97	91	(26)
…	…	…	…	nc	nc	nc	nc	nc	(27)
…	…	…	…	nc	nc	nc	nc	nc	(28)
…	…	…	…	nc	nc	nc	nc	nc	(29)
24	4,180	1,000	928	89	100	88	88	100	(30)
…	…	…	…	nc	nc	nc	nc	nc	(31)
…	…	…	…	nc	nc	nc	nc	nc	(32)
69	3,670	2,530	2,280	99	108	106	106	91	(33)
69	4,320	2,980	2,790	101	105	107	106	114	(34)
153	4,350	6,660	6,260	98	105	103	103	108	(35)
…	…	…	…	nc	nc	nc	nc	nc	(36)
…	…	…	…	nc	nc	nc	nc	nc	(37)
…	…	…	…	nc	nc	nc	nc	nc	(38)
…	…	…	…	nc	nc	nc	nc	nc	(39)
…	…	…	…	nc	nc	nc	nc	nc	(40)
…	…	…	…	nc	nc	nc	nc	nc	(41)
…	…	…	…	nc	nc	nc	nc	nc	(42)
…	…	…	…	nc	nc	nc	nc	nc	(43)
…	…	…	…	nc	nc	nc	nc	nc	(44)
32	4,610	1,480	1,330	107	102	110	108	94	(45)
52	2,940	1,530	1,270	106	99	105	120	98	(46)
72	2,860	2,060	1,730	99	96	94	96	95	(47)
…	…	…	…	nc	nc	nc	nc	nc	(48)
52	7,410	3,850	3,640	100	119	119	127	104	(49)
…	…	…	…	nc	nc	nc	nc	nc	(50)
…	…	…	…	nc	nc	nc	nc	nc	(51)
79	3,380	2,670	2,320	99	101	99	99	90	(52)
…	…	…	…	nc	nc	nc	nc	nc	(53)
218	7,720	16,800	15,800	88	110	97	96	105	(54)
152	3,310	5,030	4,450	97	106	103	103	107	(55)
63	3,170	2,000	1,650	nc	nc	nc	nc	95	(56)
…	…	…	…	nc	nc	nc	nc	nc	(57)
306	4,350	13,300	12,200	100	108	109	109	98	(58)
…	…	…	…	nc	nc	nc	nc	nc	(59)
…	…	…	…	nc	nc	nc	nc	nc	(60)
…	…	…	…	nc	nc	nc	nc	nc	(61)
…	…	…	…	nc	nc	nc	nc	nc	(62)

3　令和3年産都道府県別の作付面積、10a当たり収量、収穫量及び出荷量（続き）

(1)　だいこん（続き）

ウ　夏だいこん

全国農業地域・都道府県	作付面積	10a当たり収量	収穫量	出荷量	対前年産比 作付面積	対前年産比 10a当たり収量	対前年産比 収穫量	対前年産比 出荷量	(参考) 対平均収量比
	ha	kg	t	t	%	%	%	%	%
全国 (1)	**5,490**	**4,080**	**223,800**	**205,700**	**98**	**98**	**96**	**96**	**100**
(全国農業地域)									
北海道 (2)	2,180	4,820	105,100	99,800	96	96	92	92	97
都府県 (3)	…	…	…	…	nc	nc	nc	nc	nc
東北 (4)	…	…	…	…	nc	nc	nc	nc	nc
北陸 (5)	…	…	…	…	nc	nc	nc	nc	nc
関東・東山 (6)	…	…	…	…	nc	nc	nc	nc	nc
東海 (7)	…	…	…	…	nc	nc	nc	nc	nc
近畿 (8)	…	…	…	…	nc	nc	nc	nc	nc
中国 (9)	…	…	…	…	nc	nc	nc	nc	nc
四国 (10)	…	…	…	…	nc	nc	nc	nc	nc
九州 (11)	…	…	…	…	nc	nc	nc	nc	nc
沖縄 (12)	…	…	…	…	nc	nc	nc	nc	nc
(都道府県)									
北海道 (13)	2,180	4,820	105,100	99,800	96	96	92	92	97
青森 (14)	1,430	4,420	63,200	58,000	99	98	98	97	103
岩手 (15)	346	3,380	11,700	10,500	98	107	104	105	108
宮城 (16)	…	…	…	…	nc	nc	nc	nc	nc
秋田 (17)	…	…	…	…	nc	nc	nc	nc	nc
山形 (18)	…	…	…	…	nc	nc	nc	nc	nc
福島 (19)	…	…	…	…	nc	nc	nc	nc	nc
茨城 (20)	…	…	…	…	nc	nc	nc	nc	nc
栃木 (21)	50	2,050	1,030	894	93	99	92	91	95
群馬 (22)	256	4,030	10,300	9,180	100	102	102	102	102
埼玉 (23)	…	…	…	…	nc	nc	nc	nc	nc
千葉 (24)	…	…	…	…	nc	nc	nc	nc	nc
東京 (25)	…	…	…	…	nc	nc	nc	nc	nc
神奈川 (26)	…	…	…	…	nc	nc	nc	nc	nc
新潟 (27)	…	…	…	…	nc	nc	nc	nc	nc
富山 (28)	8	3,590	287	267	89	193	172	179	160
石川 (29)	…	…	…	…	nc	nc	nc	nc	nc
福井 (30)	…	…	…	…	nc	nc	nc	nc	nc
山梨 (31)	…	…	…	…	nc	nc	nc	nc	nc
長野 (32)	179	2,360	4,220	3,650	100	103	102	103	100
岐阜 (33)	135	4,820	6,510	5,990	104	107	111	110	98
静岡 (34)	…	…	…	…	nc	nc	nc	nc	nc
愛知 (35)	…	…	…	…	nc	nc	nc	nc	nc
三重 (36)	…	…	…	…	nc	nc	nc	nc	nc
滋賀 (37)	…	…	…	…	nc	nc	nc	nc	nc
京都 (38)	…	…	…	…	nc	nc	nc	nc	nc
大阪 (39)	…	…	…	…	nc	nc	nc	nc	nc
兵庫 (40)	30	4,450	1,340	1,240	100	103	104	104	103
奈良 (41)	…	…	…	…	nc	nc	nc	nc	nc
和歌山 (42)	…	…	…	…	nc	nc	nc	nc	nc
鳥取 (43)	…	…	…	…	nc	nc	nc	nc	nc
島根 (44)	…	…	…	…	nc	nc	nc	nc	nc
岡山 (45)	49	3,800	1,860	1,660	96	94	90	89	106
広島 (46)	50	2,450	1,230	1,090	106	79	84	84	84
山口 (47)	40	1,690	676	549	87	94	82	82	85
徳島 (48)	…	…	…	…	nc	nc	nc	nc	nc
香川 (49)	…	…	…	…	nc	nc	nc	nc	nc
愛媛 (50)	…	…	…	…	nc	nc	nc	nc	nc
高知 (51)	…	…	…	…	nc	nc	nc	nc	nc
福岡 (52)	…	…	…	…	nc	nc	nc	nc	nc
佐賀 (53)	…	…	…	…	nc	nc	nc	nc	nc
長崎 (54)	…	…	…	…	nc	nc	nc	nc	nc
熊本 (55)	192	1,540	2,960	2,540	98	108	106	106	99
大分 (56)	…	…	…	…	nc	nc	nc	nc	nc
宮崎 (57)	…	…	…	…	nc	nc	nc	nc	nc
鹿児島 (58)	…	…	…	…	nc	nc	nc	nc	nc
沖縄 (59)	…	…	…	…	nc	nc	nc	nc	nc
関東農政局 (60)	…	…	…	…	nc	nc	nc	nc	nc
東海農政局 (61)	…	…	…	…	nc	nc	nc	nc	nc
中国四国農政局 (62)	…	…	…	…	nc	nc	nc	nc	nc

エ　秋冬だいこん

作付面積	10 a 当たり収量	収穫量	出荷量	対前年産比 作付面積	対前年産比 10 a 当たり収量	対前年産比 収穫量	対前年産比 出荷量	(参考)対平均収量比	
ha	kg	t	t	%	%	%	%	%	
19,500	**4,240**	**826,700**	**643,400**	**98**	**102**	**100**	**100**	**101**	(1)
585	4,710	27,600	25,200	113	105	118	121	106	(2)
…	…	…	…	nc	nc	nc	nc	nc	(3)
3,090	3,160	97,700	57,100	97	101	98	98	99	(4)
1,790	3,510	62,900	47,300	98	107	105	108	106	(5)
…	…	…	…	nc	nc	nc	nc	nc	(6)
…	…	…	…	nc	nc	nc	nc	nc	(7)
…	…	…	…	nc	nc	nc	nc	nc	(8)
…	…	…	…	nc	nc	nc	nc	nc	(9)
…	…	…	…	nc	nc	nc	nc	nc	(10)
…	…	…	…	nc	nc	nc	nc	nc	(11)
…	…	…	…	nc	nc	nc	nc	nc	(12)
585	4,710	27,600	25,200	113	105	118	121	106	(13)
929	3,320	30,800	26,900	94	103	96	96	92	(14)
490	2,960	14,500	9,100	103	105	107	112	102	(15)
353	2,160	7,620	2,410	94	104	98	98	101	(16)
450	2,960	13,300	4,990	99	102	101	101	112	(17)
350	3,630	12,700	6,760	97	98	95	95	99	(18)
518	3,630	18,800	6,940	96	99	95	95	101	(19)
862	4,680	40,300	32,200	95	99	94	94	97	(20)
…	…	…	…	nc	nc	nc	nc	nc	(21)
441	4,400	19,400	11,200	95	100	96	98	112	(22)
343	4,640	15,900	12,400	94	109	103	105	115	(23)
1,500	5,920	88,800	81,700	97	102	99	99	108	(24)
168	4,260	7,160	6,610	100	99	99	99	91	(25)
961	7,240	69,600	63,500	101	100	101	99	94	(26)
1,240	3,820	47,400	35,000	100	107	107	109	109	(27)
132	2,370	3,130	2,260	92	114	105	110	110	(28)
206	3,990	8,220	6,350	91	106	96	102	100	(29)
207	2,020	4,180	3,710	98	104	102	104	92	(30)
…	…	…	…	nc	nc	nc	nc	nc	(31)
459	2,570	11,800	4,270	89	104	93	86	97	(32)
326	3,130	10,200	6,250	100	107	107	107	107	(33)
389	3,990	15,500	12,400	98	97	95	95	90	(34)
374	4,740	17,700	14,700	98	103	101	101	118	(35)
…	…	…	…	nc	nc	nc	nc	nc	(36)
97	2,750	2,670	1,170	95	95	90	90	97	(37)
…	…	…	…	nc	nc	nc	nc	nc	(38)
…	…	…	…	nc	nc	nc	nc	nc	(39)
305	2,990	9,120	3,920	95	87	84	84	92	(40)
78	3,600	2,810	1,650	99	99	98	98	91	(41)
110	6,920	7,610	6,550	96	108	103	103	98	(42)
…	…	…	…	nc	nc	nc	nc	nc	(43)
…	…	…	…	nc	nc	nc	nc	nc	(44)
166	3,710	6,160	3,690	100	98	98	98	109	(45)
345	2,190	7,560	3,180	101	96	97	97	90	(46)
277	2,510	6,950	4,730	99	92	91	93	85	(47)
310	7,010	21,700	19,300	97	103	100	98	97	(48)
97	4,380	4,250	3,460	107	106	113	123	105	(49)
…	…	…	…	nc	nc	nc	nc	nc	(50)
…	…	…	…	nc	nc	nc	nc	nc	(51)
221	5,110	11,300	9,280	99	101	99	99	101	(52)
…	…	…	…	nc	nc	nc	nc	nc	(53)
441	6,540	28,800	24,300	94	94	88	86	94	(54)
475	3,170	15,100	12,300	99	96	95	95	88	(55)
245	3,610	8,840	5,830	98	95	93	93	98	(56)
1,660	4,060	67,400	60,600	98	105	103	103	96	(57)
1,640	4,770	78,200	69,800	100	107	107	106	101	(58)
…	…	…	…	nc	nc	nc	nc	nc	(59)
…	…	…	…	nc	nc	nc	nc	nc	(60)
…	…	…	…	nc	nc	nc	nc	nc	(61)
…	…	…	…	nc	nc	nc	nc	nc	(62)

3　令和３年産都道府県別の作付面積、10ａ当たり収量、収穫量及び出荷量　（続き）

(2)　かぶ

全国農業地域・都道府県	作付面積	10ａ当たり収量	収穫量	出荷量	対前年産比				（参考）対平均収量比
					作付面積	10ａ当たり収量	収穫量	出荷量	
	ha	kg	t	t	%	%	%	%	%
全　　国 (1)	**4,010**	**2,700**	**108,200**	**90,700**	**96**	**107**	**103**	**104**	**98**
（全国農業地域）									
北海道 (2)	102	3,240	3,300	3,160	101	99	100	103	103
都府県 (3)	…	…	…	…	nc	nc	nc	nc	nc
東　北 (4)	…	…	…	…	nc	nc	nc	nc	nc
北　陸 (5)	…	…	…	…	nc	nc	nc	nc	nc
関東・東山 (6)	…	…	…	…	nc	nc	nc	nc	nc
東　海 (7)	…	…	…	…	nc	nc	nc	nc	nc
近　畿 (8)	…	…	…	…	nc	nc	nc	nc	nc
中　国 (9)	…	…	…	…	nc	nc	nc	nc	nc
四　国 (10)	…	…	…	…	nc	nc	nc	nc	nc
九　州 (11)	…	…	…	…	nc	nc	nc	nc	nc
沖　縄 (12)	…	…	…	…	nc	nc	nc	nc	nc
（都道府県）									
北海道 (13)	102	3,240	3,300	3,160	101	99	100	103	103
青　森 (14)	173	3,600	6,230	5,600	93	98	91	91	95
岩　手 (15)	…	…	…	…	nc	nc	nc	nc	nc
宮　城 (16)	…	…	…	…	nc	nc	nc	nc	nc
秋　田 (17)	53	1,400	742	223	nc	nc	nc	nc	nc
山　形 (18)	230	1,410	3,240	2,580	97	100	96	96	93
福　島 (19)	106	1,590	1,690	813	101	103	104	104	102
茨　城 (20)	78	2,270	1,770	1,230	101	100	102	102	106
栃　木 (21)	54	2,500	1,350	1,200	89	98	87	93	98
群　馬 (22)	…	…	…	…	nc	nc	nc	nc	nc
埼　玉 (23)	400	4,010	16,000	13,400	94	106	99	99	107
千　葉 (24)	882	3,330	29,400	27,900	98	119	116	116	93
東　京 (25)	76	2,340	1,780	1,710	99	99	98	98	100
神奈川 (26)	99	2,320	2,300	2,170	100	103	103	104	88
新　潟 (27)	136	2,210	3,010	2,450	97	100	97	105	103
富　山 (28)	69	1,940	1,340	1,140	90	118	106	110	106
石　川 (29)	…	…	…	…	nc	nc	nc	nc	nc
福　井 (30)	…	…	…	…	nc	nc	nc	nc	nc
山　梨 (31)	…	…	…	…	nc	nc	nc	nc	nc
長　野 (32)	…	…	…	…	nc	nc	nc	nc	nc
岐　阜 (33)	140	2,210	3,090	2,360	95	108	103	103	100
静　岡 (34)	…	…	…	…	nc	nc	nc	nc	nc
愛　知 (35)	95	2,580	2,450	1,770	100	98	98	98	100
三　重 (36)	89	1,090	970	672	100	90	90	90	74
滋　賀 (37)	172	2,540	4,370	3,720	97	98	96	96	93
京　都 (38)	142	3,640	5,170	4,590	93	117	109	110	117
大　阪 (39)	…	…	…	…	nc	nc	nc	nc	nc
兵　庫 (40)	…	…	…	…	nc	nc	nc	nc	nc
奈　良 (41)	…	…	…	…	nc	nc	nc	nc	nc
和歌山 (42)	…	…	…	…	nc	nc	nc	nc	nc
鳥　取 (43)	…	…	…	…	nc	nc	nc	nc	nc
島　根 (44)	58	2,000	1,160	800	94	95	89	89	88
岡　山 (45)	…	…	…	…	nc	nc	nc	nc	nc
広　島 (46)	…	…	…	…	nc	nc	nc	nc	nc
山　口 (47)	…	…	…	…	nc	nc	nc	nc	nc
徳　島 (48)	60	3,010	1,810	1,610	92	96	89	89	94
香　川 (49)	…	…	…	…	nc	nc	nc	nc	nc
愛　媛 (50)	…	…	…	…	nc	nc	nc	nc	nc
高　知 (51)	…	…	…	…	nc	nc	nc	nc	nc
福　岡 (52)	102	3,640	3,710	3,270	98	101	99	98	99
佐　賀 (53)	…	…	…	…	nc	nc	nc	nc	nc
長　崎 (54)	…	…	…	…	nc	nc	nc	nc	nc
熊　本 (55)	…	…	…	…	nc	nc	nc	nc	nc
大　分 (56)	…	…	…	…	nc	nc	nc	nc	nc
宮　崎 (57)	…	…	…	…	nc	nc	nc	nc	nc
鹿児島 (58)	…	…	…	…	nc	nc	nc	nc	nc
沖　縄 (59)	…	…	…	…	nc	nc	nc	nc	nc
関東農政局 (60)	…	…	…	…	nc	nc	nc	nc	nc
東海農政局 (61)	324	2,010	6,510	4,800	98	101	99	99	95
中国四国農政局 (62)	…	…	…	…	nc	nc	nc	nc	nc

(3) にんじん
ア 計

作付面積	10a当たり収量	収穫量	出荷量	対前年産比 作付面積	対前年産比 10a当たり収量	対前年産比 収穫量	対前年産比 出荷量	(参考) 対平均収量比	
ha	kg	t	t	%	%	%	%	%	
16,900	3,760	635,500	572,400	101	108	108	109	110	(1)
4,540	4,440	201,600	188,000	101	109	110	110	116	(2)
…	…	…	…	nc	nc	nc	nc	nc	(3)
…	…	…	…	nc	nc	nc	nc	nc	(4)
…	…	…	…	nc	nc	nc	nc	nc	(5)
…	…	…	…	nc	nc	nc	nc	nc	(6)
735	4,390	32,300	28,000	98	112	109	109	122	(7)
…	…	…	…	nc	nc	nc	nc	nc	(8)
…	…	…	…	nc	nc	nc	nc	nc	(9)
…	…	…	…	nc	nc	nc	nc	nc	(10)
…	…	…	…	nc	nc	nc	nc	nc	(11)
136	1,940	2,640	2,240	96	107	103	103	109	(12)
4,540	4,440	201,600	188,000	101	109	110	110	116	(13)
1,260	3,370	42,500	39,900	105	102	107	108	104	(14)
138	1,890	2,610	1,630	100	110	110	116	116	(15)
…	…	…	…	nc	nc	nc	nc	nc	(16)
…	…	…	…	nc	nc	nc	nc	nc	(17)
…	…	…	…	nc	nc	nc	nc	nc	(18)
141	1,210	1,700	756	100	103	102	103	100	(19)
878	3,630	31,900	28,100	106	119	126	125	104	(20)
…	…	…	…	nc	nc	nc	nc	nc	(21)
…	…	…	…	nc	nc	nc	nc	nc	(22)
446	3,740	16,700	14,500	94	113	107	108	107	(23)
2,900	3,870	112,200	104,900	98	108	106	107	109	(24)
101	2,820	2,850	2,620	96	104	100	99	86	(25)
…	…	…	…	nc	nc	nc	nc	nc	(26)
243	2,490	6,040	5,060	100	115	115	119	102	(27)
…	…	…	…	nc	nc	nc	nc	nc	(28)
37	1,510	557	478	106	121	128	131	127	(29)
41	1,850	758	677	103	133	136	143	nc	(30)
…	…	…	…	nc	nc	nc	nc	nc	(31)
…	…	…	…	nc	nc	nc	nc	nc	(32)
174	3,850	6,700	5,550	97	121	118	116	121	(33)
100	3,040	3,040	2,260	98	104	102	103	124	(34)
387	5,530	21,400	19,600	97	111	108	108	124	(35)
74	1,620	1,200	604	101	121	122	122	104	(36)
…	…	…	…	nc	nc	nc	nc	nc	(37)
…	…	…	…	nc	nc	nc	nc	nc	(38)
…	…	…	…	nc	nc	nc	nc	nc	(39)
121	2,780	3,360	2,680	102	105	107	106	103	(40)
…	…	…	…	nc	nc	nc	nc	nc	(41)
52	3,870	2,010	1,820	96	97	93	94	90	(42)
68	3,040	2,070	1,800	93	119	111	111	117	(43)
…	…	…	…	nc	nc	nc	nc	nc	(44)
57	1,660	945	714	104	84	87	85	96	(45)
…	…	…	…	nc	nc	nc	nc	nc	(46)
…	…	…	…	nc	nc	nc	nc	nc	(47)
937	5,330	49,900	45,700	96	105	100	101	103	(48)
114	2,720	3,100	2,780	110	94	103	114	98	(49)
…	…	…	…	nc	nc	nc	nc	nc	(50)
…	…	…	…	nc	nc	nc	nc	nc	(51)
…	…	…	…	nc	nc	nc	nc	nc	(52)
…	…	…	…	nc	nc	nc	nc	nc	(53)
816	4,040	33,000	30,400	100	105	105	105	108	(54)
644	3,110	20,000	17,800	109	106	116	116	102	(55)
136	2,690	3,660	2,860	99	135	134	139	126	(56)
473	3,090	14,600	13,100	102	99	101	102	95	(57)
624	3,450	21,500	19,000	102	108	110	112	106	(58)
136	1,940	2,640	2,240	96	107	103	103	109	(59)
…	…	…	…	nc	nc	nc	nc	nc	(60)
635	4,610	29,300	25,800	98	113	110	110	123	(61)
…	…	…	…	nc	nc	nc	nc	nc	(62)

3　令和３年産都道府県別の作付面積、10ａ当たり収量、収穫量及び出荷量（続き）

(3)　にんじん（続き）
イ　春夏にんじん

全国農業地域・都道府県		作付面積	10ａ当たり収量	収穫量	出荷量	対前年産比				（参考）対平均収量比
						作付面積	10ａ当たり収量	収穫量	出荷量	
		ha	kg	t	t	%	%	%	%	%
全国	(1)	**4,100**	**4,020**	**164,800**	**152,400**	**101**	**105**	**106**	**106**	**106**
（全国農業地域）										
北海道	(2)	174	3,590	6,250	5,900	99	104	103	103	113
都府県	(3)	…	…	…	…	nc	nc	nc	nc	nc
東北	(4)	…	…	…	…	nc	nc	nc	nc	nc
北陸	(5)	…	…	…	…	nc	nc	nc	nc	nc
関東・東山	(6)	…	…	…	…	nc	nc	nc	nc	nc
東海	(7)	…	…	…	…	nc	nc	nc	nc	nc
近畿	(8)	…	…	…	…	nc	nc	nc	nc	nc
中国	(9)	…	…	…	…	nc	nc	nc	nc	nc
四国	(10)	…	…	…	…	nc	nc	nc	nc	nc
九州	(11)	…	…	…	…	nc	nc	nc	nc	nc
沖縄	(12)	44	2,110	928	804	96	102	98	98	98
（都道府県）										
北海道	(13)	174	3,590	6,250	5,900	99	104	103	103	113
青森	(14)	695	3,600	25,000	23,700	108	105	113	114	103
岩手	(15)	25	1,930	483	306	100	110	110	116	119
宮城	(16)	…	…	…	…	nc	nc	nc	nc	nc
秋田	(17)	…	…	…	…	nc	nc	nc	nc	nc
山形	(18)	…	…	…	…	nc	nc	nc	nc	nc
福島	(19)	…	…	…	…	nc	nc	nc	nc	nc
茨城	(20)	211	4,270	9,010	8,550	104	101	105	105	107
栃木	(21)	…	…	…	…	nc	nc	nc	nc	nc
群馬	(22)	…	…	…	…	nc	nc	nc	nc	nc
埼玉	(23)	115	3,640	4,190	3,790	87	101	88	88	110
千葉	(24)	587	4,200	24,700	23,900	100	114	114	115	112
東京	(25)	…	…	…	…	nc	nc	nc	nc	nc
神奈川	(26)	…	…	…	…	nc	nc	nc	nc	nc
新潟	(27)	31	2,480	769	701	97	126	122	131	117
富山	(28)	…	…	…	…	nc	nc	nc	nc	nc
石川	(29)	…	…	…	…	nc	nc	nc	nc	nc
福井	(30)	…	…	…	…	nc	nc	nc	nc	nc
山梨	(31)	…	…	…	…	nc	nc	nc	nc	nc
長野	(32)	…	…	…	…	nc	nc	nc	nc	nc
岐阜	(33)	67	4,890	3,280	3,080	102	108	109	109	108
静岡	(34)	50	3,560	1,780	1,540	98	104	102	103	122
愛知	(35)	…	…	…	…	nc	nc	nc	nc	nc
三重	(36)	…	…	…	…	nc	nc	nc	nc	nc
滋賀	(37)	…	…	…	…	nc	nc	nc	nc	nc
京都	(38)	…	…	…	…	nc	nc	nc	nc	nc
大阪	(39)	…	…	…	…	nc	nc	nc	nc	nc
兵庫	(40)	63	3,870	2,440	2,320	102	105	107	106	102
奈良	(41)	…	…	…	…	nc	nc	nc	nc	nc
和歌山	(42)	46	4,150	1,910	1,760	96	98	94	94	90
鳥取	(43)	…	…	…	…	nc	nc	nc	nc	nc
島根	(44)	…	…	…	…	nc	nc	nc	nc	nc
岡山	(45)	12	1,950	234	196	109	73	79	78	95
広島	(46)	…	…	…	…	nc	nc	nc	nc	nc
山口	(47)	…	…	…	…	nc	nc	nc	nc	nc
徳島	(48)	926	5,370	49,700	45,600	96	105	100	101	103
香川	(49)	…	…	…	…	nc	nc	nc	nc	nc
愛媛	(50)	…	…	…	…	nc	nc	nc	nc	nc
高知	(51)	…	…	…	…	nc	nc	nc	nc	nc
福岡	(52)	…	…	…	…	nc	nc	nc	nc	nc
佐賀	(53)	…	…	…	…	nc	nc	nc	nc	nc
長崎	(54)	290	4,260	12,400	11,500	105	104	109	110	112
熊本	(55)	248	3,380	8,380	7,650	109	110	119	119	105
大分	(56)	19	2,900	551	465	100	110	110	111	103
宮崎	(57)	133	3,420	4,550	4,210	103	89	92	92	93
鹿児島	(58)	…	…	…	…	nc	nc	nc	nc	nc
沖縄	(59)	44	2,110	928	804	96	102	98	98	98
関東農政局	(60)	…	…	…	…	nc	nc	nc	nc	nc
東海農政局	(61)	…	…	…	…	nc	nc	nc	nc	nc
中国四国農政局	(62)	…	…	…	…	nc	nc	nc	nc	nc

ウ 秋にんじん

作付面積	10a当たり収量	収穫量	出荷量	対前年産比				(参考)対平均収量比	
				作付面積	10a当たり収量	収穫量	出荷量		
ha	kg	t	t	%	%	%	%	%	
5,240	**4,170**	**218,700**	**198,800**	**101**	**109**	**110**	**110**	**117**	(1)
4,360	4,480	195,300	182,000	101	110	110	110	116	(2)
…	…	…	…	nc	nc	nc	nc	nc	(3)
…	…	…	…	nc	nc	nc	nc	nc	(4)
…	…	…	…	nc	nc	nc	nc	nc	(5)
…	…	…	…	nc	nc	nc	nc	nc	(6)
…	…	…	…	nc	nc	nc	nc	nc	(7)
…	…	…	…	nc	nc	nc	nc	nc	(8)
…	…	…	…	nc	nc	nc	nc	nc	(9)
…	…	…	…	nc	nc	nc	nc	nc	(10)
…	…	…	…	nc	nc	nc	nc	nc	(11)
…	…	…	…	nc	nc	nc	nc	nc	(12)
4,360	4,480	195,300	182,000	101	110	110	110	116	(13)
304	3,260	9,910	9,220	98	101	99	99	109	(14)
…	…	…	…	nc	nc	nc	nc	nc	(15)
…	…	…	…	nc	nc	nc	nc	nc	(16)
…	…	…	…	nc	nc	nc	nc	nc	(17)
…	…	…	…	nc	nc	nc	nc	nc	(18)
…	…	…	…	nc	nc	nc	nc	nc	(19)
…	…	…	…	nc	nc	nc	nc	nc	(20)
…	…	…	…	nc	nc	nc	nc	nc	(21)
…	…	…	…	nc	nc	nc	nc	nc	(22)
…	…	…	…	nc	nc	nc	nc	nc	(23)
…	…	…	…	nc	nc	nc	nc	nc	(24)
…	…	…	…	nc	nc	nc	nc	nc	(25)
…	…	…	…	nc	nc	nc	nc	nc	(26)
…	…	…	…	nc	nc	nc	nc	nc	(27)
…	…	…	…	nc	nc	nc	nc	nc	(28)
…	…	…	…	nc	nc	nc	nc	nc	(29)
2	1,200	24	18	100	100	100	100	nc	(30)
…	…	…	…	nc	nc	nc	nc	nc	(31)
…	…	…	…	nc	nc	nc	nc	nc	(32)
…	…	…	…	nc	nc	nc	nc	nc	(33)
…	…	…	…	nc	nc	nc	nc	nc	(34)
…	…	…	…	nc	nc	nc	nc	nc	(35)
…	…	…	…	nc	nc	nc	nc	nc	(36)
…	…	…	…	nc	nc	nc	nc	nc	(37)
…	…	…	…	nc	nc	nc	nc	nc	(38)
…	…	…	…	nc	nc	nc	nc	nc	(39)
…	…	…	…	nc	nc	nc	nc	nc	(40)
…	…	…	…	nc	nc	nc	nc	nc	(41)
…	…	…	…	nc	nc	nc	nc	nc	(42)
…	…	…	…	nc	nc	nc	nc	nc	(43)
…	…	…	…	nc	nc	nc	nc	nc	(44)
…	…	…	…	nc	nc	nc	nc	nc	(45)
…	…	…	…	nc	nc	nc	nc	nc	(46)
…	…	…	…	nc	nc	nc	nc	nc	(47)
…	…	…	…	nc	nc	nc	nc	nc	(48)
…	…	…	…	nc	nc	nc	nc	nc	(49)
…	…	…	…	nc	nc	nc	nc	nc	(50)
…	…	…	…	nc	nc	nc	nc	nc	(51)
…	…	…	…	nc	nc	nc	nc	nc	(52)
…	…	…	…	nc	nc	nc	nc	nc	(53)
…	…	…	…	nc	nc	nc	nc	nc	(54)
…	…	…	…	nc	nc	nc	nc	nc	(55)
…	…	…	…	nc	nc	nc	nc	nc	(56)
…	…	…	…	nc	nc	nc	nc	nc	(57)
…	…	…	…	nc	nc	nc	nc	nc	(58)
…	…	…	…	nc	nc	nc	nc	nc	(59)
…	…	…	…	nc	nc	nc	nc	nc	(60)
…	…	…	…	nc	nc	nc	nc	nc	(61)
…	…	…	…	nc	nc	nc	nc	nc	(62)

3 令和3年産都道府県別の作付面積、10a当たり収量、収穫量及び出荷量（続き）

(3) にんじん（続き）

エ 冬にんじん

全国農業地域・都道府県	作付面積	10a当たり収量	収穫量	出荷量	対前年産比 作付面積	対前年産比 10a当たり収量	対前年産比 収穫量	対前年産比 出荷量	(参考)対平均収量比
	ha	kg	t	t	%	%	%	%	%
全国 (1)	7,570	3,330	252,000	221,200	100	109	109	110	108
(全国農業地域)									
北海道 (2)	…	…	…	…	nc	nc	nc	nc	nc
都府県 (3)	…	…	…	…	nc	nc	nc	nc	nc
東北 (4)	…	…	…	…	nc	nc	nc	nc	nc
北陸 (5)	…	…	…	…	nc	nc	nc	nc	nc
関東・東山 (6)	…	…	…	…	nc	nc	nc	nc	nc
東海 (7)	…	…	…	…	nc	nc	nc	nc	nc
近畿 (8)	…	…	…	…	nc	nc	nc	nc	nc
中国 (9)	…	…	…	…	nc	nc	nc	nc	nc
四国 (10)	…	…	…	…	nc	nc	nc	nc	nc
九州 (11)	…	…	…	…	nc	nc	nc	nc	nc
沖縄 (12)	92	1,740	1,600	1,340	96	110	105	106	112
(都道府県)									
北海道 (13)	…	…	…	…	nc	nc	nc	nc	nc
青森 (14)	262	2,880	7,550	6,940	106	93	99	101	100
岩手 (15)	…	…	…	…	nc	nc	nc	nc	nc
宮城 (16)	…	…	…	…	nc	nc	nc	nc	nc
秋田 (17)	…	…	…	…	nc	nc	nc	nc	nc
山形 (18)	…	…	…	…	nc	nc	nc	nc	nc
福島 (19)	122	1,270	1,550	676	100	102	103	103	104
茨城 (20)	639	3,510	22,400	19,300	106	129	137	136	101
栃木 (21)	…	…	…	…	nc	nc	nc	nc	nc
群馬 (22)	…	…	…	…	nc	nc	nc	nc	nc
埼玉 (23)	325	3,830	12,400	10,700	97	119	115	118	104
千葉 (24)	2,310	3,790	87,500	81,000	98	107	104	105	109
東京 (25)	92	2,920	2,690	2,480	97	104	100	99	85
神奈川 (26)	…	…	…	…	nc	nc	nc	nc	nc
新潟 (27)	146	2,560	3,740	3,050	101	113	114	117	100
富山 (28)	…	…	…	…	nc	nc	nc	nc	nc
石川 (29)	35	1,370	480	413	106	120	128	131	121
福井 (30)	35	1,820	637	564	103	134	138	145	nc
山梨 (31)	…	…	…	…	nc	nc	nc	nc	nc
長野 (32)	…	…	…	…	nc	nc	nc	nc	nc
岐阜 (33)	103	3,270	3,370	2,430	94	135	127	127	134
静岡 (34)	…	…	…	…	nc	nc	nc	nc	nc
愛知 (35)	340	5,810	19,800	18,300	97	110	107	108	124
三重 (36)	53	1,570	832	407	102	120	122	122	103
滋賀 (37)	…	…	…	…	nc	nc	nc	nc	nc
京都 (38)	…	…	…	…	nc	nc	nc	nc	nc
大阪 (39)	…	…	…	…	nc	nc	nc	nc	nc
兵庫 (40)	…	…	…	…	nc	nc	nc	nc	nc
奈良 (41)	…	…	…	…	nc	nc	nc	nc	nc
和歌山 (42)	…	…	…	…	nc	nc	nc	nc	nc
鳥取 (43)	63	2,940	1,850	1,590	94	119	111	111	114
島根 (44)	…	…	…	…	nc	nc	nc	nc	nc
岡山 (45)	40	1,710	684	496	103	87	89	88	99
広島 (46)	…	…	…	…	nc	nc	nc	nc	nc
山口 (47)	…	…	…	…	nc	nc	nc	nc	nc
徳島 (48)	…	…	…	…	nc	nc	nc	nc	nc
香川 (49)	104	2,810	2,920	2,680	109	94	103	115	98
愛媛 (50)	…	…	…	…	nc	nc	nc	nc	nc
高知 (51)	…	…	…	…	nc	nc	nc	nc	nc
福岡 (52)	…	…	…	…	nc	nc	nc	nc	nc
佐賀 (53)	…	…	…	…	nc	nc	nc	nc	nc
長崎 (54)	518	3,950	20,500	18,900	98	105	104	102	106
熊本 (55)	379	2,900	11,000	9,540	109	103	113	113	98
大分 (56)	106	2,770	2,940	2,280	99	141	140	146	133
宮崎 (57)	340	2,950	10,000	8,890	102	105	107	107	96
鹿児島 (58)	562	3,570	20,100	17,900	103	108	112	115	106
沖縄 (59)	92	1,740	1,600	1,340	96	110	105	106	112
関東農政局 (60)	…	…	…	…	nc	nc	nc	nc	nc
東海農政局 (61)	496	4,840	24,000	21,100	97	114	110	110	125
中国四国農政局 (62)	…	…	…	…	nc	nc	nc	nc	nc

(4) ごぼう

作付面積	10a当たり収量	収穫量	出荷量	対前年産比 作付面積	対前年産比 10a当たり収量	対前年産比 収穫量	対前年産比 出荷量	(参考)対平均収量比	
ha	kg	t	t	%	%	%	%	%	
7,410	1,790	132,800	116,700	101	103	105	105	99	(1)
522	2,360	12,300	11,600	101	106	107	107	105	(2)
…	…	…	…	nc	nc	nc	nc	nc	(3)
…	…	…	…	nc	nc	nc	nc	nc	(4)
…	…	…	…	nc	nc	nc	nc	nc	(5)
…	…	…	…	nc	nc	nc	nc	nc	(6)
…	…	…	…	nc	nc	nc	nc	nc	(7)
…	…	…	…	nc	nc	nc	nc	nc	(8)
…	…	…	…	nc	nc	nc	nc	nc	(9)
…	…	…	…	nc	nc	nc	nc	nc	(10)
…	…	…	…	nc	nc	nc	nc	nc	(11)
…	…	…	…	nc	nc	nc	nc	nc	(12)
522	2,360	12,300	11,600	101	106	107	107	105	(13)
2,370	2,160	51,200	48,300	102	104	107	107	100	(14)
…	…	…	…	nc	nc	nc	nc	nc	(15)
…	…	…	…	nc	nc	nc	nc	nc	(16)
…	…	…	…	nc	nc	nc	nc	nc	(17)
…	…	…	…	nc	nc	nc	nc	nc	(18)
…	…	…	…	nc	nc	nc	nc	nc	(19)
791	1,720	13,600	12,600	100	106	106	107	97	(20)
154	1,670	2,570	2,440	90	99	89	89	101	(21)
401	1,860	7,460	6,730	100	106	107	107	102	(22)
…	…	…	…	nc	nc	nc	nc	nc	(23)
353	1,800	6,350	5,630	99	103	103	102	90	(24)
…	…	…	…	nc	nc	nc	nc	nc	(25)
…	…	…	…	nc	nc	nc	nc	nc	(26)
…	…	…	…	nc	nc	nc	nc	nc	(27)
…	…	…	…	nc	nc	nc	nc	nc	(28)
…	…	…	…	nc	nc	nc	nc	nc	(29)
…	…	…	…	nc	nc	nc	nc	nc	(30)
…	…	…	…	nc	nc	nc	nc	nc	(31)
…	…	…	…	nc	nc	nc	nc	nc	(32)
…	…	…	…	nc	nc	nc	nc	nc	(33)
…	…	…	…	nc	nc	nc	nc	nc	(34)
…	…	…	…	nc	nc	nc	nc	nc	(35)
…	…	…	…	nc	nc	nc	nc	nc	(36)
…	…	…	…	nc	nc	nc	nc	nc	(37)
…	…	…	…	nc	nc	nc	nc	nc	(38)
…	…	…	…	nc	nc	nc	nc	nc	(39)
…	…	…	…	nc	nc	nc	nc	nc	(40)
…	…	…	…	nc	nc	nc	nc	nc	(41)
…	…	…	…	nc	nc	nc	nc	nc	(42)
…	…	…	…	nc	nc	nc	nc	nc	(43)
…	…	…	…	nc	nc	nc	nc	nc	(44)
…	…	…	…	nc	nc	nc	nc	nc	(45)
…	…	…	…	nc	nc	nc	nc	nc	(46)
…	…	…	…	nc	nc	nc	nc	nc	(47)
…	…	…	…	nc	nc	nc	nc	nc	(48)
…	…	…	…	nc	nc	nc	nc	nc	(49)
…	…	…	…	nc	nc	nc	nc	nc	(50)
…	…	…	…	nc	nc	nc	nc	nc	(51)
…	…	…	…	nc	nc	nc	nc	nc	(52)
…	…	…	…	nc	nc	nc	nc	nc	(53)
…	…	…	…	nc	nc	nc	nc	nc	(54)
266	1,200	3,190	2,710	103	92	95	95	94	(55)
…	…	…	…	nc	nc	nc	nc	nc	(56)
557	1,770	9,860	8,970	96	101	97	97	107	(57)
578	1,180	6,820	6,430	110	98	107	109	88	(58)
…	…	…	…	nc	nc	nc	nc	nc	(59)
…	…	…	…	nc	nc	nc	nc	nc	(60)
…	…	…	…	nc	nc	nc	nc	nc	(61)
…	…	…	…	nc	nc	nc	nc	nc	(62)

3 令和3年産都道府県別の作付面積、10a当たり収量、収穫量及び出荷量 （続き）

(5) れんこん

全国農業地域・都道府県	作付面積	10a当たり収量	収穫量	出荷量	対前年産比 作付面積	対前年産比 10a当たり収量	対前年産比 収穫量	対前年産比 出荷量	(参考) 対平均収量比
	ha	kg	t	t	%	%	%	%	%
全国 (1)	**3,980**	**1,290**	**51,500**	**43,200**	**102**	**92**	**94**	**93**	**88**
(全国農業地域)									
北海道 (2)	…	…	…	…	nc	nc	nc	nc	nc
都府県 (3)	…	…	…	…	nc	nc	nc	nc	nc
東北 (4)	…	…	…	…	nc	nc	nc	nc	nc
北陸 (5)	…	…	…	…	nc	nc	nc	nc	nc
関東・東山 (6)	…	…	…	…	nc	nc	nc	nc	nc
東海 (7)	…	…	…	…	nc	nc	nc	nc	nc
近畿 (8)	…	…	…	…	nc	nc	nc	nc	nc
中国 (9)	…	…	…	…	nc	nc	nc	nc	nc
四国 (10)	…	…	…	…	nc	nc	nc	nc	nc
九州 (11)	…	…	…	…	nc	nc	nc	nc	nc
沖縄 (12)	…	…	…	…	nc	nc	nc	nc	nc
(都道府県)									
北海道 (13)	…	…	…	…	nc	nc	nc	nc	nc
青森 (14)	…	…	…	…	nc	nc	nc	nc	nc
岩手 (15)	…	…	…	…	nc	nc	nc	nc	nc
宮城 (16)	…	…	…	…	nc	nc	nc	nc	nc
秋田 (17)	…	…	…	…	nc	nc	nc	nc	nc
山形 (18)	…	…	…	…	nc	nc	nc	nc	nc
福島 (19)	…	…	…	…	nc	nc	nc	nc	nc
茨城 (20)	1,710	1,490	25,500	22,200	101	88	89	89	85
栃木 (21)	…	…	…	…	nc	nc	nc	nc	nc
群馬 (22)	…	…	…	…	nc	nc	nc	nc	nc
埼玉 (23)	…	…	…	…	nc	nc	nc	nc	nc
千葉 (24)	…	…	…	…	nc	nc	nc	nc	nc
東京 (25)	…	…	…	…	nc	nc	nc	nc	nc
神奈川 (26)	…	…	…	…	nc	nc	nc	nc	nc
新潟 (27)	…	…	…	…	nc	nc	nc	nc	nc
富山 (28)	…	…	…	…	nc	nc	nc	nc	nc
石川 (29)	…	…	…	…	nc	nc	nc	nc	nc
福井 (30)	…	…	…	…	nc	nc	nc	nc	nc
山梨 (31)	…	…	…	…	nc	nc	nc	nc	nc
長野 (32)	…	…	…	…	nc	nc	nc	nc	nc
岐阜 (33)	…	…	…	…	nc	nc	nc	nc	nc
静岡 (34)	…	…	…	…	nc	nc	nc	nc	nc
愛知 (35)	220	1,240	2,730	2,570	91	99	90	90	102
三重 (36)	…	…	…	…	nc	nc	nc	nc	nc
滋賀 (37)	…	…	…	…	nc	nc	nc	nc	nc
京都 (38)	…	…	…	…	nc	nc	nc	nc	nc
大阪 (39)	…	…	…	…	nc	nc	nc	nc	nc
兵庫 (40)	31	1,170	363	350	97	79	77	77	82
奈良 (41)	…	…	…	…	nc	nc	nc	nc	nc
和歌山 (42)	…	…	…	…	nc	nc	nc	nc	nc
鳥取 (43)	…	…	…	…	nc	nc	nc	nc	nc
島根 (44)	…	…	…	…	nc	nc	nc	nc	nc
岡山 (45)	99	1,220	1,210	1,090	111	76	85	84	77
広島 (46)	…	…	…	…	nc	nc	nc	nc	nc
山口 (47)	203	984	2,000	1,800	100	73	74	72	68
徳島 (48)	520	933	4,850	3,960	99	101	100	100	82
香川 (49)	…	…	…	…	nc	nc	nc	nc	nc
愛媛 (50)	…	…	…	…	nc	nc	nc	nc	nc
高知 (51)	…	…	…	…	nc	nc	nc	nc	nc
福岡 (52)	…	…	…	…	nc	nc	nc	nc	nc
佐賀 (53)	454	1,420	6,450	4,710	110	115	126	128	104
長崎 (54)	…	…	…	…	nc	nc	nc	nc	nc
熊本 (55)	186	1,100	2,050	1,460	107	96	103	103	85
大分 (56)	…	…	…	…	nc	nc	nc	nc	nc
宮崎 (57)	…	…	…	…	nc	nc	nc	nc	nc
鹿児島 (58)	…	…	…	…	nc	nc	nc	nc	nc
沖縄 (59)	…	…	…	…	nc	nc	nc	nc	nc
関東農政局 (60)	…	…	…	…	nc	nc	nc	nc	nc
東海農政局 (61)	…	…	…	…	nc	nc	nc	nc	nc
中国四国農政局 (62)	…	…	…	…	nc	nc	nc	nc	nc

(6)　ばれいしょ（じゃがいも）
ア　計

作付面積	10a当たり収量	収穫量	出荷量	対前年産比 作付面積	対前年産比 10a当たり収量	対前年産比 収穫量	対前年産比 出荷量	(参考) 対平均収量比	
ha	kg	t	t	%	%	%	%	%	
70,900	**3,070**	**2,175,000**	**1,823,000**	**99**	**100**	**99**	**98**	**100**	(1)
47,100	3,580	1,686,000	1,502,000	98	99	97	97	99	(2)
…	…	…	…	nc	nc	nc	nc	nc	(3)
…	…	…	…	nc	nc	nc	nc	nc	(4)
…	…	…	…	nc	nc	nc	nc	nc	(5)
…	…	…	…	nc	nc	nc	nc	nc	(6)
…	…	…	…	nc	nc	nc	nc	nc	(7)
…	…	…	…	nc	nc	nc	nc	nc	(8)
…	…	…	…	nc	nc	nc	nc	nc	(9)
…	…	…	…	nc	nc	nc	nc	nc	(10)
…	…	…	…	nc	nc	nc	nc	nc	(11)
…	…	…	…	nc	nc	nc	nc	nc	(12)
47,100	3,580	1,686,000	1,502,000	98	99	97	97	99	(13)
677	2,300	15,600	11,700	101	106	107	104	100	(14)
…	…	…	…	nc	nc	nc	nc	nc	(15)
478	1,400	6,690	1,980	96	104	100	98	102	(16)
…	…	…	…	nc	nc	nc	nc	nc	(17)
…	…	…	…	nc	nc	nc	nc	nc	(18)
978	1,640	16,000	2,190	98	101	98	100	93	(19)
1,640	3,020	49,500	42,600	101	116	118	120	103	(20)
…	…	…	…	nc	nc	nc	nc	nc	(21)
…	…	…	…	nc	nc	nc	nc	nc	(22)
…	…	…	…	nc	nc	nc	nc	nc	(23)
1,140	2,610	29,800	24,900	98	108	106	107	108	(24)
…	…	…	…	nc	nc	nc	nc	nc	(25)
…	…	…	…	nc	nc	nc	nc	nc	(26)
…	…	…	…	nc	nc	nc	nc	nc	(27)
…	…	…	…	nc	nc	nc	nc	nc	(28)
…	…	…	…	nc	nc	nc	nc	nc	(29)
…	…	…	…	nc	nc	nc	nc	nc	(30)
…	…	…	…	nc	nc	nc	nc	nc	(31)
861	1,860	16,000	1,410	94	104	98	98	94	(32)
…	…	…	…	nc	nc	nc	nc	nc	(33)
515	2,830	14,600	12,400	99	127	126	125	122	(34)
…	…	…	…	nc	nc	nc	nc	nc	(35)
190	1,240	2,350	1,410	96	123	119	118	107	(36)
…	…	…	…	nc	nc	nc	nc	nc	(37)
…	…	…	…	nc	nc	nc	nc	nc	(38)
…	…	…	…	nc	nc	nc	nc	nc	(39)
…	…	…	…	nc	nc	nc	nc	nc	(40)
…	…	…	…	nc	nc	nc	nc	nc	(41)
…	…	…	…	nc	nc	nc	nc	nc	(42)
…	…	…	…	nc	nc	nc	nc	nc	(43)
…	…	…	…	nc	nc	nc	nc	nc	(44)
189	1,150	2,170	527	90	107	97	97	93	(45)
516	1,390	7,150	2,530	99	105	105	130	108	(46)
…	…	…	…	nc	nc	nc	nc	nc	(47)
…	…	…	…	nc	nc	nc	nc	nc	(48)
…	…	…	…	nc	nc	nc	nc	nc	(49)
…	…	…	…	nc	nc	nc	nc	nc	(50)
…	…	…	…	nc	nc	nc	nc	nc	(51)
…	…	…	…	nc	nc	nc	nc	nc	(52)
137	2,150	2,940	1,930	98	105	102	105	109	(53)
3,190	2,560	81,800	71,400	99	97	97	97	100	(54)
575	2,400	13,800	10,300	99	126	125	126	117	(55)
…	…	…	…	nc	nc	nc	nc	nc	(56)
446	2,560	11,400	10,600	100	102	102	101	108	(57)
4,510	2,020	91,000	84,500	106	101	107	108	102	(58)
…	…	…	…	nc	nc	nc	nc	nc	(59)
…	…	…	…	nc	nc	nc	nc	nc	(60)
…	…	…	…	nc	nc	nc	nc	nc	(61)
…	…	…	…	nc	nc	nc	nc	nc	(62)

3　令和３年産都道府県別の作付面積、10ａ当たり収量、収穫量及び出荷量（続き）

(6)　ばれいしょ（じゃがいも）（続き）
イ　春植えばれいしょ

全国農業地域・都道府県	作付面積	10ａ当たり収量	収穫量	出荷量	対前年産比 作付面積	対前年産比 10ａ当たり収量	対前年産比 収穫量	対前年産比 出荷量	（参考）対平均収量比
	ha	kg	t	t	%	%	%	%	%
全国 (1)	**68,500**	**3,120**	**2,139,000**	**1,796,000**	**98**	**100**	**99**	**98**	**100**
（全国農業地域）									
北海道 (2)	47,100	3,580	1,686,000	1,502,000	98	99	97	97	99
都府県 (3)	…	…	…	…	96	96	92	92	nc
東北 (4)	…	…	…	…	nc	nc	nc	nc	nc
北陸 (5)	…	…	…	…	nc	nc	nc	nc	nc
関東・東山 (6)	…	…	…	…	nc	nc	nc	nc	nc
東海 (7)	…	…	…	…	nc	nc	nc	nc	nc
近畿 (8)	…	…	…	…	nc	nc	nc	nc	nc
中国 (9)	…	…	…	…	nc	nc	nc	nc	nc
四国 (10)	…	…	…	…	nc	nc	nc	nc	nc
九州 (11)	…	…	…	…	nc	nc	nc	nc	nc
沖縄 (12)	…	…	…	…	nc	nc	nc	nc	nc
（都道府県）									
北海道 (13)	47,100	3,580	1,686,000	1,502,000	98	99	97	97	99
青森 (14)	677	2,300	15,600	11,700	101	106	107	104	100
岩手 (15)	…	…	…	…	nc	nc	nc	nc	nc
宮城 (16)	478	1,400	6,690	1,980	96	104	100	98	102
秋田 (17)	…	…	…	…	nc	nc	nc	nc	nc
山形 (18)	…	…	…	…	nc	nc	nc	nc	nc
福島 (19)	978	1,640	16,000	2,190	98	101	98	100	93
茨城 (20)	1,630	3,030	49,400	42,500	101	117	118	120	103
栃木 (21)	…	…	…	…	nc	nc	nc	nc	nc
群馬 (22)	…	…	…	…	nc	nc	nc	nc	nc
埼玉 (23)	…	…	…	…	nc	nc	nc	nc	nc
千葉 (24)	1,140	2,610	29,800	24,900	98	108	106	107	108
東京 (25)	…	…	…	…	nc	nc	nc	nc	nc
神奈川 (26)	…	…	…	…	nc	nc	nc	nc	nc
新潟 (27)	…	…	…	…	nc	nc	nc	nc	nc
富山 (28)	…	…	…	…	nc	nc	nc	nc	nc
石川 (29)	…	…	…	…	nc	nc	nc	nc	nc
福井 (30)	…	…	…	…	nc	nc	nc	nc	nc
山梨 (31)	…	…	…	…	nc	nc	nc	nc	nc
長野 (32)	861	1,860	16,000	1,410	94	104	98	98	94
岐阜 (33)	…	…	…	…	nc	nc	nc	nc	nc
静岡 (34)	484	2,910	14,100	12,000	99	128	127	126	122
愛知 (35)	…	…	…	…	nc	nc	nc	nc	nc
三重 (36)	170	1,260	2,140	1,350	96	124	118	118	104
滋賀 (37)	…	…	…	…	nc	nc	nc	nc	nc
京都 (38)	…	…	…	…	nc	nc	nc	nc	nc
大阪 (39)	…	…	…	…	nc	nc	nc	nc	nc
兵庫 (40)	…	…	…	…	nc	nc	nc	nc	nc
奈良 (41)	…	…	…	…	nc	nc	nc	nc	nc
和歌山 (42)	…	…	…	…	nc	nc	nc	nc	nc
鳥取 (43)	…	…	…	…	nc	nc	nc	nc	nc
島根 (44)	…	…	…	…	nc	nc	nc	nc	nc
岡山 (45)	151	1,100	1,660	297	88	110	97	96	94
広島 (46)	344	1,550	5,330	1,930	99	109	108	147	112
山口 (47)	…	…	…	…	nc	nc	nc	nc	nc
徳島 (48)	…	…	…	…	nc	nc	nc	nc	nc
香川 (49)	…	…	…	…	nc	nc	nc	nc	nc
愛媛 (50)	…	…	…	…	nc	nc	nc	nc	nc
高知 (51)	…	…	…	…	nc	nc	nc	nc	nc
福岡 (52)	…	…	…	…	nc	nc	nc	nc	nc
佐賀 (53)	101	2,330	2,350	1,690	98	104	102	104	108
長崎 (54)	2,340	2,910	68,100	59,500	100	103	102	103	105
熊本 (55)	517	2,550	13,200	9,940	99	128	127	127	118
大分 (56)	…	…	…	…	nc	nc	nc	nc	nc
宮崎 (57)	403	2,680	10,800	10,200	102	101	103	103	108
鹿児島 (58)	3,920	2,020	79,200	74,100	104	100	104	105	102
沖縄 (59)	…	…	…	…	nc	nc	nc	nc	nc
関東農政局 (60)	…	…	…	…	nc	nc	nc	nc	nc
東海農政局 (61)	…	…	…	…	nc	nc	nc	nc	nc
中国四国農政局 (62)	…	…	…	…	nc	nc	nc	nc	nc

ウ　秋植えばれいしょ

作付面積	10a当たり収量	収穫量	出荷量	対前年産比				(参考)対平均収量比	
				作付面積	10a当たり収量	収穫量	出荷量		
ha	kg	t	t	%	%	%	%	%	
2,400	**1,510**	**36,300**	**27,400**	**104**	**90**	**93**	**94**	**93**	(1)
–	–	–	–	nc	nc	nc	nc	nc	(2)
…	…	…	…	nc	nc	nc	nc	nc	(3)
…	…	…	…	nc	nc	nc	nc	nc	(4)
…	…	…	…	nc	nc	nc	nc	nc	(5)
…	…	…	…	nc	nc	nc	nc	nc	(6)
…	…	…	…	nc	nc	nc	nc	nc	(7)
…	…	…	…	nc	nc	nc	nc	nc	(8)
…	…	…	…	nc	nc	nc	nc	nc	(9)
…	…	…	…	nc	nc	nc	nc	nc	(10)
…	…	…	…	nc	nc	nc	nc	nc	(11)
…	…	…	…	nc	nc	nc	nc	nc	(12)
–	–	–	–	nc	nc	nc	nc	nc	(13)
–	–	–	–	nc	nc	nc	nc	nc	(14)
…	…	…	…	nc	nc	nc	nc	nc	(15)
–	–	–	–	nc	nc	nc	nc	nc	(16)
…	…	…	…	nc	nc	nc	nc	nc	(17)
…	…	…	…	nc	nc	nc	nc	nc	(18)
–	–	–	–	nc	nc	nc	nc	nc	(19)
8	1,300	98	56	133	127	175	175	119	(20)
…	…	…	…	nc	nc	nc	nc	nc	(21)
…	…	…	…	nc	nc	nc	nc	nc	(22)
…	…	…	…	nc	nc	nc	nc	nc	(23)
–	–	–	–	nc	nc	nc	nc	nc	(24)
…	…	…	…	nc	nc	nc	nc	nc	(25)
…	…	…	…	nc	nc	nc	nc	nc	(26)
…	…	…	…	nc	nc	nc	nc	nc	(27)
…	…	…	…	nc	nc	nc	nc	nc	(28)
…	…	…	…	nc	nc	nc	nc	nc	(29)
…	…	…	…	nc	nc	nc	nc	nc	(30)
…	…	…	…	nc	nc	nc	nc	nc	(31)
–	–	–	–	nc	nc	nc	nc	nc	(32)
…	…	…	…	nc	nc	nc	nc	nc	(33)
31	1,660	515	379	100	99	99	99	117	(34)
…	…	…	…	nc	nc	nc	nc	nc	(35)
20	1,070	214	60	100	124	124	125	128	(36)
…	…	…	…	nc	nc	nc	nc	nc	(37)
…	…	…	…	nc	nc	nc	nc	nc	(38)
…	…	…	…	nc	nc	nc	nc	nc	(39)
…	…	…	…	nc	nc	nc	nc	nc	(40)
…	…	…	…	nc	nc	nc	nc	nc	(41)
…	…	…	…	nc	nc	nc	nc	nc	(42)
…	…	…	…	nc	nc	nc	nc	nc	(43)
…	…	…	…	nc	nc	nc	nc	nc	(44)
38	1,350	513	230	100	99	98	98	92	(45)
172	1,060	1,820	597	100	95	95	95	96	(46)
…	…	…	…	nc	nc	nc	nc	nc	(47)
…	…	…	…	nc	nc	nc	nc	nc	(48)
…	…	…	…	nc	nc	nc	nc	nc	(49)
…	…	…	…	nc	nc	nc	nc	nc	(50)
…	…	…	…	nc	nc	nc	nc	nc	(51)
…	…	…	…	nc	nc	nc	nc	nc	(52)
36	1,630	587	235	97	105	102	108	114	(53)
845	1,620	13,700	11,900	98	78	76	76	84	(54)
58	1,020	592	330	100	96	96	96	99	(55)
…	…	…	…	nc	nc	nc	nc	nc	(56)
43	1,320	568	419	81	97	79	79	95	(57)
591	2,000	11,800	10,400	120	105	125	130	103	(58)
…	…	…	…	nc	nc	nc	nc	nc	(59)
…	…	…	…	nc	nc	nc	nc	nc	(60)
…	…	…	…	nc	nc	nc	nc	nc	(61)
…	…	…	…	nc	nc	nc	nc	nc	(62)

3　令和３年産都道府県別の作付面積、10ａ当たり収量、収穫量及び出荷量　（続き）

(7)　さといも

ア　計

全国農業地域・都道府県	作付面積	10ａ当たり収量	収穫量	出荷量	対前年産比				(参考)対平均収量比
					作付面積	10ａ当たり収量	収穫量	出荷量	
	ha	kg	t	t	%	%	%	%	%
全国 (1)	**10,400**	**1,370**	**142,700**	**96,100**	**97**	**105**	**102**	**104**	**109**
(全国農業地域)									
北海道 (2)	…	…	…	…	nc	nc	nc	nc	nc
都府県 (3)	…	…	…	…	nc	nc	nc	nc	nc
東北 (4)	…	…	…	…	nc	nc	nc	nc	nc
北陸 (5)	…	…	…	…	nc	nc	nc	nc	nc
関東・東山 (6)	…	…	…	…	nc	nc	nc	nc	nc
東海 (7)	1,030	1,320	13,600	7,490	98	110	108	112	121
近畿 (8)	…	…	…	…	nc	nc	nc	nc	nc
中国 (9)	…	…	…	…	nc	nc	nc	nc	nc
四国 (10)	…	…	…	…	nc	nc	nc	nc	nc
九州 (11)	…	…	…	…	nc	nc	nc	nc	nc
沖縄 (12)	8	573	46	39	89	104	92	93	103
(都道府県)									
北海道 (13)	…	…	…	…	nc	nc	nc	nc	nc
青森 (14)	…	…	…	…	nc	nc	nc	nc	nc
岩手 (15)	99	791	783	394	96	107	103	105	110
宮城 (16)	…	…	…	…	nc	nc	nc	nc	nc
秋田 (17)	…	…	…	…	nc	nc	nc	nc	nc
山形 (18)	178	1,020	1,820	890	99	97	96	97	109
福島 (19)	248	831	2,060	845	99	103	102	102	102
茨城 (20)	250	1,180	2,950	1,570	102	110	113	113	104
栃木 (21)	495	1,640	8,120	5,270	100	107	107	108	103
群馬 (22)	263	1,280	3,370	1,540	99	108	107	111	124
埼玉 (23)	759	2,460	18,700	14,300	97	109	106	110	111
千葉 (24)	986	1,500	14,800	12,200	93	108	101	101	114
東京 (25)	207	1,380	2,860	2,670	100	107	107	117	122
神奈川 (26)	391	1,330	5,200	3,650	100	104	104	104	98
新潟 (27)	558	924	5,160	3,160	98	103	101	103	90
富山 (28)	103	1,190	1,230	760	84	120	102	108	103
石川 (29)	…	…	…	…	nc	nc	nc	nc	nc
福井 (30)	209	1,270	2,650	1,390	99	101	99	101	100
山梨 (31)	…	…	…	…	nc	nc	nc	nc	nc
長野 (32)	…	…	…	…	nc	nc	nc	nc	nc
岐阜 (33)	302	1,120	3,380	1,200	98	105	103	102	117
静岡 (34)	256	1,460	3,740	2,410	96	103	99	99	104
愛知 (35)	284	1,590	4,520	3,140	96	129	124	133	154
三重 (36)	186	1,040	1,930	743	101	102	102	102	112
滋賀 (37)	…	…	…	…	nc	nc	nc	nc	nc
京都 (38)	…	…	…	…	nc	nc	nc	nc	nc
大阪 (39)	48	1,730	830	721	100	97	97	97	97
兵庫 (40)	160	1,180	1,890	416	nc	nc	nc	nc	102
奈良 (41)	…	…	…	…	nc	nc	nc	nc	nc
和歌山 (42)	…	…	…	…	nc	nc	nc	nc	nc
鳥取 (43)	…	…	…	…	nc	nc	nc	nc	nc
島根 (44)	…	…	…	…	nc	nc	nc	nc	nc
岡山 (45)	…	…	…	…	nc	nc	nc	nc	nc
広島 (46)	…	…	…	…	nc	nc	nc	nc	nc
山口 (47)	…	…	…	…	nc	nc	nc	nc	nc
徳島 (48)	…	…	…	…	nc	nc	nc	nc	nc
香川 (49)	…	…	…	…	nc	nc	nc	nc	nc
愛媛 (50)	428	2,240	9,590	7,340	100	99	99	104	99
高知 (51)	…	…	…	…	nc	nc	nc	nc	nc
福岡 (52)	217	716	1,550	875	99	104	103	103	102
佐賀 (53)	…	…	…	…	nc	nc	nc	nc	nc
長崎 (54)	…	…	…	…	nc	nc	nc	nc	nc
熊本 (55)	474	1,010	4,790	3,350	101	97	99	99	94
大分 (56)	258	868	2,240	1,340	100	86	86	86	93
宮崎 (57)	884	1,550	13,700	11,400	99	104	102	103	118
鹿児島 (58)	493	1,470	7,250	6,080	94	102	96	96	111
沖縄 (59)	8	573	46	39	89	104	92	93	103
関東農政局 (60)	…	…	…	…	nc	nc	nc	nc	nc
東海農政局 (61)	772	1,270	9,830	5,080	98	113	112	119	130
中国四国農政局 (62)	…	…	…	…	nc	nc	nc	nc	nc

イ　秋冬さといも

作付面積	10a当たり収量	収穫量	出荷量	対前年産比 作付面積	対前年産比 10a当たり収量	対前年産比 収穫量	対前年産比 出荷量	(参考)対平均収量比	
ha	kg	t	t	%	%	%	%	%	
10,400	**1,370**	**142,700**	**96,000**	**97**	**105**	**102**	**104**	**108**	(1)
…	…	…	…	nc	nc	nc	nc	nc	(2)
…	…	…	…	nc	nc	nc	nc	nc	(3)
…	…	…	…	nc	nc	nc	nc	nc	(4)
…	…	…	…	nc	nc	nc	nc	nc	(5)
…	…	…	…	nc	nc	nc	nc	nc	(6)
1,030	1,320	13,600	7,490	98	110	108	112	121	(7)
…	…	…	…	nc	nc	nc	nc	nc	(8)
…	…	…	…	nc	nc	nc	nc	nc	(9)
…	…	…	…	nc	nc	nc	nc	nc	(10)
…	…	…	…	nc	nc	nc	nc	nc	(11)
…	…	…	…	nc	nc	nc	nc	nc	(12)
…	…	…	…	nc	nc	nc	nc	nc	(13)
…	…	…	…	nc	nc	nc	nc	nc	(14)
99	791	783	394	96	107	103	105	110	(15)
…	…	…	…	nc	nc	nc	nc	nc	(16)
…	…	…	…	nc	nc	nc	nc	nc	(17)
178	1,020	1,820	890	99	97	96	97	109	(18)
248	831	2,060	845	99	103	102	102	102	(19)
250	1,180	2,950	1,570	102	110	113	113	104	(20)
495	1,640	8,120	5,270	100	107	107	108	103	(21)
263	1,280	3,370	1,540	99	108	107	111	124	(22)
759	2,460	18,700	14,300	97	109	106	110	111	(23)
986	1,500	14,800	12,200	93	108	101	101	114	(24)
207	1,380	2,860	2,670	100	107	107	117	122	(25)
391	1,330	5,200	3,650	100	104	104	104	98	(26)
558	924	5,160	3,160	98	103	101	103	90	(27)
103	1,190	1,230	760	84	120	102	108	103	(28)
…	…	…	…	nc	nc	nc	nc	nc	(29)
209	1,270	2,650	1,390	99	101	99	101	100	(30)
…	…	…	…	nc	nc	nc	nc	nc	(31)
…	…	…	…	nc	nc	nc	nc	nc	(32)
302	1,120	3,380	1,200	98	105	103	102	117	(33)
256	1,460	3,740	2,410	96	103	99	99	104	(34)
284	1,590	4,520	3,140	96	129	124	133	154	(35)
186	1,040	1,930	743	101	102	102	102	112	(36)
…	…	…	…	nc	nc	nc	nc	nc	(37)
…	…	…	…	nc	nc	nc	nc	nc	(38)
48	1,730	830	721	100	97	97	97	97	(39)
160	1,180	1,890	416	nc	nc	nc	nc	102	(40)
…	…	…	…	nc	nc	nc	nc	nc	(41)
…	…	…	…	nc	nc	nc	nc	nc	(42)
…	…	…	…	nc	nc	nc	nc	nc	(43)
…	…	…	…	nc	nc	nc	nc	nc	(44)
…	…	…	…	nc	nc	nc	nc	nc	(45)
…	…	…	…	nc	nc	nc	nc	nc	(46)
…	…	…	…	nc	nc	nc	nc	nc	(47)
…	…	…	…	nc	nc	nc	nc	nc	(48)
…	…	…	…	nc	nc	nc	nc	nc	(49)
428	2,240	9,590	7,340	100	99	99	104	98	(50)
…	…	…	…	nc	nc	nc	nc	nc	(51)
217	716	1,550	875	99	104	103	103	102	(52)
…	…	…	…	nc	nc	nc	nc	nc	(53)
…	…	…	…	nc	nc	nc	nc	nc	(54)
474	1,010	4,790	3,350	101	97	99	99	94	(55)
258	868	2,240	1,340	100	86	86	86	93	(56)
884	1,550	13,700	11,400	99	104	102	103	118	(57)
493	1,470	7,250	6,080	94	102	96	96	111	(58)
…	…	…	…	nc	nc	nc	nc	nc	(59)
…	…	…	…	nc	nc	nc	nc	nc	(60)
772	1,270	9,830	5,080	98	113	112	119	130	(61)
…	…	…	…	nc	nc	nc	nc	nc	(62)

3　令和3年産都道府県別の作付面積、10ａ当たり収量、収穫量及び出荷量（続き）

(7)　さといも（続き）

ウ　その他さといも

全国農業地域・都道府県	作付面積	10ａ当たり収量	収穫量	出荷量	対前年産比 作付面積	対前年産比 10ａ当たり収量	対前年産比 収穫量	対前年産比 出荷量	（参考）対平均収量比
	ha	kg	t	t	%	%	%	%	%
全国 (1)	8	573	46	39	89	104	92	93	96
（全国農業地域）									
北海道 (2)	…	…	…	…	nc	nc	nc	nc	nc
都府県 (3)	…	…	…	…	nc	nc	nc	nc	nc
東北 (4)	…	…	…	…	nc	nc	nc	nc	nc
北陸 (5)	…	…	…	…	nc	nc	nc	nc	nc
関東・東山 (6)	…	…	…	…	nc	nc	nc	nc	nc
東海 (7)	…	…	…	…	nc	nc	nc	nc	nc
近畿 (8)	…	…	…	…	nc	nc	nc	nc	nc
中国 (9)	…	…	…	…	nc	nc	nc	nc	nc
四国 (10)	…	…	…	…	nc	nc	nc	nc	nc
九州 (11)	…	…	…	…	nc	nc	nc	nc	nc
沖縄 (12)	8	573	46	39	89	104	92	93	103
（都道府県）									
北海道 (13)	…	…	…	…	nc	nc	nc	nc	nc
青森 (14)	…	…	…	…	nc	nc	nc	nc	nc
岩手 (15)	…	…	…	…	nc	nc	nc	nc	nc
宮城 (16)	…	…	…	…	nc	nc	nc	nc	nc
秋田 (17)	…	…	…	…	nc	nc	nc	nc	nc
山形 (18)	…	…	…	…	nc	nc	nc	nc	nc
福島 (19)	…	…	…	…	nc	nc	nc	nc	nc
茨城 (20)	…	…	…	…	nc	nc	nc	nc	nc
栃木 (21)	…	…	…	…	nc	nc	nc	nc	nc
群馬 (22)	…	…	…	…	nc	nc	nc	nc	nc
埼玉 (23)	…	…	…	…	nc	nc	nc	nc	nc
千葉 (24)	…	…	…	…	nc	nc	nc	nc	nc
東京 (25)	…	…	…	…	nc	nc	nc	nc	nc
神奈川 (26)	…	…	…	…	nc	nc	nc	nc	nc
新潟 (27)	…	…	…	…	nc	nc	nc	nc	nc
富山 (28)	…	…	…	…	nc	nc	nc	nc	nc
石川 (29)	…	…	…	…	nc	nc	nc	nc	nc
福井 (30)	…	…	…	…	nc	nc	nc	nc	nc
山梨 (31)	…	…	…	…	nc	nc	nc	nc	nc
長野 (32)	…	…	…	…	nc	nc	nc	nc	nc
岐阜 (33)	…	…	…	…	nc	nc	nc	nc	nc
静岡 (34)	…	…	…	…	nc	nc	nc	nc	nc
愛知 (35)	…	…	…	…	nc	nc	nc	nc	nc
三重 (36)	…	…	…	…	nc	nc	nc	nc	nc
滋賀 (37)	…	…	…	…	nc	nc	nc	nc	nc
京都 (38)	…	…	…	…	nc	nc	nc	nc	nc
大阪 (39)	…	…	…	…	nc	nc	nc	nc	nc
兵庫 (40)	…	…	…	…	nc	nc	nc	nc	nc
奈良 (41)	…	…	…	…	nc	nc	nc	nc	nc
和歌山 (42)	…	…	…	…	nc	nc	nc	nc	nc
鳥取 (43)	…	…	…	…	nc	nc	nc	nc	nc
島根 (44)	…	…	…	…	nc	nc	nc	nc	nc
岡山 (45)	…	…	…	…	nc	nc	nc	nc	nc
広島 (46)	…	…	…	…	nc	nc	nc	nc	nc
山口 (47)	…	…	…	…	nc	nc	nc	nc	nc
徳島 (48)	…	…	…	…	nc	nc	nc	nc	nc
香川 (49)	…	…	…	…	nc	nc	nc	nc	nc
愛媛 (50)	…	…	…	…	nc	nc	nc	nc	nc
高知 (51)	…	…	…	…	nc	nc	nc	nc	nc
福岡 (52)	…	…	…	…	nc	nc	nc	nc	nc
佐賀 (53)	…	…	…	…	nc	nc	nc	nc	nc
長崎 (54)	…	…	…	…	nc	nc	nc	nc	nc
熊本 (55)	…	…	…	…	nc	nc	nc	nc	nc
大分 (56)	…	…	…	…	nc	nc	nc	nc	nc
宮崎 (57)	…	…	…	…	nc	nc	nc	nc	nc
鹿児島 (58)	…	…	…	…	nc	nc	nc	nc	nc
沖縄 (59)	8	573	46	39	89	104	92	93	103
関東農政局 (60)	…	…	…	…	nc	nc	nc	nc	nc
東海農政局 (61)	…	…	…	…	nc	nc	nc	nc	nc
中国四国農政局 (62)	…	…	…	…	nc	nc	nc	nc	nc

(8) やまのいも
ア 計

作付面積	10a当たり収量	収穫量	出荷量	対前年産比				(参考)対平均収量比	
				作付面積	10a当たり収量	収穫量	出荷量		
ha	kg	t	t	%	%	%	%	%	
6,890	**2,570**	**177,400**	**150,000**	**99**	**104**	**104**	**104**	**113**	(1)
2,010	4,060	81,600	69,400	101	110	111	110	121	(2)
…	…	…	…	nc	nc	nc	nc	nc	(3)
…	…	…	…	nc	nc	nc	nc	nc	(4)
…	…	…	…	nc	nc	nc	nc	nc	(5)
…	…	…	…	nc	nc	nc	nc	nc	(6)
…	…	…	…	nc	nc	nc	nc	nc	(7)
…	…	…	…	nc	nc	nc	nc	nc	(8)
…	…	…	…	nc	nc	nc	nc	nc	(9)
…	…	…	…	nc	nc	nc	nc	nc	(10)
…	…	…	…	nc	nc	nc	nc	nc	(11)
…	…	…	…	nc	nc	nc	nc	nc	(12)
2,010	4,060	81,600	69,400	101	110	111	110	121	(13)
2,250	2,520	56,700	51,900	100	98	98	99	102	(14)
178	1,890	3,360	2,800	98	95	94	94	104	(15)
…	…	…	…	nc	nc	nc	nc	nc	(16)
99	982	972	530	93	98	91	91	94	(17)
…	…	…	…	nc	nc	nc	nc	nc	(18)
…	…	…	…	nc	nc	nc	nc	nc	(19)
112	2,330	2,610	2,180	101	98	99	99	94	(20)
…	…	…	…	nc	nc	nc	nc	nc	(21)
453	1,130	5,120	3,940	98	102	100	99	99	(22)
…	…	…	…	nc	nc	nc	nc	nc	(23)
474	1,120	5,310	3,900	97	95	92	92	89	(24)
…	…	…	…	nc	nc	nc	nc	nc	(25)
…	…	…	…	nc	nc	nc	nc	nc	(26)
…	…	…	…	nc	nc	nc	nc	nc	(27)
…	…	…	…	nc	nc	nc	nc	nc	(28)
…	…	…	…	nc	nc	nc	nc	nc	(29)
…	…	…	…	nc	nc	nc	nc	nc	(30)
42	1,440	605	462	91	130	118	118	96	(31)
271	2,390	6,480	4,940	98	100	98	99	98	(32)
…	…	…	…	nc	nc	nc	nc	nc	(33)
…	…	…	…	nc	nc	nc	nc	nc	(34)
…	…	…	…	nc	nc	nc	nc	nc	(35)
…	…	…	…	nc	nc	nc	nc	nc	(36)
…	…	…	…	nc	nc	nc	nc	nc	(37)
…	…	…	…	nc	nc	nc	nc	nc	(38)
…	…	…	…	nc	nc	nc	nc	nc	(39)
…	…	…	…	nc	nc	nc	nc	nc	(40)
…	…	…	…	nc	nc	nc	nc	nc	(41)
…	…	…	…	nc	nc	nc	nc	nc	(42)
55	2,620	1,440	1,220	98	92	91	92	102	(43)
…	…	…	…	nc	nc	nc	nc	nc	(44)
9	767	69	53	100	113	113	113	84	(45)
…	…	…	…	nc	nc	nc	nc	nc	(46)
…	…	…	…	nc	nc	nc	nc	nc	(47)
…	…	…	…	nc	nc	nc	nc	nc	(48)
…	…	…	…	nc	nc	nc	nc	nc	(49)
…	…	…	…	nc	nc	nc	nc	nc	(50)
…	…	…	…	nc	nc	nc	nc	nc	(51)
…	…	…	…	nc	nc	nc	nc	nc	(52)
…	…	…	…	nc	nc	nc	nc	nc	(53)
…	…	…	…	nc	nc	nc	nc	nc	(54)
…	…	…	…	nc	nc	nc	nc	nc	(55)
…	…	…	…	nc	nc	nc	nc	nc	(56)
…	…	…	…	nc	nc	nc	nc	nc	(57)
…	…	…	…	nc	nc	nc	nc	nc	(58)
…	…	…	…	nc	nc	nc	nc	nc	(59)
…	…	…	…	nc	nc	nc	nc	nc	(60)
…	…	…	…	nc	nc	nc	nc	nc	(61)
…	…	…	…	nc	nc	nc	nc	nc	(62)

3　令和３年産都道府県別の作付面積、10ａ当たり収量、収穫量及び出荷量（続き）

(8)　やまのいも（続き）

イ　計のうちながいも

全国農業地域・都道府県	作付面積	10ａ当たり収量	収穫量	出荷量	対前年産比 作付面積	対前年産比 10ａ当たり収量	対前年産比 収穫量	対前年産比 出荷量	（参考）対平均収量比
	ha	kg	t	t	%	%	%	%	%
全国 (1)	5,170	3,020	156,200	135,800	100	104	104	106	112
（全国農業地域）									
北海道 (2)	2,000	4,070	81,400	69,300	101	110	111	110	122
都府県 (3)	…	…	…	…	nc	nc	nc	nc	nc
東北 (4)	…	…	…	…	nc	nc	nc	nc	nc
北陸 (5)	…	…	…	…	nc	nc	nc	nc	nc
関東・東山 (6)	…	…	…	…	nc	nc	nc	nc	nc
東海 (7)	…	…	…	…	nc	nc	nc	nc	nc
近畿 (8)	…	…	…	…	nc	nc	nc	nc	nc
中国 (9)	…	…	…	…	nc	nc	nc	nc	nc
四国 (10)	…	…	…	…	nc	nc	nc	nc	nc
九州 (11)	…	…	…	…	nc	nc	nc	nc	nc
沖縄 (12)	…	…	…	…	nc	nc	nc	nc	nc
（都道府県）									
北海道 (13)	2,000	4,070	81,400	69,300	101	110	111	110	122
青森 (14)	2,230	2,530	56,400	51,700	100	98	98	100	102
岩手 (15)	177	1,890	3,350	2,790	98	95	94	94	103
宮城 (16)	…	…	…	…	nc	nc	nc	nc	nc
秋田 (17)	60	1,020	612	261	97	92	89	89	86
山形 (18)	…	…	…	…	nc	nc	nc	nc	nc
福島 (19)	…	…	…	…	nc	nc	nc	nc	nc
茨城 (20)	93	2,330	2,170	1,790	101	98	99	99	93
栃木 (21)	…	…	…	…	nc	nc	nc	nc	nc
群馬 (22)	−	−	−	−	nc	nc	nc	nc	−
埼玉 (23)	…	…	…	…	nc	nc	nc	nc	nc
千葉 (24)	13	1,120	146	111	100	95	95	96	74
東京 (25)	…	…	…	…	nc	nc	nc	nc	nc
神奈川 (26)	…	…	…	…	nc	nc	nc	nc	nc
新潟 (27)	…	…	…	…	nc	nc	nc	nc	nc
富山 (28)	…	…	…	…	nc	nc	nc	nc	nc
石川 (29)	…	…	…	…	nc	nc	nc	nc	nc
福井 (30)	…	…	…	…	nc	nc	nc	nc	nc
山梨 (31)	39	1,490	581	442	93	127	118	118	94
長野 (32)	271	2,390	6,480	4,940	98	100	98	99	98
岐阜 (33)	…	…	…	…	nc	nc	nc	nc	nc
静岡 (34)	…	…	…	…	nc	nc	nc	nc	nc
愛知 (35)	…	…	…	…	nc	nc	nc	nc	nc
三重 (36)	…	…	…	…	nc	nc	nc	nc	nc
滋賀 (37)	…	…	…	…	nc	nc	nc	nc	nc
京都 (38)	…	…	…	…	nc	nc	nc	nc	nc
大阪 (39)	…	…	…	…	nc	nc	nc	nc	nc
兵庫 (40)	…	…	…	…	nc	nc	nc	nc	nc
奈良 (41)	…	…	…	…	nc	nc	nc	nc	nc
和歌山 (42)	…	…	…	…	nc	nc	nc	nc	nc
鳥取 (43)	50	2,710	1,360	1,200	96	91	88	94	97
島根 (44)	…	…	…	…	nc	nc	nc	nc	nc
岡山 (45)	0	1,640	0	0	nc	nc	nc	nc	nc
広島 (46)	…	…	…	…	nc	nc	nc	nc	nc
山口 (47)	…	…	…	…	nc	nc	nc	nc	nc
徳島 (48)	…	…	…	…	nc	nc	nc	nc	nc
香川 (49)	…	…	…	…	nc	nc	nc	nc	nc
愛媛 (50)	…	…	…	…	nc	nc	nc	nc	nc
高知 (51)	…	…	…	…	nc	nc	nc	nc	nc
福岡 (52)	…	…	…	…	nc	nc	nc	nc	nc
佐賀 (53)	…	…	…	…	nc	nc	nc	nc	nc
長崎 (54)	…	…	…	…	nc	nc	nc	nc	nc
熊本 (55)	…	…	…	…	nc	nc	nc	nc	nc
大分 (56)	…	…	…	…	nc	nc	nc	nc	nc
宮崎 (57)	…	…	…	…	nc	nc	nc	nc	nc
鹿児島 (58)	…	…	…	…	nc	nc	nc	nc	nc
沖縄 (59)	…	…	…	…	nc	nc	nc	nc	nc
関東農政局 (60)	…	…	…	…	nc	nc	nc	nc	nc
東海農政局 (61)	…	…	…	…	nc	nc	nc	nc	nc
中国四国農政局 (62)	…	…	…	…	nc	nc	nc	nc	nc

(9) はくさい
ア 計

作付面積	10a当たり収量	収穫量	出荷量	対前年産比 作付面積	対前年産比 10a当たり収量	対前年産比 収穫量	対前年産比 出荷量	(参考)対平均収量比	
ha	kg	t	t	%	%	%	%	%	
16,500	**5,450**	**899,900**	**744,800**	**99**	**101**	**101**	**100**	**105**	(1)
617	3,740	23,100	21,500	102	87	90	89	89	(2)
…	…	…	…	nc	nc	nc	nc	nc	(3)
1,870	2,780	51,900	21,400	97	103	100	100	107	(4)
…	…	…	…	nc	nc	nc	nc	nc	(5)
…	…	…	…	nc	nc	nc	nc	nc	(6)
…	…	…	…	nc	nc	nc	nc	nc	(7)
…	…	…	…	nc	nc	nc	nc	nc	(8)
…	…	…	…	nc	nc	nc	nc	nc	(9)
…	…	…	…	nc	nc	nc	nc	nc	(10)
…	…	…	…	nc	nc	nc	nc	nc	(11)
…	…	…	…	nc	nc	nc	nc	nc	(12)
617	3,740	23,100	21,500	102	87	90	89	89	(13)
223	2,490	5,560	3,660	97	103	101	100	95	(14)
299	2,650	7,910	4,060	100	107	107	110	110	(15)
393	2,340	9,180	3,340	94	104	98	94	122	(16)
234	2,860	6,700	2,360	98	101	99	99	114	(17)
200	3,100	6,200	2,440	97	96	93	93	95	(18)
516	3,160	16,300	5,570	98	102	99	99	106	(19)
3,380	7,410	250,300	232,200	101	102	103	101	103	(20)
394	4,800	18,900	14,700	90	100	90	95	99	(21)
464	6,360	29,500	22,700	92	105	96	97	121	(22)
486	5,060	24,600	19,000	101	104	105	105	109	(23)
222	3,260	7,230	5,340	95	102	96	96	95	(24)
…	…	…	…	nc	nc	nc	nc	nc	(25)
…	…	…	…	nc	nc	nc	nc	nc	(26)
343	2,310	7,940	4,240	98	99	97	98	114	(27)
79	2,040	1,610	1,020	93	108	100	104	106	(28)
…	…	…	…	nc	nc	nc	nc	nc	(29)
…	…	…	…	nc	nc	nc	nc	nc	(30)
…	…	…	…	nc	nc	nc	nc	nc	(31)
2,850	8,000	228,000	202,500	100	101	102	101	98	(32)
219	3,780	8,280	4,280	99	104	104	104	124	(33)
…	…	…	…	nc	nc	nc	nc	nc	(34)
391	5,600	21,900	19,300	97	101	98	98	117	(35)
199	4,190	8,340	6,110	100	108	108	108	102	(36)
131	3,110	4,070	3,030	98	100	98	98	101	(37)
…	…	…	…	nc	nc	nc	nc	nc	(38)
…	…	…	…	nc	nc	nc	nc	nc	(39)
430	5,260	22,600	17,800	96	117	111	111	119	(40)
…	…	…	…	nc	nc	nc	nc	nc	(41)
145	6,300	9,130	8,230	108	96	104	106	93	(42)
101	3,210	3,240	1,700	98	84	83	86	101	(43)
…	…	…	…	nc	nc	nc	nc	nc	(44)
252	5,440	13,700	11,100	102	97	99	99	100	(45)
234	2,340	5,470	1,380	101	98	99	100	96	(46)
200	2,270	4,530	2,860	96	92	88	88	98	(47)
79	4,250	3,360	2,950	104	102	106	106	88	(48)
…	…	…	…	nc	nc	nc	nc	nc	(49)
119	3,490	4,150	3,210	97	101	97	99	104	(50)
…	…	…	…	nc	nc	nc	nc	nc	(51)
…	…	…	…	nc	nc	nc	nc	nc	(52)
…	…	…	…	nc	nc	nc	nc	nc	(53)
353	5,860	20,700	19,000	96	103	99	98	99	(54)
403	4,170	16,800	14,700	100	96	96	96	108	(55)
410	5,730	23,500	20,700	99	97	96	97	108	(56)
320	4,630	14,800	13,500	131	103	135	137	106	(57)
401	5,960	23,900	20,600	93	104	96	102	112	(58)
…	…	…	…	nc	nc	nc	nc	nc	(59)
…	…	…	…	nc	nc	nc	nc	nc	(60)
809	4,760	38,500	29,700	98	103	101	101	115	(61)
…	…	…	…	nc	nc	nc	nc	nc	(62)

3 令和３年産都道府県別の作付面積、10ａ当たり収量、収穫量及び出荷量 （続き）

(9) はくさい（続き）

イ 春はくさい

全国農業地域・都道府県	作付面積	10ａ当たり収量	収穫量	出荷量	対前年産比 作付面積	対前年産比 10ａ当たり収量	対前年産比 収穫量	対前年産比 出荷量	（参考）対平均収量比
	ha	kg	t	t	%	%	%	%	%
全国 (1)	1,830	6,490	118,800	109,900	102	100	102	103	103
（全国農業地域）									
北海道 (2)	35	6,040	2,110	2,020	100	107	107	108	108
都府県 (3)	…	…	…	…	nc	nc	nc	nc	nc
東北 (4)	…	…	…	…	nc	nc	nc	nc	nc
北陸 (5)	…	…	…	…	nc	nc	nc	nc	nc
関東・東山 (6)	…	…	…	…	nc	nc	nc	nc	nc
東海 (7)	…	…	…	…	nc	nc	nc	nc	nc
近畿 (8)	…	…	…	…	nc	nc	nc	nc	nc
中国 (9)	…	…	…	…	nc	nc	nc	nc	nc
四国 (10)	…	…	…	…	nc	nc	nc	nc	nc
九州 (11)	…	…	…	…	nc	nc	nc	nc	nc
沖縄 (12)	…	…	…	…	nc	nc	nc	nc	nc
（都道府県）									
北海道 (13)	35	6,040	2,110	2,020	100	107	107	108	108
青森 (14)	…	…	…	…	nc	nc	nc	nc	nc
岩手 (15)	…	…	…	…	nc	nc	nc	nc	nc
宮城 (16)	…	…	…	…	nc	nc	nc	nc	nc
秋田 (17)	…	…	…	…	nc	nc	nc	nc	nc
山形 (18)	…	…	…	…	nc	nc	nc	nc	nc
福島 (19)	…	…	…	…	nc	nc	nc	nc	nc
茨城 (20)	683	7,580	51,800	50,000	103	98	102	101	99
栃木 (21)	…	…	…	…	nc	nc	nc	nc	nc
群馬 (22)	…	…	…	…	nc	nc	nc	nc	nc
埼玉 (23)	…	…	…	…	nc	nc	nc	nc	nc
千葉 (24)	…	…	…	…	nc	nc	nc	nc	nc
東京 (25)	…	…	…	…	nc	nc	nc	nc	nc
神奈川 (26)	…	…	…	…	nc	nc	nc	nc	nc
新潟 (27)	…	…	…	…	nc	nc	nc	nc	nc
富山 (28)	…	…	…	…	nc	nc	nc	nc	nc
石川 (29)	…	…	…	…	nc	nc	nc	nc	nc
福井 (30)	…	…	…	…	nc	nc	nc	nc	nc
山梨 (31)	…	…	…	…	nc	nc	nc	nc	nc
長野 (32)	326	7,240	23,600	21,200	101	101	102	103	103
岐阜 (33)	…	…	…	…	nc	nc	nc	nc	nc
静岡 (34)	…	…	…	…	nc	nc	nc	nc	nc
愛知 (35)	29	5,190	1,510	1,350	97	106	103	103	107
三重 (36)	…	…	…	…	nc	nc	nc	nc	nc
滋賀 (37)	…	…	…	…	nc	nc	nc	nc	nc
京都 (38)	…	…	…	…	nc	nc	nc	nc	nc
大阪 (39)	…	…	…	…	nc	nc	nc	nc	nc
兵庫 (40)	…	…	…	…	nc	nc	nc	nc	nc
奈良 (41)	…	…	…	…	nc	nc	nc	nc	nc
和歌山 (42)	8	5,480	438	399	100	97	99	100	97
鳥取 (43)	…	…	…	…	nc	nc	nc	nc	nc
島根 (44)	…	…	…	…	nc	nc	nc	nc	nc
岡山 (45)	35	6,460	2,260	2,050	103	105	108	108	121
広島 (46)	…	…	…	…	nc	nc	nc	nc	nc
山口 (47)	10	3,310	331	220	91	104	95	95	117
徳島 (48)	…	…	…	…	nc	nc	nc	nc	nc
香川 (49)	…	…	…	…	nc	nc	nc	nc	nc
愛媛 (50)	…	…	…	…	nc	nc	nc	nc	nc
高知 (51)	…	…	…	…	nc	nc	nc	nc	nc
福岡 (52)	…	…	…	…	nc	nc	nc	nc	nc
佐賀 (53)	…	…	…	…	nc	nc	nc	nc	nc
長崎 (54)	181	7,520	13,600	12,800	100	106	105	105	102
熊本 (55)	143	4,800	6,860	6,490	98	96	94	94	102
大分 (56)	61	4,200	2,560	2,350	95	94	90	90	106
宮崎 (57)	…	…	…	…	nc	nc	nc	nc	nc
鹿児島 (58)	51	6,240	3,180	2,950	104	126	130	139	160
沖縄 (59)	…	…	…	…	nc	nc	nc	nc	nc
関東農政局 (60)	…	…	…	…	nc	nc	nc	nc	nc
東海農政局 (61)	…	…	…	…	nc	nc	nc	nc	nc
中国四国農政局 (62)	…	…	…	…	nc	nc	nc	nc	nc

ウ 夏はくさい

作付面積	10a当たり収量	収穫量	出荷量	対前年産比				(参考)対平均収量比	
				作付面積	10a当たり収量	収穫量	出荷量		
ha	kg	t	t	%	%	%	%	%	
2,380	**7,010**	**166,900**	**149,500**	**102**	**100**	**102**	**100**	**97**	(1)
345	3,460	11,900	11,200	106	83	87	87	82	(2)
…	…	…	…	nc	nc	nc	nc	nc	(3)
…	…	…	…	nc	nc	nc	nc	nc	(4)
…	…	…	…	nc	nc	nc	nc	nc	(5)
…	…	…	…	nc	nc	nc	nc	nc	(6)
…	…	…	…	nc	nc	nc	nc	nc	(7)
…	…	…	…	nc	nc	nc	nc	nc	(8)
…	…	…	…	nc	nc	nc	nc	nc	(9)
…	…	…	…	nc	nc	nc	nc	nc	(10)
…	…	…	…	nc	nc	nc	nc	nc	(11)
…	…	…	…	nc	nc	nc	nc	nc	(12)
345	3,460	11,900	11,200	106	83	87	87	82	(13)
39	2,980	1,160	998	98	104	101	100	109	(14)
…	…	…	…	nc	nc	nc	nc	nc	(15)
…	…	…	…	nc	nc	nc	nc	nc	(16)
…	…	…	…	nc	nc	nc	nc	nc	(17)
…	…	…	…	nc	nc	nc	nc	nc	(18)
…	…	…	…	nc	nc	nc	nc	nc	(19)
…	…	…	…	nc	nc	nc	nc	nc	(20)
…	…	…	…	nc	nc	nc	nc	nc	(21)
117	7,720	9,030	7,950	97	104	101	101	134	(22)
…	…	…	…	nc	nc	nc	nc	nc	(23)
…	…	…	…	nc	nc	nc	nc	nc	(24)
…	…	…	…	nc	nc	nc	nc	nc	(25)
…	…	…	…	nc	nc	nc	nc	nc	(26)
…	…	…	…	nc	nc	nc	nc	nc	(27)
…	…	…	…	nc	nc	nc	nc	nc	(28)
…	…	…	…	nc	nc	nc	nc	nc	(29)
…	…	…	…	nc	nc	nc	nc	nc	(30)
…	…	…	…	nc	nc	nc	nc	nc	(31)
1,740	8,130	141,500	126,700	102	101	103	101	96	(32)
…	…	…	…	nc	nc	nc	nc	nc	(33)
…	…	…	…	nc	nc	nc	nc	nc	(34)
…	…	…	…	nc	nc	nc	nc	nc	(35)
…	…	…	…	nc	nc	nc	nc	nc	(36)
…	…	…	…	nc	nc	nc	nc	nc	(37)
…	…	…	…	nc	nc	nc	nc	nc	(38)
…	…	…	…	nc	nc	nc	nc	nc	(39)
…	…	…	…	nc	nc	nc	nc	nc	(40)
…	…	…	…	nc	nc	nc	nc	nc	(41)
…	…	…	…	nc	nc	nc	nc	nc	(42)
…	…	…	…	nc	nc	nc	nc	nc	(43)
…	…	…	…	nc	nc	nc	nc	nc	(44)
…	…	…	…	nc	nc	nc	nc	nc	(45)
…	…	…	…	nc	nc	nc	nc	nc	(46)
…	…	…	…	nc	nc	nc	nc	nc	(47)
…	…	…	…	nc	nc	nc	nc	nc	(48)
…	…	…	…	nc	nc	nc	nc	nc	(49)
…	…	…	…	nc	nc	nc	nc	nc	(50)
…	…	…	…	nc	nc	nc	nc	nc	(51)
…	…	…	…	nc	nc	nc	nc	nc	(52)
…	…	…	…	nc	nc	nc	nc	nc	(53)
…	…	…	…	nc	nc	nc	nc	nc	(54)
…	…	…	…	nc	nc	nc	nc	nc	(55)
…	…	…	…	nc	nc	nc	nc	nc	(56)
…	…	…	…	nc	nc	nc	nc	nc	(57)
…	…	…	…	nc	nc	nc	nc	nc	(58)
…	…	…	…	nc	nc	nc	nc	nc	(59)
…	…	…	…	nc	nc	nc	nc	nc	(60)
…	…	…	…	nc	nc	nc	nc	nc	(61)
…	…	…	…	nc	nc	nc	nc	nc	(62)

3 令和3年産都道府県別の作付面積、10a当たり収量、収穫量及び出荷量（続き）

(9) はくさい（続き）

エ 秋冬はくさい

全国農業地域・都道府県	作付面積	10a当たり収量	収穫量	出荷量	対前年産比 作付面積	対前年産比 10a当たり収量	対前年産比 収穫量	対前年産比 出荷量	（参考）対平均収量比
	ha	kg	t	t	%	%	%	%	%
全国 (1)	**12,300**	**4,990**	**614,200**	**485,300**	**98**	**102**	**100**	**100**	**108**
（全国農業地域）									
北海道 (2)	237	3,820	9,050	8,260	98	91	90	89	93
都府県 (3)	…	…	…	…	nc	nc	nc	nc	nc
東北 (4)	…	…	…	…	nc	nc	nc	nc	nc
北陸 (5)	…	…	…	…	nc	nc	nc	nc	nc
関東・東山 (6)	…	…	…	…	nc	nc	nc	nc	nc
東海 (7)	…	…	…	…	nc	nc	nc	nc	nc
近畿 (8)	…	…	…	…	nc	nc	nc	nc	nc
中国 (9)	…	…	…	…	nc	nc	nc	nc	nc
四国 (10)	…	…	…	…	nc	nc	nc	nc	nc
九州 (11)	…	…	…	…	nc	nc	nc	nc	nc
沖縄 (12)	…	…	…	…	nc	nc	nc	nc	nc
（都道府県）									
北海道 (13)	237	3,820	9,050	8,260	98	91	90	89	93
青森 (14)	…	…	…	…	nc	nc	nc	nc	nc
岩手 (15)	248	2,650	6,570	3,060	100	107	107	110	110
宮城 (16)	364	2,280	8,300	2,860	95	103	98	94	121
秋田 (17)	228	2,820	6,430	2,200	98	101	99	99	112
山形 (18)	195	3,110	6,060	2,320	97	96	93	94	95
福島 (19)	498	3,210	16,000	5,330	98	102	99	99	106
茨城 (20)	2,690	7,380	198,500	182,200	100	103	103	100	105
栃木 (21)	371	4,710	17,500	13,300	90	100	90	96	99
群馬 (22)	335	5,980	20,000	14,400	91	104	94	94	117
埼玉 (23)	466	5,100	23,800	18,300	101	104	105	105	109
千葉 (24)	218	3,190	6,950	5,080	95	102	96	96	94
東京 (25)	…	…	…	…	nc	nc	nc	nc	nc
神奈川 (26)	…	…	…	…	nc	nc	nc	nc	nc
新潟 (27)	338	2,290	7,740	4,040	98	99	97	98	114
富山 (28)	78	2,040	1,590	1,000	93	108	100	104	106
石川 (29)	…	…	…	…	nc	nc	nc	nc	nc
福井 (30)	…	…	…	…	nc	nc	nc	nc	nc
山梨 (31)	…	…	…	…	nc	nc	nc	nc	nc
長野 (32)	784	8,020	62,900	54,600	97	101	98	99	102
岐阜 (33)	215	3,770	8,110	4,150	99	104	104	104	124
静岡 (34)	…	…	…	…	nc	nc	nc	nc	nc
愛知 (35)	362	5,630	20,400	17,900	97	101	98	98	118
三重 (36)	197	4,190	8,250	6,040	99	109	108	108	102
滋賀 (37)	126	3,110	3,920	2,910	98	100	98	98	101
京都 (38)	…	…	…	…	nc	nc	nc	nc	nc
大阪 (39)	…	…	…	…	nc	nc	nc	nc	nc
兵庫 (40)	425	5,290	22,500	17,700	96	117	111	111	119
奈良 (41)	…	…	…	…	nc	nc	nc	nc	nc
和歌山 (42)	137	6,340	8,690	7,820	109	96	104	107	93
鳥取 (43)	100	3,170	3,170	1,650	98	85	83	86	100
島根 (44)	…	…	…	…	nc	nc	nc	nc	nc
岡山 (45)	217	5,240	11,400	9,030	102	95	97	97	97
広島 (46)	218	2,360	5,140	1,200	101	98	100	100	96
山口 (47)	183	2,200	4,030	2,540	96	91	87	87	97
徳島 (48)	75	4,340	3,260	2,860	104	102	106	107	89
香川 (49)	…	…	…	…	nc	nc	nc	nc	nc
愛媛 (50)	112	3,550	3,980	3,110	97	101	97	99	104
高知 (51)	…	…	…	…	nc	nc	nc	nc	nc
福岡 (52)	…	…	…	…	nc	nc	nc	nc	nc
佐賀 (53)	…	…	…	…	nc	nc	nc	nc	nc
長崎 (54)	171	4,150	7,100	6,160	92	96	88	87	94
熊本 (55)	244	3,780	9,220	7,470	101	96	97	97	113
大分 (56)	346	6,010	20,800	18,200	99	98	97	97	107
宮崎 (57)	273	4,670	12,700	11,600	131	103	135	137	105
鹿児島 (58)	350	5,920	20,700	17,600	92	101	93	97	106
沖縄 (59)	…	…	…	…	nc	nc	nc	nc	nc
関東農政局 (60)	…	…	…	…	nc	nc	nc	nc	nc
東海農政局 (61)	774	4,750	36,800	28,100	98	103	101	101	115
中国四国農政局 (62)	…	…	…	…	nc	nc	nc	nc	nc

(10) こまつな

作付面積	10a当たり収量	収穫量	出荷量	対前年産比 作付面積	対前年産比 10a当たり収量	対前年産比 収穫量	対前年産比 出荷量	(参考)対平均収量比	
ha	kg	t	t	%	%	%	%	%	
7,420	1,610	119,300	106,900	98	100	98	98	99	(1)
150	1,480	2,220	2,060	92	100	92	92	105	(2)
…	…	…	…	nc	nc	nc	nc	nc	(3)
…	…	…	…	nc	nc	nc	nc	nc	(4)
…	…	…	…	nc	nc	nc	nc	nc	(5)
…	…	…	…	nc	nc	nc	nc	nc	(6)
…	…	…	…	nc	nc	nc	nc	nc	(7)
…	…	…	…	nc	nc	nc	nc	nc	(8)
…	…	…	…	nc	nc	nc	nc	nc	(9)
…	…	…	…	nc	nc	nc	nc	nc	(10)
…	…	…	…	nc	nc	nc	nc	nc	(11)
…	…	…	…	nc	nc	nc	nc	nc	(12)
150	1,480	2,220	2,060	92	100	92	92	105	(13)
…	…	…	…	nc	nc	nc	nc	nc	(14)
…	…	…	…	nc	nc	nc	nc	nc	(15)
136	1,250	1,700	1,350	103	98	101	102	98	(16)
…	…	…	…	nc	nc	nc	nc	nc	(17)
108	1,330	1,440	1,250	96	99	95	95	102	(18)
…	…	…	…	nc	nc	nc	nc	nc	(19)
1,350	1,840	24,800	23,100	102	99	100	100	92	(20)
…	…	…	…	nc	nc	nc	nc	nc	(21)
534	1,240	6,620	5,930	96	100	96	96	88	(22)
808	1,770	14,300	12,400	97	104	101	101	101	(23)
324	1,650	5,350	4,400	96	96	92	92	87	(24)
457	1,830	8,360	7,900	100	101	100	99	101	(25)
402	1,670	6,710	6,440	100	95	95	96	108	(26)
118	972	1,150	678	94	101	96	97	92	(27)
…	…	…	…	nc	nc	nc	nc	nc	(28)
101	1,170	1,180	1,060	98	104	103	103	101	(29)
…	…	…	…	nc	nc	nc	nc	nc	(30)
…	…	…	…	nc	nc	nc	nc	nc	(31)
…	…	…	…	nc	nc	nc	nc	nc	(32)
145	1,610	2,330	2,040	100	108	108	108	108	(33)
152	1,580	2,400	2,150	102	103	105	105	98	(34)
…	…	…	…	nc	nc	nc	nc	nc	(35)
…	…	…	…	nc	nc	nc	nc	nc	(36)
…	…	…	…	nc	nc	nc	nc	nc	(37)
193	1,950	3,760	3,460	96	109	104	105	110	(38)
191	1,950	3,720	3,450	99	103	102	102	102	(39)
122	1,510	1,840	1,620	98	89	86	87	86	(40)
57	1,620	923	803	98	103	101	101	97	(41)
52	1,770	920	845	96	99	96	100	103	(42)
44	1,070	471	430	133	65	86	87	66	(43)
…	…	…	…	nc	nc	nc	nc	nc	(44)
…	…	…	…	nc	nc	nc	nc	nc	(45)
123	1,340	1,650	1,420	100	88	88	88	90	(46)
22	868	191	128	100	90	90	94	nc	(47)
95	1,310	1,240	1,040	106	125	131	132	130	(48)
36	1,080	389	345	92	124	114	105	98	(49)
…	…	…	…	nc	nc	nc	nc	nc	(50)
…	…	…	…	nc	nc	nc	nc	nc	(51)
614	1,700	10,400	10,100	90	97	87	86	87	(52)
…	…	…	…	nc	nc	nc	nc	nc	(53)
66	1,090	719	640	116	83	96	96	77	(54)
…	…	…	…	nc	nc	nc	nc	nc	(55)
…	…	…	…	nc	nc	nc	nc	nc	(56)
…	…	…	…	nc	nc	nc	nc	nc	(57)
…	…	…	…	nc	nc	nc	nc	nc	(58)
…	…	…	…	nc	nc	nc	nc	nc	(59)
…	…	…	…	nc	nc	nc	nc	nc	(60)
…	…	…	…	nc	nc	nc	nc	nc	(61)
…	…	…	…	nc	nc	nc	nc	nc	(62)

3　令和３年産都道府県別の作付面積、10ａ当たり収量、収穫量及び出荷量（続き）

(11)　キャベツ

ア　計

全国農業地域・都道府県		作付面積	10ａ当たり収量	収穫量	出荷量	対前年産比				(参考)対平均収量比
						作付面積	10ａ当たり収量	収穫量	出荷量	
		ha	kg	t	t	%	%	%	%	%
全国	(1)	**34,300**	**4,330**	**1,485,000**	**1,330,000**	**101**	**103**	**104**	**103**	**103**
（全国農業地域）										
北海道	(2)	1,180	4,990	58,900	55,900	106	94	100	100	103
都府県	(3)	…	…	…	…	nc	nc	nc	nc	nc
東北	(4)	…	…	…	…	nc	nc	nc	nc	nc
北陸	(5)	…	…	…	…	nc	nc	nc	nc	nc
関東・東山	(6)	…	…	…	…	nc	nc	nc	nc	nc
東海	(7)	6,590	4,620	304,500	283,000	102	102	103	103	105
近畿	(8)	…	…	…	…	nc	nc	nc	nc	nc
中国	(9)	1,500	2,650	39,700	31,300	100	93	93	93	93
四国	(10)	…	…	…	…	nc	nc	nc	nc	nc
九州	(11)	5,670	3,380	191,400	173,500	97	101	98	99	99
沖縄	(12)	…	…	…	…	nc	nc	nc	nc	nc
（都道府県）										
北海道	(13)	1,180	4,990	58,900	55,900	106	94	100	100	103
青森	(14)	442	3,910	17,300	15,000	100	99	99	99	105
岩手	(15)	807	3,610	29,100	26,200	97	95	92	92	99
宮城	(16)	319	2,130	6,800	4,870	98	105	103	105	105
秋田	(17)	324	2,510	8,130	5,070	96	107	102	102	102
山形	(18)	…	…	…	…	nc	nc	nc	nc	nc
福島	(19)	…	…	…	…	nc	nc	nc	nc	nc
茨城	(20)	2,370	4,620	109,400	103,500	100	104	103	104	102
栃木	(21)	…	…	…	…	nc	nc	nc	nc	nc
群馬	(22)	4,340	6,730	292,000	251,700	106	107	114	109	101
埼玉	(23)	433	4,250	18,400	14,800	96	104	100	100	112
千葉	(24)	2,730	4,390	119,900	112,300	98	102	100	100	102
東京	(25)	199	3,260	6,490	5,950	100	95	95	94	78
神奈川	(26)	1,460	4,620	67,400	64,400	101	100	101	102	101
新潟	(27)	…	…	…	…	nc	nc	nc	nc	nc
富山	(28)	125	1,500	1,870	1,740	95	81	77	95	67
石川	(29)	…	…	…	…	nc	nc	nc	nc	nc
福井	(30)	124	2,620	3,250	2,910	98	100	98	101	102
山梨	(31)	114	2,950	3,360	2,960	94	112	106	106	104
長野	(32)	1,560	4,650	72,500	67,400	108	108	117	120	105
岐阜	(33)	238	2,660	6,340	4,670	99	160	159	159	107
静岡	(34)	500	3,960	19,800	17,200	108	101	109	108	112
愛知	(35)	5,440	4,910	267,200	252,200	101	101	102	102	104
三重	(36)	412	2,720	11,200	8,890	100	107	107	107	99
滋賀	(37)	329	3,020	9,950	8,760	98	97	96	96	102
京都	(38)	253	2,810	7,110	5,750	103	103	106	106	100
大阪	(39)	232	4,140	9,600	8,880	98	96	94	94	97
兵庫	(40)	750	3,490	26,200	22,100	97	96	94	93	97
奈良	(41)	…	…	…	…	nc	nc	nc	nc	nc
和歌山	(42)	197	3,690	7,270	6,480	98	101	99	99	98
鳥取	(43)	170	2,680	4,550	2,440	89	97	87	86	107
島根	(44)	262	2,250	5,900	4,600	100	103	103	107	95
岡山	(45)	311	3,760	11,700	10,400	102	91	93	93	96
広島	(46)	458	2,230	10,200	7,580	104	85	88	89	92
山口	(47)	300	2,440	7,310	6,270	99	96	95	95	83
徳島	(48)	144	4,610	6,640	5,760	106	108	114	116	104
香川	(49)	240	4,380	10,500	9,410	101	103	104	105	107
愛媛	(50)	390	3,310	12,900	11,200	97	102	99	100	98
高知	(51)	…	…	…	…	nc	nc	nc	nc	nc
福岡	(52)	679	3,140	21,300	19,100	98	89	88	88	83
佐賀	(53)	257	3,050	7,840	6,670	90	100	90	91	95
長崎	(54)	437	2,610	11,400	9,730	101	97	97	98	92
熊本	(55)	1,330	3,230	43,000	39,600	97	107	104	104	107
大分	(56)	506	3,320	16,800	15,400	99	107	106	107	112
宮崎	(57)	609	3,690	22,500	20,700	99	105	105	105	99
鹿児島	(58)	1,860	3,690	68,600	62,300	97	98	95	96	98
沖縄	(59)	…	…	…	…	nc	nc	nc	nc	nc
関東農政局	(60)	…	…	…	…	nc	nc	nc	nc	nc
東海農政局	(61)	6,090	4,670	284,700	265,800	101	102	103	103	104
中国四国農政局	(62)	…	…	…	…	nc	nc	nc	nc	nc

イ　春キャベツ

作付面積	10a当たり収量	収穫量	出荷量	対前年産比				(参考)対平均収量比	
				作付面積	10a当たり収量	収穫量	出荷量		
ha	kg	t	t	%	%	%	%	%	
8,900	**4,190**	**372,500**	**339,300**	**101**	**103**	**105**	**105**	**102**	(1)
…	…	…	…	nc	nc	nc	nc	nc	(2)
…	…	…	…	nc	nc	nc	nc	nc	(3)
…	…	…	…	nc	nc	nc	nc	nc	(4)
…	…	…	…	nc	nc	nc	nc	nc	(5)
…	…	…	…	nc	nc	nc	nc	nc	(6)
1,650	4,620	76,300	71,000	101	104	105	105	102	(7)
…	…	…	…	nc	nc	nc	nc	nc	(8)
…	…	…	…	nc	nc	nc	nc	nc	(9)
…	…	…	…	nc	nc	nc	nc	nc	(10)
…	…	…	…	nc	nc	nc	nc	nc	(11)
…	…	…	…	nc	nc	nc	nc	nc	(12)
…	…	…	…	nc	nc	nc	nc	nc	(13)
…	…	…	…	nc	nc	nc	nc	nc	(14)
…	…	…	…	nc	nc	nc	nc	nc	(15)
103	1,810	1,860	1,130	96	109	104	107	112	(16)
…	…	…	…	nc	nc	nc	nc	nc	(17)
…	…	…	…	nc	nc	nc	nc	nc	(18)
…	…	…	…	nc	nc	nc	nc	nc	(19)
993	4,940	49,100	47,000	109	101	110	110	96	(20)
…	…	…	…	nc	nc	nc	nc	nc	(21)
202	4,550	9,190	7,920	125	109	137	137	126	(22)
135	4,260	5,750	4,500	98	104	102	102	108	(23)
1,260	4,520	57,000	52,900	99	102	102	102	101	(24)
87	3,260	2,840	2,630	99	92	91	89	73	(25)
892	4,820	43,000	41,400	102	102	104	104	101	(26)
…	…	…	…	nc	nc	nc	nc	nc	(27)
41	1,870	767	575	95	80	77	95	83	(28)
…	…	…	…	nc	nc	nc	nc	nc	(29)
…	…	…	…	nc	nc	nc	nc	nc	(30)
…	…	…	…	nc	nc	nc	nc	nc	(31)
122	5,030	6,140	5,590	116	103	120	121	102	(32)
88	3,010	2,650	1,700	99	160	159	159	138	(33)
126	3,800	4,790	4,300	98	101	98	97	103	(34)
1,290	5,070	65,400	62,100	102	103	105	105	101	(35)
141	2,480	3,500	2,870	99	101	100	100	103	(36)
…	…	…	…	nc	nc	nc	nc	nc	(37)
140	3,090	4,330	3,770	103	103	106	106	101	(38)
43	3,670	1,580	1,530	100	95	95	96	92	(39)
310	3,640	11,300	9,630	99	104	104	104	106	(40)
…	…	…	…	nc	nc	nc	nc	nc	(41)
76	3,780	2,870	2,570	103	104	107	107	106	(42)
…	…	…	…	nc	nc	nc	nc	nc	(43)
…	…	…	…	nc	nc	nc	nc	nc	(44)
88	4,370	3,850	3,460	102	103	105	105	110	(45)
…	…	…	…	nc	nc	nc	nc	nc	(46)
104	2,580	2,680	2,360	99	107	106	107	92	(47)
53	4,320	2,290	2,100	102	94	96	96	94	(48)
98	5,070	4,970	4,500	101	102	104	106	107	(49)
127	2,940	3,730	3,150	98	101	100	100	95	(50)
…	…	…	…	nc	nc	nc	nc	nc	(51)
272	3,210	8,730	8,000	97	104	101	101	87	(52)
…	…	…	…	nc	nc	nc	nc	nc	(53)
138	3,410	4,710	4,040	101	106	108	109	102	(54)
305	3,880	11,800	10,900	98	109	106	106	109	(55)
148	4,320	6,390	5,690	99	107	106	107	116	(56)
172	3,630	6,240	5,600	94	99	93	93	98	(57)
468	3,850	18,000	16,800	99	95	94	96	96	(58)
…	…	…	…	nc	nc	nc	nc	nc	(59)
…	…	…	…	nc	nc	nc	nc	nc	(60)
1,520	4,710	71,600	66,700	101	104	106	105	103	(61)
…	…	…	…	nc	nc	nc	nc	nc	(62)

3 令和３年産都道府県別の作付面積、10ａ当たり収量、収穫量及び出荷量（続き）

(11) キャベツ（続き）

ウ 夏秋キャベツ

全国農業地域・都道府県		作付面積	10ａ当たり収量	収穫量	出荷量	対前年産比				（参考）対平均収量比
						作付面積	10ａ当たり収量	収穫量	出荷量	
		ha	kg	t	t	%	%	%	%	%
全国	(1)	10,500	4,920	516,800	453,600	104	104	108	106	104
（全国農業地域）										
北海道	(2)	956	4,860	46,500	44,200	108	95	102	102	102
都府県	(3)	…	…	…	…	nc	nc	nc	nc	nc
東北	(4)	…	…	…	…	nc	nc	nc	nc	nc
北陸	(5)	…	…	…	…	nc	nc	nc	nc	nc
関東・東山	(6)	…	…	…	…	nc	nc	nc	nc	nc
東海	(7)	…	…	…	…	nc	nc	nc	nc	nc
近畿	(8)	…	…	…	…	nc	nc	nc	nc	nc
中国	(9)	…	…	…	…	nc	nc	nc	nc	nc
四国	(10)	…	…	…	…	nc	nc	nc	nc	nc
九州	(11)	…	…	…	…	nc	nc	nc	nc	nc
沖縄	(12)	…	…	…	…	nc	nc	nc	nc	nc
（都道府県）										
北海道	(13)	956	4,860	46,500	44,200	108	95	102	102	102
青森	(14)	333	3,980	13,300	11,900	101	98	99	99	103
岩手	(15)	719	3,690	26,500	24,300	97	95	92	92	98
宮城	(16)	104	2,330	2,420	1,940	100	103	103	105	101
秋田	(17)	235	2,400	5,640	3,060	96	107	102	102	105
山形	(18)	…	…	…	…	nc	nc	nc	nc	nc
福島	(19)	…	…	…	…	nc	nc	nc	nc	nc
茨城	(20)	540	4,280	23,100	21,900	100	108	108	108	110
栃木	(21)	…	…	…	…	nc	nc	nc	nc	nc
群馬	(22)	3,790	7,080	268,300	231,600	105	104	110	105	101
埼玉	(23)	…	…	…	…	nc	nc	nc	nc	nc
千葉	(24)	78	3,960	3,090	2,740	93	108	101	101	114
東京	(25)	18	3,010	542	506	100	90	90	91	80
神奈川	(26)	66	2,970	1,960	1,880	102	97	98	101	97
新潟	(27)	…	…	…	…	nc	nc	nc	nc	nc
富山	(28)	…	…	…	…	nc	nc	nc	nc	nc
石川	(29)	…	…	…	…	nc	nc	nc	nc	nc
福井	(30)	…	…	…	…	nc	nc	nc	nc	nc
山梨	(31)	100	3,000	3,000	2,640	94	112	106	106	106
長野	(32)	1,440	4,610	66,400	61,800	108	108	117	120	105
岐阜	(33)	…	…	…	…	nc	nc	nc	nc	nc
静岡	(34)	…	…	…	…	nc	nc	nc	nc	nc
愛知	(35)	…	…	…	…	nc	nc	nc	nc	nc
三重	(36)	…	…	…	…	nc	nc	nc	nc	nc
滋賀	(37)	…	…	…	…	nc	nc	nc	nc	nc
京都	(38)	…	…	…	…	nc	nc	nc	nc	nc
大阪	(39)	…	…	…	…	nc	nc	nc	nc	nc
兵庫	(40)	…	…	…	…	nc	nc	nc	nc	nc
奈良	(41)	…	…	…	…	nc	nc	nc	nc	nc
和歌山	(42)	…	…	…	…	nc	nc	nc	nc	nc
鳥取	(43)	32	2,250	720	604	70	109	76	76	91
島根	(44)	50	1,550	775	660	96	111	106	114	97
岡山	(45)	62	3,360	2,080	1,820	100	89	89	89	97
広島	(46)	180	2,110	3,800	3,290	103	80	83	85	86
山口	(47)	…	…	…	…	nc	nc	nc	nc	nc
徳島	(48)	…	…	…	…	nc	nc	nc	nc	nc
香川	(49)	…	…	…	…	nc	nc	nc	nc	nc
愛媛	(50)	…	…	…	…	nc	nc	nc	nc	nc
高知	(51)	…	…	…	…	nc	nc	nc	nc	nc
福岡	(52)	…	…	…	…	nc	nc	nc	nc	nc
佐賀	(53)	…	…	…	…	nc	nc	nc	nc	nc
長崎	(54)	…	…	…	…	nc	nc	nc	nc	nc
熊本	(55)	460	3,060	14,100	13,300	93	129	119	120	132
大分	(56)	…	…	…	…	nc	nc	nc	nc	nc
宮崎	(57)	…	…	…	…	nc	nc	nc	nc	nc
鹿児島	(58)	…	…	…	…	nc	nc	nc	nc	nc
沖縄	(59)	…	…	…	…	nc	nc	nc	nc	nc
関東農政局	(60)	…	…	…	…	nc	nc	nc	nc	nc
東海農政局	(61)	…	…	…	…	nc	nc	nc	nc	nc
中国四国農政局	(62)	…	…	…	…	nc	nc	nc	nc	nc

エ　冬キャベツ

作付面積	10a当たり収量	収穫量	出荷量	対前年産比 作付面積	対前年産比 10a当たり収量	対前年産比 収穫量	対前年産比 出荷量	(参考)対平均収量比	
ha	kg	t	t	%	%	%	%	%	
15,000	3,970	595,900	536,900	99	100	100	100	101	(1)
167	5,170	8,630	8,030	93	94	88	88	96	(2)
…	…	…	…	nc	nc	nc	nc	nc	(3)
…	…	…	…	nc	nc	nc	nc	nc	(4)
…	…	…	…	nc	nc	nc	nc	nc	(5)
…	…	…	…	nc	nc	nc	nc	nc	(6)
…	…	…	…	nc	nc	nc	nc	nc	(7)
…	…	…	…	nc	nc	nc	nc	nc	(8)
754	2,720	20,500	15,700	101	91	92	92	90	(9)
…	…	…	…	nc	nc	nc	nc	nc	(10)
…	…	…	…	nc	nc	nc	nc	nc	(11)
…	…	…	…	nc	nc	nc	nc	nc	(12)
167	5,170	8,630	8,030	93	94	88	88	96	(13)
…	…	…	…	nc	nc	nc	nc	nc	(14)
…	…	…	…	nc	nc	nc	nc	nc	(15)
…	…	…	…	nc	nc	nc	nc	nc	(16)
…	…	…	…	nc	nc	nc	nc	nc	(17)
…	…	…	…	nc	nc	nc	nc	nc	(18)
…	…	…	…	nc	nc	nc	nc	nc	(19)
835	4,460	37,200	34,600	92	102	94	94	103	(20)
…	…	…	…	nc	nc	nc	nc	nc	(21)
342	4,240	14,500	12,200	nc	nc	nc	nc	135	(22)
268	4,240	11,400	9,440	95	104	99	99	110	(23)
1,390	4,300	59,800	56,700	98	101	99	99	102	(24)
94	3,310	3,110	2,810	100	100	100	100	83	(25)
502	4,460	22,400	21,100	101	95	97	98	103	(26)
…	…	…	…	nc	nc	nc	nc	nc	(27)
…	…	…	…	nc	nc	nc	nc	nc	(28)
…	…	…	…	nc	nc	nc	nc	nc	(29)
88	2,680	2,360	2,120	98	100	98	101	102	(30)
…	…	…	…	nc	nc	nc	nc	nc	(31)
…	…	…	…	nc	nc	nc	nc	nc	(32)
…	…	…	…	nc	nc	nc	nc	nc	(33)
347	4,050	14,100	12,200	112	100	113	113	113	(34)
4,140	4,870	201,600	189,900	101	100	101	101	105	(35)
261	2,910	7,600	5,910	101	110	111	111	98	(36)
292	2,940	8,580	7,550	98	98	96	96	100	(37)
…	…	…	…	nc	nc	nc	nc	nc	(38)
186	4,270	7,940	7,300	98	96	94	94	97	(39)
405	3,470	14,100	12,000	95	91	87	86	92	(40)
…	…	…	…	nc	nc	nc	nc	nc	(41)
120	3,650	4,380	3,900	95	100	95	95	93	(42)
104	2,790	2,900	1,460	98	92	90	91	106	(43)
132	2,360	3,120	2,770	102	100	102	106	93	(44)
161	3,580	5,760	5,140	103	85	88	88	87	(45)
187	2,300	4,300	2,620	104	90	93	93	97	(46)
170	2,570	4,370	3,720	98	91	90	89	78	(47)
73	4,840	3,530	3,030	109	120	130	135	112	(48)
130	4,010	5,210	4,640	102	103	105	105	107	(49)
180	3,850	6,930	5,890	96	103	100	99	101	(50)
…	…	…	…	nc	nc	nc	nc	nc	(51)
367	3,210	11,800	10,600	99	81	80	80	79	(52)
201	3,060	6,150	5,410	90	100	90	91	93	(53)
253	2,350	5,950	5,110	100	90	91	91	83	(54)
561	3,050	17,100	15,400	99	95	93	93	90	(55)
…	…	…	…	nc	nc	nc	nc	nc	(56)
345	3,980	13,700	12,700	102	109	111	111	101	(57)
1,360	3,680	50,000	45,000	96	99	95	96	98	(58)
…	…	…	…	nc	nc	nc	nc	nc	(59)
…	…	…	…	nc	nc	nc	nc	nc	(60)
…	…	…	…	nc	nc	nc	nc	nc	(61)
…	…	…	…	nc	nc	nc	nc	nc	(62)

3　令和３年産都道府県別の作付面積、10ａ当たり収量、収穫量及び出荷量（続き）

(12)　ちんげんさい

全国農業地域・都道府県	作付面積	10ａ当たり収量	収穫量	出荷量	対前年産比				(参考)対平均収量比
					作付面積	10ａ当たり収量	収穫量	出荷量	
	ha	kg	t	t	%	%	%	%	%
全国 (1)	**2,100**	**1,990**	**41,800**	**37,200**	**98**	**103**	**101**	**101**	**102**
(全国農業地域)									
北海道 (2)	35	2,190	767	719	88	100	88	90	106
都府県 (3)	…	…	…	…	nc	nc	nc	nc	nc
東北 (4)	…	…	…	…	nc	nc	nc	nc	nc
北陸 (5)	…	…	…	…	nc	nc	nc	nc	nc
関東・東山 (6)	…	…	…	…	nc	nc	nc	nc	nc
東海 (7)	…	…	…	…	nc	nc	nc	nc	nc
近畿 (8)	…	…	…	…	nc	nc	nc	nc	nc
中国 (9)	…	…	…	…	nc	nc	nc	nc	nc
四国 (10)	…	…	…	…	nc	nc	nc	nc	nc
九州 (11)	…	…	…	…	nc	nc	nc	nc	nc
沖縄 (12)	68	1,390	945	799	99	106	105	105	107
(都道府県)									
北海道 (13)	35	2,190	767	719	88	100	88	90	106
青森 (14)	…	…	…	…	nc	nc	nc	nc	nc
岩手 (15)	…	…	…	…	nc	nc	nc	nc	nc
宮城 (16)	59	1,310	773	603	107	100	107	110	102
秋田 (17)	…	…	…	…	nc	nc	nc	nc	nc
山形 (18)	…	…	…	…	nc	nc	nc	nc	nc
福島 (19)	35	1,640	574	379	100	103	103	102	102
茨城 (20)	495	2,360	11,700	10,600	97	102	99	99	101
栃木 (21)	…	…	…	…	nc	nc	nc	nc	nc
群馬 (22)	134	1,560	2,090	1,860	95	110	105	105	90
埼玉 (23)	102	2,300	2,350	2,070	95	103	98	98	104
千葉 (24)	74	1,540	1,140	917	96	99	96	96	93
東京 (25)	…	…	…	…	nc	nc	nc	nc	nc
神奈川 (26)	…	…	…	…	nc	nc	nc	nc	nc
新潟 (27)	…	…	…	…	nc	nc	nc	nc	nc
富山 (28)	…	…	…	…	nc	nc	nc	nc	nc
石川 (29)	…	…	…	…	nc	nc	nc	nc	nc
福井 (30)	…	…	…	…	nc	nc	nc	nc	nc
山梨 (31)	…	…	…	…	nc	nc	nc	nc	nc
長野 (32)	76	2,200	1,670	1,550	95	103	98	97	106
岐阜 (33)	…	…	…	…	nc	nc	nc	nc	nc
静岡 (34)	293	2,500	7,330	6,940	99	102	101	101	105
愛知 (35)	124	2,430	3,010	2,840	92	112	103	104	111
三重 (36)	…	…	…	…	nc	nc	nc	nc	nc
滋賀 (37)	…	…	…	…	nc	nc	nc	nc	nc
京都 (38)	…	…	…	…	nc	nc	nc	nc	nc
大阪 (39)	…	…	…	…	nc	nc	nc	nc	nc
兵庫 (40)	50	1,540	770	675	100	93	93	93	93
奈良 (41)	…	…	…	…	nc	nc	nc	nc	nc
和歌山 (42)	…	…	…	…	nc	nc	nc	nc	nc
鳥取 (43)	24	1,820	437	409	92	106	98	98	95
島根 (44)	…	…	…	…	nc	nc	nc	nc	nc
岡山 (45)	…	…	…	…	nc	nc	nc	nc	nc
広島 (46)	…	…	…	…	nc	nc	nc	nc	nc
山口 (47)	…	…	…	…	nc	nc	nc	nc	nc
徳島 (48)	37	1,000	370	327	95	88	84	83	82
香川 (49)	…	…	…	…	nc	nc	nc	nc	nc
愛媛 (50)	…	…	…	…	nc	nc	nc	nc	nc
高知 (51)	…	…	…	…	nc	nc	nc	nc	nc
福岡 (52)	96	1,500	1,440	1,340	122	112	136	137	100
佐賀 (53)	…	…	…	…	nc	nc	nc	nc	nc
長崎 (54)	…	…	…	…	nc	nc	nc	nc	nc
熊本 (55)	39	2,000	780	717	100	97	97	97	101
大分 (56)	36	1,500	540	480	nc	nc	nc	nc	nc
宮崎 (57)	…	…	…	…	nc	nc	nc	nc	nc
鹿児島 (58)	…	…	…	…	nc	nc	nc	nc	nc
沖縄 (59)	68	1,390	945	799	99	106	105	105	107
関東農政局 (60)	…	…	…	…	nc	nc	nc	nc	nc
東海農政局 (61)	…	…	…	…	nc	nc	nc	nc	nc
中国四国農政局 (62)	…	…	…	…	nc	nc	nc	nc	nc

(13) ほうれんそう

作付面積	10a当たり収量	収穫量	出荷量	対前年産比				(参考)対平均収量比	
				作付面積	10a当たり収量	収穫量	出荷量		
ha	kg	t	t	%	%	%	%	%	
19,300	**1,090**	**210,500**	**179,700**	**98**	**100**	**98**	**98**	**96**	(1)
428	978	4,190	3,920	96	97	93	94	98	(2)
…	…	…	…	nc	nc	nc	nc	nc	(3)
…	…	…	…	nc	nc	nc	nc	nc	(4)
…	…	…	…	nc	nc	nc	nc	nc	(5)
…	…	…	…	nc	nc	nc	nc	nc	(6)
…	…	…	…	nc	nc	nc	nc	nc	(7)
…	…	…	…	nc	nc	nc	nc	nc	(8)
…	…	…	…	nc	nc	nc	nc	nc	(9)
…	…	…	…	nc	nc	nc	nc	nc	(10)
…	…	…	…	nc	nc	nc	nc	nc	(11)
…	…	…	…	nc	nc	nc	nc	nc	(12)
428	978	4,190	3,920	96	97	93	94	98	(13)
…	…	…	…	nc	nc	nc	nc	nc	(14)
651	487	3,170	2,530	96	101	97	97	100	(15)
349	840	2,930	1,770	100	98	98	99	99	(16)
174	674	1,170	892	92	97	89	88	100	(17)
…	…	…	…	nc	nc	nc	nc	nc	(18)
294	993	2,920	1,950	100	101	101	101	103	(19)
1,350	1,320	17,800	16,000	105	103	108	108	92	(20)
604	1,020	6,160	5,220	100	106	106	106	98	(21)
1,990	1,080	21,500	19,500	101	96	96	95	97	(22)
1,820	1,250	22,800	19,000	96	104	100	100	104	(23)
1,710	1,080	18,500	17,000	94	101	95	96	78	(24)
348	1,190	4,140	3,790	100	101	101	101	104	(25)
661	1,190	7,870	7,300	100	97	97	97	98	(26)
…	…	…	…	nc	nc	nc	nc	nc	(27)
48	983	472	332	92	109	101	106	123	(28)
…	…	…	…	nc	nc	nc	nc	nc	(29)
73	1,000	730	582	100	101	101	103	106	(30)
…	…	…	…	nc	nc	nc	nc	nc	(31)
389	845	3,290	2,320	95	101	96	96	99	(32)
1,200	983	11,800	10,500	99	100	99	99	107	(33)
314	1,240	3,890	3,280	nc	nc	nc	nc	83	(34)
420	1,100	4,620	4,080	96	100	96	96	89	(35)
…	…	…	…	nc	nc	nc	nc	nc	(36)
103	1,160	1,190	778	98	101	98	98	103	(37)
341	1,540	5,250	4,520	102	97	99	99	100	(38)
…	…	…	…	nc	nc	nc	nc	nc	(39)
270	1,220	3,290	2,030	99	92	92	91	94	(40)
287	1,210	3,470	2,910	99	98	97	97	101	(41)
75	1,120	840	717	97	99	97	102	90	(42)
131	920	1,210	850	94	90	85	84	87	(43)
…	…	…	…	nc	nc	nc	nc	nc	(44)
…	…	…	…	nc	nc	nc	nc	nc	(45)
392	1,150	4,510	3,540	100	100	100	100	103	(46)
198	807	1,600	1,280	97	94	92	93	89	(47)
374	742	2,780	2,490	96	98	94	94	86	(48)
…	…	…	…	nc	nc	nc	nc	nc	(49)
155	893	1,380	1,030	99	104	102	102	103	(50)
…	…	…	…	nc	nc	nc	nc	nc	(51)
806	1,250	10,100	9,200	101	98	99	99	95	(52)
114	754	860	624	95	110	105	107	96	(53)
173	888	1,540	1,250	99	98	97	97	85	(54)
482	965	4,650	4,130	103	89	92	92	82	(55)
…	…	…	…	nc	nc	nc	nc	nc	(56)
865	1,520	13,100	11,800	99	96	96	96	91	(57)
…	…	…	…	nc	nc	nc	nc	nc	(58)
…	…	…	…	nc	nc	nc	nc	nc	(59)
…	…	…	…	nc	nc	nc	nc	nc	(60)
…	…	…	…	nc	nc	nc	nc	nc	(61)
…	…	…	…	nc	nc	nc	nc	nc	(62)

3 令和３年産都道府県別の作付面積、10ａ当たり収量、収穫量及び出荷量 （続き）

(14) ふき

全国農業地域・都道府県	作付面積	10ａ当たり収量	収穫量	出荷量	対前年産比				(参考)対平均収量比
					作付面積	10ａ当たり収量	収穫量	出荷量	
	ha	kg	t	t	%	%	%	%	%
全国 (1)	**456**	**1,850**	**8,420**	**7,190**	**92**	**103**	**94**	**94**	**97**
(全国農業地域)									
北海道 (2)	24	1,090	262	248	109	57	62	62	63
都府県 (3)	…	…	…	…	nc	nc	nc	nc	nc
東北 (4)	…	…	…	…	nc	nc	nc	nc	nc
北陸 (5)	…	…	…	…	nc	nc	nc	nc	nc
関東・東山 (6)	…	…	…	…	nc	nc	nc	nc	nc
東海 (7)	…	…	…	…	nc	nc	nc	nc	nc
近畿 (8)	…	…	…	…	nc	nc	nc	nc	nc
中国 (9)	…	…	…	…	nc	nc	nc	nc	nc
四国 (10)	…	…	…	…	nc	nc	nc	nc	nc
九州 (11)	…	…	…	…	nc	nc	nc	nc	nc
沖縄 (12)	…	…	…	…	nc	nc	nc	nc	nc
(都道府県)									
北海道 (13)	24	1,090	262	248	109	57	62	62	63
青森 (14)	…	…	…	…	nc	nc	nc	nc	nc
岩手 (15)	16	544	87	43	89	101	90	90	98
宮城 (16)	…	…	…	…	nc	nc	nc	nc	nc
秋田 (17)	31	948	294	209	97	101	98	99	102
山形 (18)	9	511	46	31	82	101	82	82	102
福島 (19)	16	544	87	74	100	101	101	101	100
茨城 (20)	…	…	…	…	nc	nc	nc	nc	nc
栃木 (21)	…	…	…	…	nc	nc	nc	nc	nc
群馬 (22)	82	1,120	918	739	85	93	80	79	91
埼玉 (23)	…	…	…	…	nc	nc	nc	nc	nc
千葉 (24)	…	…	…	…	nc	nc	nc	nc	nc
東京 (25)	…	…	…	…	nc	nc	nc	nc	nc
神奈川 (26)	…	…	…	…	nc	nc	nc	nc	nc
新潟 (27)	18	444	80	59	100	97	98	98	101
富山 (28)	…	…	…	…	nc	nc	nc	nc	nc
石川 (29)	…	…	…	…	nc	nc	nc	nc	nc
福井 (30)	…	…	…	…	nc	nc	nc	nc	nc
山梨 (31)	…	…	…	…	nc	nc	nc	nc	nc
長野 (32)	21	771	162	70	88	102	89	97	102
岐阜 (33)	…	…	…	…	nc	nc	nc	nc	nc
静岡 (34)	7	800	54	40	70	103	69	69	100
愛知 (35)	63	5,530	3,480	3,270	93	105	97	98	94
三重 (36)	…	…	…	…	nc	nc	nc	nc	nc
滋賀 (37)	…	…	…	…	nc	nc	nc	nc	nc
京都 (38)	11	491	54	48	100	86	86	86	88
大阪 (39)	11	7,190	791	744	100	95	95	95	90
兵庫 (40)	…	…	…	…	nc	nc	nc	nc	nc
奈良 (41)	…	…	…	…	nc	nc	nc	nc	nc
和歌山 (42)	3	600	20	13	nc	nc	nc	nc	nc
鳥取 (43)	…	…	…	…	nc	nc	nc	nc	nc
島根 (44)	…	…	…	…	nc	nc	nc	nc	nc
岡山 (45)	…	…	…	…	nc	nc	nc	nc	nc
広島 (46)	10	1,240	124	107	100	100	100	100	98
山口 (47)	…	…	…	…	nc	nc	nc	nc	nc
徳島 (48)	21	1,480	311	252	84	102	86	83	85
香川 (49)	…	…	…	…	nc	nc	nc	nc	nc
愛媛 (50)	16	656	105	68	100	103	103	110	74
高知 (51)	…	…	…	…	nc	nc	nc	nc	nc
福岡 (52)	8	6,240	499	470	nc	nc	nc	nc	111
佐賀 (53)	…	…	…	…	nc	nc	nc	nc	nc
長崎 (54)	…	…	…	…	nc	nc	nc	nc	nc
熊本 (55)	…	…	…	…	nc	nc	nc	nc	nc
大分 (56)	…	…	…	…	nc	nc	nc	nc	nc
宮崎 (57)	…	…	…	…	nc	nc	nc	nc	nc
鹿児島 (58)	…	…	…	…	nc	nc	nc	nc	nc
沖縄 (59)	…	…	…	…	nc	nc	nc	nc	nc
関東農政局 (60)	…	…	…	…	nc	nc	nc	nc	nc
東海農政局 (61)	…	…	…	…	nc	nc	nc	nc	nc
中国四国農政局 (62)	…	…	…	…	nc	nc	nc	nc	nc

(15) みつば

作付面積	10a当たり収量	収穫量	出荷量	対前年産比 作付面積	対前年産比 10a当たり収量	対前年産比 収穫量	対前年産比 出荷量	(参考)対平均収量比	
ha	kg	t	t	%	%	%	%	%	
862	**1,590**	**13,700**	**12,700**	**99**	**104**	**102**	**102**	**102**	(1)
39	609	238	218	91	90	82	81	99	(2)
…	…	…	…	nc	nc	nc	nc	nc	(3)
…	…	…	…	nc	nc	nc	nc	nc	(4)
…	…	…	…	nc	nc	nc	nc	nc	(5)
…	…	…	…	nc	nc	nc	nc	nc	(6)
…	…	…	…	nc	nc	nc	nc	nc	(7)
…	…	…	…	nc	nc	nc	nc	nc	(8)
…	…	…	…	nc	nc	nc	nc	nc	(9)
…	…	…	…	nc	nc	nc	nc	nc	(10)
…	…	…	…	nc	nc	nc	nc	nc	(11)
…	…	…	…	nc	nc	nc	nc	nc	(12)
39	609	238	218	91	90	82	81	99	(13)
…	…	…	…	nc	nc	nc	nc	nc	(14)
…	…	…	…	nc	nc	nc	nc	nc	(15)
…	…	…	…	nc	nc	nc	nc	nc	(16)
…	…	…	…	nc	nc	nc	nc	nc	(17)
…	…	…	…	nc	nc	nc	nc	nc	(18)
39	1,350	527	465	100	101	101	101	102	(19)
166	1,050	1,740	1,590	100	102	102	102	116	(20)
…	…	…	…	nc	nc	nc	nc	nc	(21)
…	…	…	…	nc	nc	nc	nc	nc	(22)
48	2,800	1,340	1,240	96	109	104	102	108	(23)
150	1,700	2,550	2,440	100	98	98	98	96	(24)
…	…	…	…	nc	nc	nc	nc	nc	(25)
…	…	…	…	nc	nc	nc	nc	nc	(26)
…	…	…	…	nc	nc	nc	nc	nc	(27)
…	…	…	…	nc	nc	nc	nc	nc	(28)
…	…	…	…	nc	nc	nc	nc	nc	(29)
…	…	…	…	nc	nc	nc	nc	nc	(30)
…	…	…	…	nc	nc	nc	nc	nc	(31)
…	…	…	…	nc	nc	nc	nc	nc	(32)
…	…	…	…	nc	nc	nc	nc	nc	(33)
79	1,630	1,290	1,210	100	100	100	100	97	(34)
90	2,190	1,970	1,850	98	122	119	119	96	(35)
…	…	…	…	nc	nc	nc	nc	nc	(36)
…	…	…	…	nc	nc	nc	nc	nc	(37)
…	…	…	…	nc	nc	nc	nc	nc	(38)
26	2,210	575	558	96	100	97	97	98	(39)
…	…	…	…	nc	nc	nc	nc	nc	(40)
…	…	…	…	nc	nc	nc	nc	nc	(41)
…	…	…	…	nc	nc	nc	nc	nc	(42)
…	…	…	…	nc	nc	nc	nc	nc	(43)
…	…	…	…	nc	nc	nc	nc	nc	(44)
…	…	…	…	nc	nc	nc	nc	nc	(45)
…	…	…	…	nc	nc	nc	nc	nc	(46)
…	…	…	…	nc	nc	nc	nc	nc	(47)
…	…	…	…	nc	nc	nc	nc	nc	(48)
…	…	…	…	nc	nc	nc	nc	nc	(49)
…	…	…	…	nc	nc	nc	nc	nc	(50)
…	…	…	…	nc	nc	nc	nc	nc	(51)
19	1,370	260	248	95	96	92	92	97	(52)
…	…	…	…	nc	nc	nc	nc	nc	(53)
…	…	…	…	nc	nc	nc	nc	nc	(54)
…	…	…	…	nc	nc	nc	nc	nc	(55)
63	1,500	945	932	100	102	102	102	92	(56)
…	…	…	…	nc	nc	nc	nc	nc	(57)
…	…	…	…	nc	nc	nc	nc	nc	(58)
…	…	…	…	nc	nc	nc	nc	nc	(59)
…	…	…	…	nc	nc	nc	nc	nc	(60)
…	…	…	…	nc	nc	nc	nc	nc	(61)
…	…	…	…	nc	nc	nc	nc	nc	(62)

3　令和３年産都道府県別の作付面積、10ａ当たり収量、収穫量及び出荷量（続き）

(16)　しゅんぎく

全国農業地域・都道府県	作付面積	10ａ当たり収量	収穫量	出荷量	対前年産比 作付面積	対前年産比 10ａ当たり収量	対前年産比 収穫量	対前年産比 出荷量	(参考) 対平均収量比
	ha	kg	t	t	%	%	%	%	%
全国 (1)	**1,800**	**1,510**	**27,200**	**22,400**	**98**	**101**	**99**	**99**	**100**
(全国農業地域)									
北海道 (2)	…	…	…	…	nc	nc	nc	nc	nc
都府県 (3)	…	…	…	…	nc	nc	nc	nc	nc
東北 (4)	…	…	…	…	nc	nc	nc	nc	nc
北陸 (5)	…	…	…	…	nc	nc	nc	nc	nc
関東・東山 (6)	…	…	…	…	nc	nc	nc	nc	nc
東海 (7)	…	…	…	…	nc	nc	nc	nc	nc
近畿 (8)	401	1,560	6,240	5,470	99	101	99	100	99
中国 (9)	…	…	…	…	nc	nc	nc	nc	nc
四国 (10)	…	…	…	…	nc	nc	nc	nc	nc
九州 (11)	…	…	…	…	nc	nc	nc	nc	nc
沖縄 (12)	…	…	…	…	nc	nc	nc	nc	nc
(都道府県)									
北海道 (13)	…	…	…	…	nc	nc	nc	nc	nc
青森 (14)	27	752	203	130	96	99	96	98	94
岩手 (15)	33	912	301	215	97	105	102	103	113
宮城 (16)	54	1,520	821	696	100	113	113	112	118
秋田 (17)	20	800	160	106	nc	nc	nc	nc	nc
山形 (18)	…	…	…	…	nc	nc	nc	nc	nc
福島 (19)	74	1,190	881	687	101	98	99	99	102
茨城 (20)	126	1,920	2,420	1,930	104	101	105	105	91
栃木 (21)	51	2,350	1,200	1,020	100	99	99	101	94
群馬 (22)	116	1,870	2,170	1,830	100	89	90	90	104
埼玉 (23)	67	1,550	1,040	795	96	107	102	103	109
千葉 (24)	156	1,740	2,710	2,380	98	102	99	99	85
東京 (25)	…	…	…	…	nc	nc	nc	nc	nc
神奈川 (26)	…	…	…	…	nc	nc	nc	nc	nc
新潟 (27)	29	931	270	185	97	102	99	102	98
富山 (28)	…	…	…	…	nc	nc	nc	nc	nc
石川 (29)	…	…	…	…	nc	nc	nc	nc	nc
福井 (30)	…	…	…	…	nc	nc	nc	nc	nc
山梨 (31)	…	…	…	…	nc	nc	nc	nc	nc
長野 (32)	31	1,130	350	242	94	103	96	96	103
岐阜 (33)	22	1,960	431	381	96	105	100	100	122
静岡 (34)	…	…	…	…	nc	nc	nc	nc	nc
愛知 (35)	30	1,910	573	412	94	103	97	97	97
三重 (36)	…	…	…	…	nc	nc	nc	nc	nc
滋賀 (37)	37	1,360	503	418	97	101	98	98	101
京都 (38)	32	1,430	458	366	107	86	92	92	88
大阪 (39)	184	1,840	3,390	3,220	98	106	104	104	105
兵庫 (40)	103	1,190	1,230	908	98	92	91	91	91
奈良 (41)	28	1,260	353	290	97	95	91	91	89
和歌山 (42)	17	1,780	303	266	100	108	108	114	102
鳥取 (43)	…	…	…	…	nc	nc	nc	nc	nc
島根 (44)	…	…	…	…	nc	nc	nc	nc	nc
岡山 (45)	…	…	…	…	nc	nc	nc	nc	nc
広島 (46)	64	1,620	1,040	773	100	97	97	97	112
山口 (47)	22	1,130	249	158	96	89	85	86	100
徳島 (48)	…	…	…	…	nc	nc	nc	nc	nc
香川 (49)	…	…	…	…	nc	nc	nc	nc	nc
愛媛 (50)	22	1,210	266	186	96	103	98	99	100
高知 (51)	…	…	…	…	nc	nc	nc	nc	nc
福岡 (52)	172	1,390	2,390	2,140	96	101	98	97	99
佐賀 (53)	…	…	…	…	nc	nc	nc	nc	nc
長崎 (54)	…	…	…	…	nc	nc	nc	nc	nc
熊本 (55)	22	1,000	220	182	96	100	96	96	116
大分 (56)	…	…	…	…	nc	nc	nc	nc	nc
宮崎 (57)	…	…	…	…	nc	nc	nc	nc	nc
鹿児島 (58)	…	…	…	…	nc	nc	nc	nc	nc
沖縄 (59)	…	…	…	…	nc	nc	nc	nc	nc
関東農政局 (60)	…	…	…	…	nc	nc	nc	nc	nc
東海農政局 (61)	…	…	…	…	nc	nc	nc	nc	nc
中国四国農政局 (62)	…	…	…	…	nc	nc	nc	nc	nc

(17) みずな

作付面積	10a当たり収量	収穫量	出荷量	対前年産比				(参考)対平均収量比	
				作付面積	10a当たり収量	収穫量	出荷量		
ha	kg	t	t	%	%	%	%	%	
2,420	**1,710**	**41,300**	**36,800**	**97**	**97**	**94**	**95**	**99**	(1)
32	2,300	736	667	94	93	88	89	100	(2)
…	…	…	…	nc	nc	nc	nc	nc	(3)
…	…	…	…	nc	nc	nc	nc	nc	(4)
…	…	…	…	nc	nc	nc	nc	nc	(5)
…	…	…	…	nc	nc	nc	nc	nc	(6)
…	…	…	…	nc	nc	nc	nc	nc	(7)
…	…	…	…	nc	nc	nc	nc	nc	(8)
…	…	…	…	nc	nc	nc	nc	nc	(9)
…	…	…	…	nc	nc	nc	nc	nc	(10)
…	…	…	…	nc	nc	nc	nc	nc	(11)
…	…	…	…	nc	nc	nc	nc	nc	(12)
32	2,300	736	667	94	93	88	89	100	(13)
…	…	…	…	nc	nc	nc	nc	nc	(14)
…	…	…	…	nc	nc	nc	nc	nc	(15)
43	1,140	490	413	83	93	77	75	78	(16)
…	…	…	…	nc	nc	nc	nc	nc	(17)
…	…	…	…	nc	nc	nc	nc	nc	(18)
…	…	…	…	nc	nc	nc	nc	nc	(19)
1,020	2,080	21,200	19,200	98	96	94	95	97	(20)
…	…	…	…	nc	nc	nc	nc	nc	(21)
60	1,370	822	712	97	104	100	101	77	(22)
120	1,280	1,540	1,380	96	103	99	98	104	(23)
…	…	…	…	nc	nc	nc	nc	nc	(24)
…	…	…	…	nc	nc	nc	nc	nc	(25)
…	…	…	…	nc	nc	nc	nc	nc	(26)
…	…	…	…	nc	nc	nc	nc	nc	(27)
…	…	…	…	nc	nc	nc	nc	nc	(28)
…	…	…	…	nc	nc	nc	nc	nc	(29)
…	…	…	…	nc	nc	nc	nc	nc	(30)
…	…	…	…	nc	nc	nc	nc	nc	(31)
…	…	…	…	nc	nc	nc	nc	nc	(32)
…	…	…	…	nc	nc	nc	nc	nc	(33)
…	…	…	…	nc	nc	nc	nc	nc	(34)
…	…	…	…	nc	nc	nc	nc	nc	(35)
…	…	…	…	nc	nc	nc	nc	nc	(36)
100	1,430	1,430	1,290	97	101	99	98	99	(37)
145	1,510	2,190	2,000	102	94	96	97	96	(38)
45	2,230	1,000	942	100	108	107	107	107	(39)
108	1,440	1,560	1,360	98	97	96	96	85	(40)
30	1,420	426	411	97	101	97	97	99	(41)
…	…	…	…	nc	nc	nc	nc	nc	(42)
…	…	…	…	nc	nc	nc	nc	nc	(43)
…	…	…	…	nc	nc	nc	nc	nc	(44)
…	…	…	…	nc	nc	nc	nc	nc	(45)
46	1,720	791	462	102	97	99	99	102	(46)
…	…	…	…	nc	nc	nc	nc	nc	(47)
…	…	…	…	nc	nc	nc	nc	nc	(48)
…	…	…	…	nc	nc	nc	nc	nc	(49)
…	…	…	…	nc	nc	nc	nc	nc	(50)
…	…	…	…	nc	nc	nc	nc	nc	(51)
215	1,480	3,180	3,000	95	93	89	88	91	(52)
…	…	…	…	nc	nc	nc	nc	nc	(53)
…	…	…	…	nc	nc	nc	nc	nc	(54)
…	…	…	…	nc	nc	nc	nc	nc	(55)
…	…	…	…	nc	nc	nc	nc	nc	(56)
…	…	…	…	nc	nc	nc	nc	nc	(57)
38	1,510	574	506	88	107	95	95	106	(58)
…	…	…	…	nc	nc	nc	nc	nc	(59)
…	…	…	…	nc	nc	nc	nc	nc	(60)
…	…	…	…	nc	nc	nc	nc	nc	(61)
…	…	…	…	nc	nc	nc	nc	nc	(62)

3 令和3年産都道府県別の作付面積、10a当たり収量、収穫量及び出荷量（続き）

(18) セルリー

全国農業地域・都道府県	作付面積	10a当たり収量	収穫量	出荷量	対前年産比 作付面積	対前年産比 10a当たり収量	対前年産比 収穫量	対前年産比 出荷量	（参考）対平均収量比
	ha	kg	t	t	%	%	%	%	%
全国 (1)	**541**	**5,550**	**30,000**	**28,800**	**100**	**102**	**102**	**102**	**100**
（全国農業地域）									
北海道 (2)	21	3,970	834	786	100	90	90	90	107
都府県 (3)	…	…	…	…	nc	nc	nc	nc	nc
東北 (4)	…	…	…	…	nc	nc	nc	nc	nc
北陸 (5)	…	…	…	…	nc	nc	nc	nc	nc
関東・東山 (6)	…	…	…	…	nc	nc	nc	nc	nc
東海 (7)	…	…	…	…	nc	nc	nc	nc	nc
近畿 (8)	…	…	…	…	nc	nc	nc	nc	nc
中国 (9)	…	…	…	…	nc	nc	nc	nc	nc
四国 (10)	…	…	…	…	nc	nc	nc	nc	nc
九州 (11)	…	…	…	…	nc	nc	nc	nc	nc
沖縄 (12)	…	…	…	…	nc	nc	nc	nc	nc
（都道府県）									
北海道 (13)	21	3,970	834	786	100	90	90	90	107
青森 (14)	…	…	…	…	nc	nc	nc	nc	nc
岩手 (15)	…	…	…	…	nc	nc	nc	nc	nc
宮城 (16)	…	…	…	…	nc	nc	nc	nc	nc
秋田 (17)	…	…	…	…	nc	nc	nc	nc	nc
山形 (18)	…	…	…	…	nc	nc	nc	nc	nc
福島 (19)	…	…	…	…	nc	nc	nc	nc	nc
茨城 (20)	…	…	…	…	nc	nc	nc	nc	nc
栃木 (21)	…	…	…	…	nc	nc	nc	nc	nc
群馬 (22)	…	…	…	…	nc	nc	nc	nc	nc
埼玉 (23)	…	…	…	…	nc	nc	nc	nc	nc
千葉 (24)	19	4,520	859	800	100	100	100	100	102
東京 (25)	…	…	…	…	nc	nc	nc	nc	nc
神奈川 (26)	…	…	…	…	nc	nc	nc	nc	nc
新潟 (27)	…	…	…	…	nc	nc	nc	nc	nc
富山 (28)	…	…	…	…	nc	nc	nc	nc	nc
石川 (29)	…	…	…	…	nc	nc	nc	nc	nc
福井 (30)	…	…	…	…	nc	nc	nc	nc	nc
山梨 (31)	…	…	…	…	nc	nc	nc	nc	nc
長野 (32)	233	5,410	12,600	12,400	101	104	105	105	96
岐阜 (33)	…	…	…	…	nc	nc	nc	nc	nc
静岡 (34)	89	6,470	5,760	5,520	100	101	101	101	101
愛知 (35)	40	6,630	2,650	2,520	98	96	94	94	100
三重 (36)	…	…	…	…	nc	nc	nc	nc	nc
滋賀 (37)	…	…	…	…	nc	nc	nc	nc	nc
京都 (38)	…	…	…	…	nc	nc	nc	nc	nc
大阪 (39)	…	…	…	…	nc	nc	nc	nc	nc
兵庫 (40)	…	…	…	…	nc	nc	nc	nc	nc
奈良 (41)	…	…	…	…	nc	nc	nc	nc	nc
和歌山 (42)	…	…	…	…	nc	nc	nc	nc	nc
鳥取 (43)	…	…	…	…	nc	nc	nc	nc	nc
島根 (44)	…	…	…	…	nc	nc	nc	nc	nc
岡山 (45)	…	…	…	…	nc	nc	nc	nc	nc
広島 (46)	…	…	…	…	nc	nc	nc	nc	nc
山口 (47)	…	…	…	…	nc	nc	nc	nc	nc
徳島 (48)	…	…	…	…	nc	nc	nc	nc	nc
香川 (49)	10	9,240	924	840	91	100	91	103	127
愛媛 (50)	…	…	…	…	nc	nc	nc	nc	nc
高知 (51)	…	…	…	…	nc	nc	nc	nc	nc
福岡 (52)	46	7,530	3,460	3,290	102	102	105	104	110
佐賀 (53)	…	…	…	…	nc	nc	nc	nc	nc
長崎 (54)	…	…	…	…	nc	nc	nc	nc	nc
熊本 (55)	…	…	…	…	nc	nc	nc	nc	nc
大分 (56)	…	…	…	…	nc	nc	nc	nc	nc
宮崎 (57)	…	…	…	…	nc	nc	nc	nc	nc
鹿児島 (58)	…	…	…	…	nc	nc	nc	nc	nc
沖縄 (59)	…	…	…	…	nc	nc	nc	nc	nc
関東農政局 (60)	…	…	…	…	nc	nc	nc	nc	nc
東海農政局 (61)	…	…	…	…	nc	nc	nc	nc	nc
中国四国農政局 (62)	…	…	…	…	nc	nc	nc	nc	nc

(19) アスパラガス

作付面積	10a当たり収量	収穫量	出荷量	対前年産比				(参考)対平均収量比	
				作付面積	10a当たり収量	収穫量	出荷量		
ha	kg	t	t	%	%	%	%	%	
4,500	**560**	**25,200**	**22,400**	**94**	**101**	**94**	**95**	**106**	(1)
1,060	276	2,930	2,670	90	85	77	77	93	(2)
…	…	…	…	nc	nc	nc	nc	nc	(3)
…	…	…	…	nc	nc	nc	nc	nc	(4)
…	…	…	…	nc	nc	nc	nc	nc	(5)
…	…	…	…	nc	nc	nc	nc	nc	(6)
…	…	…	…	nc	nc	nc	nc	nc	(7)
…	…	…	…	nc	nc	nc	nc	nc	(8)
…	…	…	…	nc	nc	nc	nc	nc	(9)
…	…	…	…	nc	nc	nc	nc	nc	(10)
…	…	…	…	nc	nc	nc	nc	nc	(11)
…	…	…	…	nc	nc	nc	nc	nc	(12)
1,060	276	2,930	2,670	90	85	77	77	93	(13)
131	429	562	410	96	96	92	90	101	(14)
273	172	470	396	96	96	92	92	95	(15)
…	…	…	…	nc	nc	nc	nc	nc	(16)
350	324	1,130	921	97	85	82	82	92	(17)
364	465	1,690	1,450	100	95	95	96	100	(18)
338	408	1,380	1,190	99	102	100	100	103	(19)
…	…	…	…	nc	nc	nc	nc	nc	(20)
106	1,540	1,630	1,480	98	98	96	102	96	(21)
…	…	…	…	nc	nc	nc	nc	nc	(22)
…	…	…	…	nc	nc	nc	nc	nc	(23)
…	…	…	…	nc	nc	nc	nc	nc	(24)
…	…	…	…	nc	nc	nc	nc	nc	(25)
…	…	…	…	nc	nc	nc	nc	nc	(26)
200	275	550	505	94	95	89	90	95	(27)
…	…	…	…	nc	nc	nc	nc	nc	(28)
…	…	…	…	nc	nc	nc	nc	nc	(29)
…	…	…	…	nc	nc	nc	nc	nc	(30)
…	…	…	…	nc	nc	nc	nc	nc	(31)
655	217	1,420	1,260	86	90	78	76	82	(32)
…	…	…	…	nc	nc	nc	nc	nc	(33)
…	…	…	…	nc	nc	nc	nc	nc	(34)
…	…	…	…	nc	nc	nc	nc	nc	(35)
…	…	…	…	nc	nc	nc	nc	nc	(36)
…	…	…	…	nc	nc	nc	nc	nc	(37)
…	…	…	…	nc	nc	nc	nc	nc	(38)
…	…	…	…	nc	nc	nc	nc	nc	(39)
…	…	…	…	nc	nc	nc	nc	nc	(40)
…	…	…	…	nc	nc	nc	nc	nc	(41)
…	…	…	…	nc	nc	nc	nc	nc	(42)
…	…	…	…	nc	nc	nc	nc	nc	(43)
27	881	238	202	104	133	138	150	157	(44)
59	581	343	297	100	103	103	104	97	(45)
113	858	970	788	100	95	95	95	129	(46)
…	…	…	…	nc	nc	nc	nc	nc	(47)
…	…	…	…	nc	nc	nc	nc	nc	(48)
87	1,150	1,000	945	104	121	125	125	119	(49)
46	1,090	501	435	98	92	90	91	93	(50)
…	…	…	…	nc	nc	nc	nc	nc	(51)
88	2,160	1,900	1,750	99	109	108	108	97	(52)
120	2,100	2,520	2,350	94	110	104	104	98	(53)
108	1,700	1,840	1,760	94	101	95	96	108	(54)
100	2,360	2,360	2,210	101	106	107	107	117	(55)
13	800	104	96	100	100	100	98	85	(56)
…	…	…	…	nc	nc	nc	nc	nc	(57)
…	…	…	…	nc	nc	nc	nc	nc	(58)
…	…	…	…	nc	nc	nc	nc	nc	(59)
…	…	…	…	nc	nc	nc	nc	nc	(60)
…	…	…	…	nc	nc	nc	nc	nc	(61)
…	…	…	…	nc	nc	nc	nc	nc	(62)

3　令和３年産都道府県別の作付面積、10ａ当たり収量、収穫量及び出荷量（続き）

(20)　カリフラワー

全国農業地域・都道府県	作付面積	10ａ当たり収量	収穫量	出荷量	対前年産比 作付面積	対前年産比 10ａ当たり収量	対前年産比 収穫量	対前年産比 出荷量	(参考) 対平均収量比
	ha	kg	t	t	%	%	%	%	%
全国 (1)	1,240	1,740	21,600	18,500	102	101	103	103	102
(全国農業地域)									
北海道 (2)	21	1,210	254	245	100	85	85	88	98
都府県 (3)	…	…	…	…	nc	nc	nc	nc	nc
東北 (4)	…	…	…	…	nc	nc	nc	nc	nc
北陸 (5)	…	…	…	…	nc	nc	nc	nc	nc
関東・東山 (6)	…	…	…	…	nc	nc	nc	nc	nc
東海 (7)	…	…	…	…	nc	nc	nc	nc	nc
近畿 (8)	…	…	…	…	nc	nc	nc	nc	nc
中国 (9)	…	…	…	…	nc	nc	nc	nc	nc
四国 (10)	…	…	…	…	nc	nc	nc	nc	nc
九州 (11)	…	…	…	…	nc	nc	nc	nc	nc
沖縄 (12)	…	…	…	…	nc	nc	nc	nc	nc
(都道府県)									
北海道 (13)	21	1,210	254	245	100	85	85	88	98
青森 (14)	…	…	…	…	nc	nc	nc	nc	nc
岩手 (15)	…	…	…	…	nc	nc	nc	nc	nc
宮城 (16)	…	…	…	…	nc	nc	nc	nc	nc
秋田 (17)	26	962	250	146	100	103	103	104	106
山形 (18)	22	950	209	116	96	100	95	95	100
福島 (19)	25	876	219	111	100	101	101	102	102
茨城 (20)	108	2,330	2,520	2,370	96	104	99	99	110
栃木 (21)	…	…	…	…	nc	nc	nc	nc	nc
群馬 (22)	26	1,740	452	399	nc	nc	nc	nc	nc
埼玉 (23)	84	1,980	1,660	1,460	86	106	91	91	108
千葉 (24)	35	1,400	490	445	97	98	95	95	89
東京 (25)	29	1,980	574	568	100	99	98	101	99
神奈川 (26)	39	1,640	640	601	105	101	106	107	112
新潟 (27)	90	1,230	1,110	939	99	92	91	94	89
富山 (28)	…	…	…	…	nc	nc	nc	nc	nc
石川 (29)	…	…	…	…	nc	nc	nc	nc	nc
福井 (30)	…	…	…	…	nc	nc	nc	nc	nc
山梨 (31)	…	…	…	…	nc	nc	nc	nc	nc
長野 (32)	93	2,110	1,960	1,770	103	103	107	107	104
岐阜 (33)	…	…	…	…	nc	nc	nc	nc	nc
静岡 (34)	33	1,450	479	376	100	86	86	86	85
愛知 (35)	120	1,870	2,240	2,010	124	91	113	112	98
三重 (36)	…	…	…	…	nc	nc	nc	nc	nc
滋賀 (37)	…	…	…	…	nc	nc	nc	nc	nc
京都 (38)	…	…	…	…	nc	nc	nc	nc	nc
大阪 (39)	9	2,220	200	186	129	98	127	127	99
兵庫 (40)	…	…	…	…	nc	nc	nc	nc	nc
奈良 (41)	…	…	…	…	nc	nc	nc	nc	nc
和歌山 (42)	…	…	…	…	nc	nc	nc	nc	nc
鳥取 (43)	…	…	…	…	nc	nc	nc	nc	nc
島根 (44)	…	…	…	…	nc	nc	nc	nc	nc
岡山 (45)	9	1,600	144	122	90	97	87	87	97
広島 (46)	…	…	…	…	nc	nc	nc	nc	nc
山口 (47)	…	…	…	…	nc	nc	nc	nc	nc
徳島 (48)	84	2,290	1,920	1,760	102	107	109	109	99
香川 (49)	…	…	…	…	nc	nc	nc	nc	nc
愛媛 (50)	…	…	…	…	nc	nc	nc	nc	nc
高知 (51)	…	…	…	…	nc	nc	nc	nc	nc
福岡 (52)	52	1,770	920	827	98	96	94	94	98
佐賀 (53)	…	…	…	…	nc	nc	nc	nc	nc
長崎 (54)	…	…	…	…	nc	nc	nc	nc	nc
熊本 (55)	115	2,200	2,530	2,200	106	100	106	106	95
大分 (56)	…	…	…	…	nc	nc	nc	nc	nc
宮崎 (57)	…	…	…	…	nc	nc	nc	nc	nc
鹿児島 (58)	…	…	…	…	nc	nc	nc	nc	nc
沖縄 (59)	…	…	…	…	nc	nc	nc	nc	nc
関東農政局 (60)	…	…	…	…	nc	nc	nc	nc	nc
東海農政局 (61)	…	…	…	…	nc	nc	nc	nc	nc
中国四国農政局 (62)	…	…	…	…	nc	nc	nc	nc	nc

(21) ブロッコリー

作付面積	10a当たり収量	収穫量	出荷量	対前年産比				(参考)対平均収量比	
				作付面積	10a当たり収量	収穫量	出荷量		
ha	kg	t	t	%	%	%	%	%	
16,900	**1,020**	**171,600**	**155,500**	**102**	**97**	**98**	**98**	**100**	(1)
3,030	921	27,900	26,500	105	90	95	95	96	(2)
…	…	…	…	nc	nc	nc	nc	nc	(3)
…	…	…	…	nc	nc	nc	nc	nc	(4)
…	…	…	…	nc	nc	nc	nc	nc	(5)
…	…	…	…	nc	nc	nc	nc	nc	(6)
…	…	…	…	nc	nc	nc	nc	nc	(7)
…	…	…	…	nc	nc	nc	nc	nc	(8)
1,230	807	9,930	9,120	107	100	107	107	102	(9)
2,500	1,070	26,700	24,900	98	95	93	93	98	(10)
…	…	…	…	nc	nc	nc	nc	nc	(11)
…	…	…	…	nc	nc	nc	nc	nc	(12)
3,030	921	27,900	26,500	105	90	95	95	96	(13)
170	730	1,240	1,100	98	104	102	102	103	(14)
104	780	811	710	106	99	105	106	105	(15)
…	…	…	…	nc	nc	nc	nc	nc	(16)
…	…	…	…	nc	nc	nc	nc	nc	(17)
…	…	…	…	nc	nc	nc	nc	nc	(18)
441	853	3,760	3,270	100	98	98	98	95	(19)
214	918	1,960	1,640	97	103	101	101	100	(20)
159	1,010	1,610	1,380	101	99	100	101	96	(21)
615	1,020	6,270	5,420	95	98	94	94	98	(22)
1,200	1,330	16,000	13,700	94	105	99	99	115	(23)
335	844	2,830	2,430	102	93	95	96	117	(24)
168	1,130	1,900	1,800	100	93	93	96	100	(25)
111	1,270	1,410	1,270	101	99	100	101	108	(26)
…	…	…	…	nc	nc	nc	nc	nc	(27)
…	…	…	…	nc	nc	nc	nc	nc	(28)
293	605	1,770	1,630	102	98	100	101	101	(29)
74	845	625	463	104	105	109	116	nc	(30)
…	…	…	…	nc	nc	nc	nc	nc	(31)
1,090	1,040	11,300	10,900	104	105	109	108	103	(32)
…	…	…	…	nc	nc	nc	nc	nc	(33)
246	1,150	2,830	2,630	107	98	105	105	92	(34)
945	1,550	14,600	13,600	99	95	93	93	99	(35)
95	747	710	421	104	107	112	112	112	(36)
…	…	…	…	nc	nc	nc	nc	nc	(37)
43	712	306	217	108	94	101	100	96	(38)
32	1,450	464	432	100	97	97	97	99	(39)
220	939	2,070	1,740	112	93	104	106	94	(40)
…	…	…	…	nc	nc	nc	nc	nc	(41)
106	909	964	846	85	120	103	103	109	(42)
796	846	6,730	6,280	110	101	111	111	105	(43)
141	626	883	800	108	90	97	98	87	(44)
149	880	1,310	1,150	102	105	107	107	109	(45)
36	833	300	244	100	98	98	98	103	(46)
109	649	707	650	96	96	92	93	95	(47)
974	1,190	11,600	10,800	102	101	103	103	103	(48)
1,330	1,010	13,400	12,700	96	89	85	86	93	(49)
140	738	1,030	816	97	104	101	100	100	(50)
59	1,110	655	623	71	121	86	86	115	(51)
516	746	3,850	3,520	93	94	88	87	84	(52)
79	829	655	491	110	95	104	104	94	(53)
999	991	9,900	9,160	107	96	103	103	96	(54)
680	1,030	7,000	6,200	138	102	141	141	93	(55)
40	1,110	444	339	100	103	103	101	97	(56)
…	…	…	…	nc	nc	nc	nc	nc	(57)
395	982	3,880	3,320	88	92	80	78	90	(58)
…	…	…	…	nc	nc	nc	nc	nc	(59)
…	…	…	…	nc	nc	nc	nc	nc	(60)
…	…	…	…	nc	nc	nc	nc	nc	(61)
3,730	981	36,600	34,100	101	95	96	97	99	(62)

3 令和3年産都道府県別の作付面積、10ａ当たり収量、収穫量及び出荷量（続き）

(22) レタス
ア 計

全国農業地域・都道府県	作付面積	10ａ当たり収量	収穫量	出荷量	対前年産比 作付面積	対前年産比 10ａ当たり収量	対前年産比 収穫量	対前年産比 出荷量	（参考）対平均収量比
	ha	kg	t	t	%	%	%	%	%
全国 (1)	20,000	2,730	546,800	516,400	97	100	97	97	101
（全国農業地域）									
北海道 (2)	522	2,930	15,300	14,100	106	95	101	101	103
都府県 (3)	…	…	…	…	nc	nc	nc	nc	nc
東北 (4)	…	…	…	…	nc	nc	nc	nc	nc
北陸 (5)	…	…	…	…	nc	nc	nc	nc	nc
関東・東山 (6)	…	…	…	…	nc	nc	nc	nc	nc
東海 (7)	…	…	…	…	nc	nc	nc	nc	nc
近畿 (8)	…	…	…	…	nc	nc	nc	nc	nc
中国 (9)	…	…	…	…	nc	nc	nc	nc	nc
四国 (10)	…	…	…	…	nc	nc	nc	nc	nc
九州 (11)	…	…	…	…	nc	nc	nc	nc	nc
沖縄 (12)	245	1,860	4,550	3,970	95	99	94	94	95
（都道府県）									
北海道 (13)	522	2,930	15,300	14,100	106	95	101	101	103
青森 (14)	90	2,170	1,950	1,790	92	96	88	88	100
岩手 (15)	416	2,400	10,000	9,190	97	100	98	99	103
宮城 (16)	…	…	…	…	nc	nc	nc	nc	nc
秋田 (17)	…	…	…	…	nc	nc	nc	nc	nc
山形 (18)	…	…	…	…	nc	nc	nc	nc	nc
福島 (19)	…	…	…	…	nc	nc	nc	nc	nc
茨城 (20)	3,420	2,540	87,000	83,700	98	97	95	95	105
栃木 (21)	172	2,760	4,750	4,360	88	102	90	88	110
群馬 (22)	1,350	4,040	54,500	51,600	101	99	99	99	106
埼玉 (23)	151	2,420	3,650	3,090	94	102	95	95	102
千葉 (24)	462	1,640	7,580	6,840	95	95	91	91	90
東京 (25)	…	…	…	…	nc	nc	nc	nc	nc
神奈川 (26)	121	2,510	3,040	2,830	nc	nc	nc	nc	nc
新潟 (27)	…	…	…	…	nc	nc	nc	nc	nc
富山 (28)	…	…	…	…	nc	nc	nc	nc	nc
石川 (29)	…	…	…	…	nc	nc	nc	nc	nc
福井 (30)	…	…	…	…	nc	nc	nc	nc	nc
山梨 (31)	…	…	…	…	nc	nc	nc	nc	nc
長野 (32)	5,440	3,290	178,800	173,900	94	104	98	99	99
岐阜 (33)	…	…	…	…	nc	nc	nc	nc	nc
静岡 (34)	896	2,790	25,000	24,000	97	100	97	96	109
愛知 (35)	318	1,670	5,300	4,850	98	101	99	99	103
三重 (36)	…	…	…	…	nc	nc	nc	nc	nc
滋賀 (37)	…	…	…	…	nc	nc	nc	nc	nc
京都 (38)	…	…	…	…	nc	nc	nc	nc	nc
大阪 (39)	22	2,040	448	421	100	96	96	95	94
兵庫 (40)	1,180	2,190	25,900	24,700	98	90	88	89	91
奈良 (41)	27	1,940	525	373	93	99	93	93	108
和歌山 (42)	…	…	…	…	nc	nc	nc	nc	nc
鳥取 (43)	…	…	…	…	nc	nc	nc	nc	nc
島根 (44)	…	…	…	…	nc	nc	nc	nc	nc
岡山 (45)	81	2,000	1,620	1,420	96	99	95	95	120
広島 (46)	…	…	…	…	nc	nc	nc	nc	nc
山口 (47)	…	…	…	…	nc	nc	nc	nc	nc
徳島 (48)	277	2,130	5,900	5,380	100	99	99	99	106
香川 (49)	707	2,090	14,800	13,500	96	93	90	89	96
愛媛 (50)	108	1,740	1,880	1,690	96	117	112	115	94
高知 (51)	…	…	…	…	nc	nc	nc	nc	nc
福岡 (52)	928	1,640	15,200	14,500	89	99	88	88	97
佐賀 (53)	80	1,940	1,550	1,330	89	102	90	90	96
長崎 (54)	940	3,720	35,000	31,700	97	101	97	98	103
熊本 (55)	593	2,830	16,800	15,800	98	107	105	105	104
大分 (56)	114	1,890	2,150	1,840	94	103	96	96	99
宮崎 (57)	…	…	…	…	nc	nc	nc	nc	nc
鹿児島 (58)	232	2,720	6,300	5,460	100	136	136	137	111
沖縄 (59)	245	1,860	4,550	3,970	95	99	94	94	95
関東農政局 (60)	…	…	…	…	nc	nc	nc	nc	nc
東海農政局 (61)	…	…	…	…	nc	nc	nc	nc	nc
中国四国農政局 (62)	…	…	…	…	nc	nc	nc	nc	nc

イ 計のうちサラダ菜

作付面積	10a当たり収量	収穫量	出荷量	対前年産比				(参考)対平均収量比	
				作付面積	10a当たり収量	収穫量	出荷量		
ha	kg	t	t	%	%	%	%	%	
452	**2,160**	**9,780**	**9,100**	**106**	**105**	**111**	**108**	**118**	(1)
11	2,550	280	262	100	102	102	107	123	(2)
…	…	…	…	nc	nc	nc	nc	nc	(3)
…	…	…	…	nc	nc	nc	nc	nc	(4)
…	…	…	…	nc	nc	nc	nc	nc	(5)
…	…	…	…	nc	nc	nc	nc	nc	(6)
…	…	…	…	nc	nc	nc	nc	nc	(7)
…	…	…	…	nc	nc	nc	nc	nc	(8)
…	…	…	…	nc	nc	nc	nc	nc	(9)
…	…	…	…	nc	nc	nc	nc	nc	(10)
…	…	…	…	nc	nc	nc	nc	nc	(11)
7	1,060	74	67	117	101	117	124	95	(12)
11	2,550	280	262	100	102	102	107	123	(13)
x	x	x	x	x	x	x	x	x	(14)
0	…	3	3	nc	nc	100	100	nc	(15)
…	…	…	…	nc	nc	nc	nc	nc	(16)
…	…	…	…	nc	nc	nc	nc	nc	(17)
…	…	…	…	nc	nc	nc	nc	nc	(18)
…	…	…	…	nc	nc	nc	nc	nc	(19)
−	−	−	−	nc	nc	nc	nc	−	(20)
x	x	x	x	x	x	x	x	x	(21)
x	x	x	x	x	x	x	x	x	(22)
25	1,880	469	423	96	101	97	97	92	(23)
81	1,600	1,300	1,260	96	94	90	91	91	(24)
…	…	…	…	nc	nc	nc	nc	nc	(25)
1	2,290	21	21	nc	nc	nc	nc	nc	(26)
…	…	…	…	nc	nc	nc	nc	nc	(27)
…	…	…	…	nc	nc	nc	nc	nc	(28)
…	…	…	…	nc	nc	nc	nc	nc	(29)
…	…	…	…	nc	nc	nc	nc	nc	(30)
…	…	…	…	nc	nc	nc	nc	nc	(31)
x	x	x	x	x	x	x	x	x	(32)
…	…	…	…	nc	nc	nc	nc	nc	(33)
51	1,560	797	748	75	98	73	71	92	(34)
6	1,870	112	99	100	121	120	118	122	(35)
…	…	…	…	nc	nc	nc	nc	nc	(36)
…	…	…	…	nc	nc	nc	nc	nc	(37)
…	…	…	…	nc	nc	nc	nc	nc	(38)
1	2,200	22	19	100	100	100	100	92	(39)
4	1,200	48	34	80	113	91	92	104	(40)
4	1,380	55	49	57	151	86	89	135	(41)
…	…	…	…	nc	nc	nc	nc	nc	(42)
…	…	…	…	nc	nc	nc	nc	nc	(43)
…	…	…	…	nc	nc	nc	nc	nc	(44)
0	…	9	9	nc	nc	100	100	nc	(45)
…	…	…	…	nc	nc	nc	nc	nc	(46)
…	…	…	…	nc	nc	nc	nc	nc	(47)
−	−	−	−	nc	nc	nc	nc	nc	(48)
2	1,500	30	17	100	97	97	89	91	(49)
4	1,350	54	42	100	100	100	108	91	(50)
…	…	…	…	nc	nc	nc	nc	nc	(51)
62	1,740	1,080	1,030	100	98	98	98	95	(52)
x	x	x	x	x	x	x	x	x	(53)
−	−	−	−	nc	nc	nc	nc	nc	(54)
x	x	x	x	x	x	x	x	x	(55)
2	2,750	55	49	100	96	96	98	130	(56)
…	…	…	…	nc	nc	nc	nc	nc	(57)
8	2,700	216	195	89	136	121	119	134	(58)
7	1,060	74	67	117	101	117	124	95	(59)
…	…	…	…	nc	nc	nc	nc	nc	(60)
…	…	…	…	nc	nc	nc	nc	nc	(61)
…	…	…	…	nc	nc	nc	nc	nc	(62)

3　令和３年産都道府県別の作付面積、10ａ当たり収量、収穫量及び出荷量（続き）

(22)　レタス（続き）

ウ　春レタス

全国農業地域・都道府県	作付面積	10ａ当たり収量	収穫量	出荷量	対前年産比 作付面積	対前年産比 10ａ当たり収量	対前年産比 収穫量	対前年産比 出荷量	(参考) 対平均収量比
	ha	kg	t	t	%	%	%	%	%
全国 (1)	4,090	2,780	113,800	107,100	99	100	99	99	102
(全国農業地域)									
北海道 (2)	…	…	…	…	nc	nc	nc	nc	nc
都府県 (3)	…	…	…	…	nc	nc	nc	nc	nc
東北 (4)	…	…	…	…	nc	nc	nc	nc	nc
北陸 (5)	…	…	…	…	nc	nc	nc	nc	nc
関東・東山 (6)	…	…	…	…	nc	nc	nc	nc	nc
東海 (7)	…	…	…	…	nc	nc	nc	nc	nc
近畿 (8)	…	…	…	…	nc	nc	nc	nc	nc
中国 (9)	…	…	…	…	nc	nc	nc	nc	nc
四国 (10)	…	…	…	…	nc	nc	nc	nc	nc
九州 (11)	…	…	…	…	nc	nc	nc	nc	nc
沖縄 (12)	51	1,880	959	833	109	90	98	98	84
(都道府県)									
北海道 (13)	…	…	…	…	nc	nc	nc	nc	nc
青森 (14)	…	…	…	…	nc	nc	nc	nc	nc
岩手 (15)	35	2,220	777	657	92	87	81	83	88
宮城 (16)	…	…	…	…	nc	nc	nc	nc	nc
秋田 (17)	…	…	…	…	nc	nc	nc	nc	nc
山形 (18)	…	…	…	…	nc	nc	nc	nc	nc
福島 (19)	…	…	…	…	nc	nc	nc	nc	nc
茨城 (20)	1,350	2,640	35,600	34,600	98	96	94	94	99
栃木 (21)	48	2,480	1,190	1,090	83	101	84	82	100
群馬 (22)	303	4,030	12,200	11,500	112	100	112	112	114
埼玉 (23)	60	2,370	1,420	1,210	94	99	93	95	100
千葉 (24)	77	1,800	1,390	1,230	94	99	93	92	99
東京 (25)	…	…	…	…	nc	nc	nc	nc	nc
神奈川 (26)	77	2,650	2,040	1,940	nc	nc	nc	nc	nc
新潟 (27)	…	…	…	…	nc	nc	nc	nc	nc
富山 (28)	…	…	…	…	nc	nc	nc	nc	nc
石川 (29)	…	…	…	…	nc	nc	nc	nc	nc
福井 (30)	…	…	…	…	nc	nc	nc	nc	nc
山梨 (31)	…	…	…	…	nc	nc	nc	nc	nc
長野 (32)	500	3,640	18,200	17,600	105	103	108	109	101
岐阜 (33)	…	…	…	…	nc	nc	nc	nc	nc
静岡 (34)	64	2,680	1,720	1,640	nc	nc	nc	nc	103
愛知 (35)	…	…	…	…	nc	nc	nc	nc	nc
三重 (36)	…	…	…	…	nc	nc	nc	nc	nc
滋賀 (37)	…	…	…	…	nc	nc	nc	nc	nc
京都 (38)	…	…	…	…	nc	nc	nc	nc	nc
大阪 (39)	…	…	…	…	nc	nc	nc	nc	nc
兵庫 (40)	321	2,350	7,540	7,150	101	112	113	113	102
奈良 (41)	16	2,280	365	262	94	99	93	93	104
和歌山 (42)	…	…	…	…	nc	nc	nc	nc	nc
鳥取 (43)	…	…	…	…	nc	nc	nc	nc	nc
島根 (44)	…	…	…	…	nc	nc	nc	nc	nc
岡山 (45)	28	2,580	722	589	108	98	105	105	166
広島 (46)	…	…	…	…	nc	nc	nc	nc	nc
山口 (47)	…	…	…	…	nc	nc	nc	nc	nc
徳島 (48)	53	2,220	1,180	1,080	96	97	94	94	100
香川 (49)	91	2,250	2,050	1,870	96	107	103	103	99
愛媛 (50)	…	…	…	…	nc	nc	nc	nc	nc
高知 (51)	…	…	…	…	nc	nc	nc	nc	nc
福岡 (52)	207	1,740	3,600	3,350	87	95	82	82	92
佐賀 (53)	19	2,180	414	335	95	97	92	92	90
長崎 (54)	200	4,210	8,420	7,830	90	96	86	86	105
熊本 (55)	80	3,300	2,640	2,450	95	106	101	101	112
大分 (56)	51	2,380	1,210	1,030	94	105	99	99	95
宮崎 (57)	…	…	…	…	nc	nc	nc	nc	nc
鹿児島 (58)	…	…	…	…	nc	nc	nc	nc	nc
沖縄 (59)	51	1,880	959	833	109	90	98	98	84
関東農政局 (60)	…	…	…	…	nc	nc	nc	nc	nc
東海農政局 (61)	…	…	…	…	nc	nc	nc	nc	nc
中国四国農政局 (62)	…	…	…	…	nc	nc	nc	nc	nc

エ　春レタスのうちサラダ菜

作付面積	10a当たり収量	収穫量	出荷量	対前年産比				(参考)対平均収量比	
				作付面積	10a当たり収量	収穫量	出荷量		
ha	kg	t	t	%	%	%	%	%	
80	**1,750**	**1,400**	**1,320**	**94**	**94**	**89**	**88**	**96**	(1)
…	…	…	…	nc	nc	nc	nc	nc	(2)
…	…	…	…	nc	nc	nc	nc	nc	(3)
…	…	…	…	nc	nc	nc	nc	nc	(4)
…	…	…	…	nc	nc	nc	nc	nc	(5)
…	…	…	…	nc	nc	nc	nc	nc	(6)
…	…	…	…	nc	nc	nc	nc	nc	(7)
…	…	…	…	nc	nc	nc	nc	nc	(8)
…	…	…	…	nc	nc	nc	nc	nc	(9)
…	…	…	…	nc	nc	nc	nc	nc	(10)
…	…	…	…	nc	nc	nc	nc	nc	(11)
2	1,000	22	19	200	93	169	173	93	(12)
…	…	…	…	nc	nc	nc	nc	nc	(13)
…	…	…	…	nc	nc	nc	nc	nc	(14)
0	590	2	2	nc	98	100	100	121	(15)
…	…	…	…	nc	nc	nc	nc	nc	(16)
…	…	…	…	nc	nc	nc	nc	nc	(17)
…	…	…	…	nc	nc	nc	nc	nc	(18)
…	…	…	…	nc	nc	nc	nc	nc	(19)
−	−	−	−	nc	nc	nc	nc	−	(20)
x	x	x	x	x	x	x	x	x	(21)
x	x	x	x	x	x	x	x	x	(22)
7	2,210	150	140	100	102	99	99	97	(23)
19	1,860	353	337	95	98	93	93	98	(24)
…	…	…	…	nc	nc	nc	nc	nc	(25)
1	2,290	16	16	nc	nc	nc	nc	nc	(26)
…	…	…	…	nc	nc	nc	nc	nc	(27)
…	…	…	…	nc	nc	nc	nc	nc	(28)
…	…	…	…	nc	nc	nc	nc	nc	(29)
…	…	…	…	nc	nc	nc	nc	nc	(30)
…	…	…	…	nc	nc	nc	nc	nc	(31)
x	x	x	x	x	x	x	x	x	(32)
…	…	…	…	nc	nc	nc	nc	nc	(33)
12	1,730	208	199	nc	nc	nc	nc	91	(34)
…	…	…	…	nc	nc	nc	nc	nc	(35)
…	…	…	…	nc	nc	nc	nc	nc	(36)
…	…	…	…	nc	nc	nc	nc	nc	(37)
…	…	…	…	nc	nc	nc	nc	nc	(38)
…	…	…	…	nc	nc	nc	nc	nc	(39)
1	1,210	17	16	100	119	121	123	114	(40)
1	1,380	19	16	50	99	86	89	104	(41)
…	…	…	…	nc	nc	nc	nc	nc	(42)
…	…	…	…	nc	nc	nc	nc	nc	(43)
…	…	…	…	nc	nc	nc	nc	nc	(44)
0	1,380	3	3	nc	99	100	100	101	(45)
…	…	…	…	nc	nc	nc	nc	nc	(46)
…	…	…	…	nc	nc	nc	nc	nc	(47)
−	−	−	−	nc	nc	nc	nc	nc	(48)
0	1,100	1	0	nc	110	100	nc	61	(49)
…	…	…	…	nc	nc	nc	nc	nc	(50)
…	…	…	…	nc	nc	nc	nc	nc	(51)
12	1,560	187	178	100	91	90	90	87	(52)
x	x	x	x	x	x	x	x	x	(53)
−	−	−	−	nc	−	nc	nc	nc	(54)
x	x	x	x	x	x	x	x	x	(55)
x	x	x	x	x	x	x	x	x	(56)
…	…	…	…	nc	nc	nc	nc	nc	(57)
…	…	…	…	nc	nc	nc	nc	nc	(58)
2	1,000	22	19	200	93	169	173	93	(59)
…	…	…	…	nc	nc	nc	nc	nc	(60)
…	…	…	…	nc	nc	nc	nc	nc	(61)
…	…	…	…	nc	nc	nc	nc	nc	(62)

3　令和３年産都道府県別の作付面積、10ａ当たり収量、収穫量及び出荷量（続き）

(22)　レタス（続き）

オ　夏秋レタス

全国農業地域・都道府県	作付面積	10ａ当たり収量	収穫量	出荷量	対前年産比				(参考)対平均収量比
					作付面積	10ａ当たり収量	収穫量	出荷量	
	ha	kg	t	t	%	%	%	%	%
全国 (1)	8,390	3,040	255,100	244,800	95	102	97	97	101
(全国農業地域)									
北海道 (2)	448	2,470	11,100	10,300	106	95	101	101	98
都府県 (3)	…	…	…	…	nc	nc	nc	nc	nc
東北 (4)	…	…	…	…	nc	nc	nc	nc	nc
北陸 (5)	…	…	…	…	nc	nc	nc	nc	nc
関東・東山 (6)	…	…	…	…	nc	nc	nc	nc	nc
東海 (7)	…	…	…	…	nc	nc	nc	nc	nc
近畿 (8)	…	…	…	…	nc	nc	nc	nc	nc
中国 (9)	…	…	…	…	nc	nc	nc	nc	nc
四国 (10)	…	…	…	…	nc	nc	nc	nc	nc
九州 (11)	…	…	…	…	nc	nc	nc	nc	nc
沖縄 (12)	…	…	…	…	nc	nc	nc	nc	nc
(都道府県)									
北海道 (13)	448	2,470	11,100	10,300	106	95	101	101	98
青森 (14)	83	2,160	1,790	1,630	92	96	88	88	100
岩手 (15)	378	2,430	9,190	8,470	98	103	100	101	106
宮城 (16)	…	…	…	…	nc	nc	nc	nc	nc
秋田 (17)	…	…	…	…	nc	nc	nc	nc	nc
山形 (18)	…	…	…	…	nc	nc	nc	nc	nc
福島 (19)	…	…	…	…	nc	nc	nc	nc	nc
茨城 (20)	704	2,540	17,900	17,400	94	95	90	90	114
栃木 (21)	41	2,600	1,070	982	89	101	91	90	111
群馬 (22)	998	4,120	41,100	39,100	98	98	96	96	104
埼玉 (23)	…	…	…	…	nc	nc	nc	nc	nc
千葉 (24)	…	…	…	…	nc	nc	nc	nc	nc
東京 (25)	…	…	…	…	nc	nc	nc	nc	nc
神奈川 (26)	…	…	…	…	nc	nc	nc	nc	nc
新潟 (27)	…	…	…	…	nc	nc	nc	nc	nc
富山 (28)	…	…	…	…	nc	nc	nc	nc	nc
石川 (29)	…	…	…	…	nc	nc	nc	nc	nc
福井 (30)	…	…	…	…	nc	nc	nc	nc	nc
山梨 (31)	…	…	…	…	nc	nc	nc	nc	nc
長野 (32)	4,940	3,250	160,600	156,300	94	104	97	98	99
岐阜 (33)	…	…	…	…	nc	nc	nc	nc	nc
静岡 (34)	…	…	…	…	nc	nc	nc	nc	nc
愛知 (35)	…	…	…	…	nc	nc	nc	nc	nc
三重 (36)	…	…	…	…	nc	nc	nc	nc	nc
滋賀 (37)	…	…	…	…	nc	nc	nc	nc	nc
京都 (38)	…	…	…	…	nc	nc	nc	nc	nc
大阪 (39)	…	…	…	…	nc	nc	nc	nc	nc
兵庫 (40)	…	…	…	…	nc	nc	nc	nc	nc
奈良 (41)	…	…	…	…	nc	nc	nc	nc	nc
和歌山 (42)	…	…	…	…	nc	nc	nc	nc	nc
鳥取 (43)	…	…	…	…	nc	nc	nc	nc	nc
島根 (44)	…	…	…	…	nc	nc	nc	nc	nc
岡山 (45)	…	…	…	…	nc	nc	nc	nc	nc
広島 (46)	…	…	…	…	nc	nc	nc	nc	nc
山口 (47)	…	…	…	…	nc	nc	nc	nc	nc
徳島 (48)	…	…	…	…	nc	nc	nc	nc	nc
香川 (49)	…	…	…	…	nc	nc	nc	nc	nc
愛媛 (50)	…	…	…	…	nc	nc	nc	nc	nc
高知 (51)	…	…	…	…	nc	nc	nc	nc	nc
福岡 (52)	…	…	…	…	nc	nc	nc	nc	nc
佐賀 (53)	…	…	…	…	nc	nc	nc	nc	nc
長崎 (54)	…	…	…	…	nc	nc	nc	nc	nc
熊本 (55)	…	…	…	…	nc	nc	nc	nc	nc
大分 (56)	51	1,350	689	634	94	97	92	92	102
宮崎 (57)	…	…	…	…	nc	nc	nc	nc	nc
鹿児島 (58)	…	…	…	…	nc	nc	nc	nc	nc
沖縄 (59)	…	…	…	…	nc	nc	nc	nc	nc
関東農政局 (60)	…	…	…	…	nc	nc	nc	nc	nc
東海農政局 (61)	…	…	…	…	nc	nc	nc	nc	nc
中国四国農政局 (62)	…	…	…	…	nc	nc	nc	nc	nc

カ 夏秋レタスのうちサラダ菜

作付面積	10a当たり収量	収穫量	出荷量	対前年産比				(参考)対平均収量比	
				作付面積	10a当たり収量	収穫量	出荷量		
ha	kg	t	t	%	%	%	%	%	
225	**2,560**	**5,750**	**5,380**	**130**	**101**	**132**	**126**	**139**	(1)
8	2,300	184	165	100	102	102	106	108	(2)
…	…	…	…	nc	nc	nc	nc	nc	(3)
…	…	…	…	nc	nc	nc	nc	nc	(4)
…	…	…	…	nc	nc	nc	nc	nc	(5)
…	…	…	…	nc	nc	nc	nc	nc	(6)
…	…	…	…	nc	nc	nc	nc	nc	(7)
…	…	…	…	nc	nc	nc	nc	nc	(8)
…	…	…	…	nc	nc	nc	nc	nc	(9)
…	…	…	…	nc	nc	nc	nc	nc	(10)
…	…	…	…	nc	nc	nc	nc	nc	(11)
…	…	…	…	nc	nc	nc	nc	nc	(12)
8	2,300	184	165	100	102	102	106	108	(13)
8	2,010	161	158	x	x	x	x	101	(14)
0	620	1	1	nc	103	100	100	130	(15)
…	…	…	…	nc	nc	nc	nc	nc	(16)
…	…	…	…	nc	nc	nc	nc	nc	(17)
…	…	…	…	nc	nc	nc	nc	nc	(18)
…	…	…	…	nc	nc	nc	nc	nc	(19)
-	-	-	-	nc	nc	nc	nc	-	(20)
x	x	x	x	x	x	x	x	x	(21)
x	x	x	x	x	x	x	x	x	(22)
…	…	…	…	nc	nc	nc	nc	nc	(23)
…	…	…	…	nc	nc	nc	nc	nc	(24)
…	…	…	…	nc	nc	nc	nc	nc	(25)
…	…	…	…	nc	nc	nc	nc	nc	(26)
…	…	…	…	nc	nc	nc	nc	nc	(27)
…	…	…	…	nc	nc	nc	nc	nc	(28)
…	…	…	…	nc	nc	nc	nc	nc	(29)
…	…	…	…	nc	nc	nc	nc	nc	(30)
…	…	…	…	nc	nc	nc	nc	nc	(31)
x	x	x	x	x	x	x	x	x	(32)
…	…	…	…	nc	nc	nc	nc	nc	(33)
…	…	…	…	nc	nc	nc	nc	nc	(34)
…	…	…	…	nc	nc	nc	nc	nc	(35)
…	…	…	…	nc	nc	nc	nc	nc	(36)
…	…	…	…	nc	nc	nc	nc	nc	(37)
…	…	…	…	nc	nc	nc	nc	nc	(38)
…	…	…	…	nc	nc	nc	nc	nc	(39)
…	…	…	…	nc	nc	nc	nc	nc	(40)
…	…	…	…	nc	nc	nc	nc	nc	(41)
…	…	…	…	nc	nc	nc	nc	nc	(42)
…	…	…	…	nc	nc	nc	nc	nc	(43)
…	…	…	…	nc	nc	nc	nc	nc	(44)
…	…	…	…	nc	nc	nc	nc	nc	(45)
…	…	…	…	nc	nc	nc	nc	nc	(46)
…	…	…	…	nc	nc	nc	nc	nc	(47)
…	…	…	…	nc	nc	nc	nc	nc	(48)
…	…	…	…	nc	nc	nc	nc	nc	(49)
…	…	…	…	nc	nc	nc	nc	nc	(50)
…	…	…	…	nc	nc	nc	nc	nc	(51)
…	…	…	…	nc	nc	nc	nc	nc	(52)
…	…	…	…	nc	nc	nc	nc	nc	(53)
…	…	…	…	nc	nc	nc	nc	nc	(54)
…	…	…	…	nc	nc	nc	nc	nc	(55)
x	x	x	x	x	x	x	x	x	(56)
…	…	…	…	nc	nc	nc	nc	nc	(57)
…	…	…	…	nc	nc	nc	nc	nc	(58)
…	…	…	…	nc	nc	nc	nc	nc	(59)
…	…	…	…	nc	nc	nc	nc	nc	(60)
…	…	…	…	nc	nc	nc	nc	nc	(61)
…	…	…	…	nc	nc	nc	nc	nc	(62)

3　令和３年産都道府県別の作付面積、10ａ当たり収量、収穫量及び出荷量（続き）

(22)　レタス（続き）

キ　冬レタス

全国農業地域・都道府県		作付面積	10a当たり収量	収穫量	出荷量	対前年産比 作付面積	対前年産比 10a当たり収量	対前年産比 収穫量	対前年産比 出荷量	(参考)対平均収量比
		ha	kg	t	t	%	%	%	%	%
全国	(1)	7,520	2,360	177,800	164,600	97	99	96	96	101
(全国農業地域)										
北海道	(2)	…	…	…	…	nc	nc	nc	nc	nc
都府県	(3)	…	…	…	…	nc	nc	nc	nc	nc
東北	(4)	…	…	…	…	nc	nc	nc	nc	nc
北陸	(5)	…	…	…	…	nc	nc	nc	nc	nc
関東・東山	(6)	…	…	…	…	nc	nc	nc	nc	nc
東海	(7)	…	…	…	…	nc	nc	nc	nc	nc
近畿	(8)	…	…	…	…	nc	nc	nc	nc	nc
中国	(9)	…	…	…	…	nc	nc	nc	nc	nc
四国	(10)	…	…	…	…	nc	nc	nc	nc	nc
九州	(11)	…	…	…	…	nc	nc	nc	nc	nc
沖縄	(12)	184	1,880	3,460	3,020	92	101	93	93	98
(都道府県)										
北海道	(13)	…	…	…	…	nc	nc	nc	nc	nc
青森	(14)	…	…	…	…	nc	nc	nc	nc	nc
岩手	(15)	…	…	…	…	nc	nc	nc	nc	nc
宮城	(16)	…	…	…	…	nc	nc	nc	nc	nc
秋田	(17)	…	…	…	…	nc	nc	nc	nc	nc
山形	(18)	…	…	…	…	nc	nc	nc	nc	nc
福島	(19)	…	…	…	…	nc	nc	nc	nc	nc
茨城	(20)	1,360	2,460	33,500	31,700	100	99	99	99	108
栃木	(21)	83	3,000	2,490	2,290	91	102	93	91	112
群馬	(22)	…	…	…	…	nc	nc	nc	nc	nc
埼玉	(23)	84	2,530	2,130	1,800	94	102	97	95	102
千葉	(24)	317	1,680	5,330	4,820	95	95	91	91	90
東京	(25)	…	…	…	…	nc	nc	nc	nc	nc
神奈川	(26)	…	…	…	…	nc	nc	nc	nc	nc
新潟	(27)	…	…	…	…	nc	nc	nc	nc	nc
富山	(28)	…	…	…	…	nc	nc	nc	nc	nc
石川	(29)	…	…	…	…	nc	nc	nc	nc	nc
福井	(30)	…	…	…	…	nc	nc	nc	nc	nc
山梨	(31)	…	…	…	…	nc	nc	nc	nc	nc
長野	(32)	…	…	…	…	nc	nc	nc	nc	nc
岐阜	(33)	…	…	…	…	nc	nc	nc	nc	nc
静岡	(34)	797	2,830	22,600	21,700	97	99	97	97	108
愛知	(35)	267	1,650	4,410	4,050	99	101	99	100	103
三重	(36)	…	…	…	…	nc	nc	nc	nc	nc
滋賀	(37)	…	…	…	…	nc	nc	nc	nc	nc
京都	(38)	…	…	…	…	nc	nc	nc	nc	nc
大阪	(39)	9	1,830	157	150	100	96	96	96	96
兵庫	(40)	854	2,140	18,300	17,500	98	83	81	81	87
奈良	(41)	…	…	…	…	nc	nc	nc	nc	nc
和歌山	(42)	…	…	…	…	nc	nc	nc	nc	nc
鳥取	(43)	…	…	…	…	nc	nc	nc	nc	nc
島根	(44)	…	…	…	…	nc	nc	nc	nc	nc
岡山	(45)	45	1,580	711	655	90	96	87	87	95
広島	(46)	…	…	…	…	nc	nc	nc	nc	nc
山口	(47)	…	…	…	…	nc	nc	nc	nc	nc
徳島	(48)	220	2,130	4,690	4,280	101	99	100	100	108
香川	(49)	613	2,070	12,700	11,600	97	91	88	87	96
愛媛	(50)	76	1,910	1,450	1,340	96	116	112	115	97
高知	(51)	…	…	…	…	nc	nc	nc	nc	nc
福岡	(52)	620	1,620	10,000	9,560	90	101	91	90	97
佐賀	(53)	60	1,800	1,080	940	87	102	89	90	95
長崎	(54)	685	3,700	25,300	22,700	99	104	102	102	103
熊本	(55)	503	2,790	14,000	13,200	98	107	105	106	103
大分	(56)	…	…	…	…	nc	nc	nc	nc	nc
宮崎	(57)	…	…	…	…	nc	nc	nc	nc	nc
鹿児島	(58)	205	2,970	6,090	5,310	100	136	136	137	116
沖縄	(59)	184	1,880	3,460	3,020	92	101	93	93	98
関東農政局	(60)	…	…	…	…	nc	nc	nc	nc	nc
東海農政局	(61)	…	…	…	…	nc	nc	nc	nc	nc
中国四国農政局	(62)	…	…	…	…	nc	nc	nc	nc	nc

ク 冬レタスのうちサラダ菜

作付面積	10a当たり収量	収穫量	出荷量	対前年産比				(参考)対平均収量比	
				作付面積	10a当たり収量	収穫量	出荷量		
ha	kg	t	t	%	%	%	%	%	
147	**1, 790**	**2, 630**	**2, 400**	**86**	**107**	**93**	**91**	**98**	(1)
…	…	…	…	nc	nc	nc	nc	nc	(2)
…	…	…	…	nc	nc	nc	nc	nc	(3)
…	…	…	…	nc	nc	nc	nc	nc	(4)
…	…	…	…	nc	nc	nc	nc	nc	(5)
…	…	…	…	nc	nc	nc	nc	nc	(6)
…	…	…	…	nc	nc	nc	nc	nc	(7)
…	…	…	…	nc	nc	nc	nc	nc	(8)
…	…	…	…	nc	nc	nc	nc	nc	(9)
…	…	…	…	nc	nc	nc	nc	nc	(10)
…	…	…	…	nc	nc	nc	nc	nc	(11)
4	943	38	33	100	99	100	106	94	(12)
…	…	…	…	nc	nc	nc	nc	nc	(13)
…	…	…	…	nc	nc	nc	nc	nc	(14)
…	…	…	…	nc	nc	nc	nc	nc	(15)
…	…	…	…	nc	nc	nc	nc	nc	(16)
…	…	…	…	nc	nc	nc	nc	nc	(17)
…	…	…	…	nc	nc	nc	nc	nc	(18)
…	…	…	…	nc	nc	nc	nc	nc	(19)
−	−	−	−	nc	nc	nc	nc	−	(20)
−	−	−	−	nc	nc	nc	nc	−	(21)
…	…	…	…	nc	nc	nc	nc	nc	(22)
15	2, 030	305	272	94	102	96	95	100	(23)
27	1, 630	440	417	96	92	88	88	89	(24)
…	…	…	…	nc	nc	nc	nc	nc	(25)
…	…	…	…	nc	nc	nc	nc	nc	(26)
…	…	…	…	nc	nc	nc	nc	nc	(27)
…	…	…	…	nc	nc	nc	nc	nc	(28)
…	…	…	…	nc	nc	nc	nc	nc	(29)
…	…	…	…	nc	nc	nc	nc	nc	(30)
…	…	…	…	nc	nc	nc	nc	nc	(31)
…	…	…	…	nc	nc	nc	nc	nc	(32)
…	…	…	…	nc	nc	nc	nc	nc	(33)
20	1, 690	338	307	74	99	74	74	93	(34)
2	1, 500	30	26	100	120	120	118	122	(35)
…	…	…	…	nc	nc	nc	nc	nc	(36)
…	…	…	…	nc	nc	nc	nc	nc	(37)
…	…	…	…	nc	nc	nc	nc	nc	(38)
1	1, 800	14	12	100	100	100	100	99	(39)
2	1, 350	27	16	67	100	77	76	100	(40)
…	…	…	…	nc	nc	nc	nc	nc	(41)
…	…	…	…	nc	nc	nc	nc	nc	(42)
…	…	…	…	nc	nc	nc	nc	nc	(43)
…	…	…	…	nc	nc	nc	nc	nc	(44)
0	1, 660	5	5	nc	100	100	100	98	(45)
…	…	…	…	nc	nc	nc	nc	nc	(46)
…	…	…	…	nc	nc	nc	nc	nc	(47)
−	−	−	−	nc	nc	nc	nc	nc	(48)
1	1, 700	17	10	100	92	94	91	101	(49)
3	1, 370	41	29	100	100	100	107	91	(50)
…	…	…	…	nc	nc	nc	nc	nc	(51)
25	1, 780	445	425	100	102	102	102	96	(52)
x	x	x	x	x	x	x	x	x	(53)
−	−	−	−	nc	nc	nc	nc	nc	(54)
x	x	x	x	x	x	x	x	x	(55)
…	…	…	…	nc	nc	nc	nc	nc	(56)
…	…	…	…	nc	nc	nc	nc	nc	(57)
8	2, 680	214	194	89	136	121	119	133	(58)
4	943	38	33	100	99	100	106	94	(59)
…	…	…	…	nc	nc	nc	nc	nc	(60)
…	…	…	…	nc	nc	nc	nc	nc	(61)
…	…	…	…	nc	nc	nc	nc	nc	(62)

3 令和３年産都道府県別の作付面積、10ａ当たり収量、収穫量及び出荷量 （続き）

(23) ねぎ

ア 計

全国農業地域・都道府県	作付面積	10ａ当たり収量	収穫量	出荷量	対前年産比 作付面積	対前年産比 10ａ当たり収量	対前年産比 収穫量	対前年産比 出荷量	(参考)対平均収量比
	ha	kg	t	t	%	%	%	%	%
全国 (1)	**21,800**	**2,020**	**440,400**	**364,700**	**99**	**100**	**100**	**100**	**99**
(全国農業地域)									
北海道 (2)	654	3,300	21,600	20,400	102	96	98	100	106
都府県 (3)	…	…	…	…	nc	nc	nc	nc	nc
東北 (4)	3,240	1,940	62,700	46,300	100	101	101	101	101
北陸 (5)	1,020	1,410	14,400	11,100	97	106	103	105	89
関東・東山 (6)	…	…	…	…	nc	nc	nc	nc	nc
東海 (7)	1,320	1,750	23,100	17,600	101	99	100	102	97
近畿 (8)	…	…	…	…	nc	nc	nc	nc	nc
中国 (9)	…	…	…	…	nc	nc	nc	nc	nc
四国 (10)	909	1,240	11,300	9,490	103	95	98	98	89
九州 (11)	2,810	1,480	41,500	36,600	100	97	97	96	100
沖縄 (12)	…	…	…	…	nc	nc	nc	nc	nc
(都道府県)									
北海道 (13)	654	3,300	21,600	20,400	102	96	98	100	106
青森 (14)	474	2,490	11,800	9,230	97	99	97	98	100
岩手 (15)	444	1,580	7,020	5,310	101	96	98	98	98
宮城 (16)	615	1,620	9,950	7,200	100	102	102	104	113
秋田 (17)	612	2,370	14,500	11,700	102	99	101	102	102
山形 (18)	431	2,070	8,910	6,270	99	99	98	99	97
福島 (19)	662	1,590	10,500	6,630	99	107	106	107	98
茨城 (20)	1,990	2,620	52,200	45,600	102	105	107	106	102
栃木 (21)	655	1,860	12,200	9,810	104	102	106	105	98
群馬 (22)	966	1,900	18,400	14,100	95	99	94	94	99
埼玉 (23)	2,150	2,440	52,400	43,900	96	107	104	104	101
千葉 (24)	2,020	2,590	52,300	47,500	95	97	92	92	92
東京 (25)	…	…	…	…	nc	nc	nc	nc	nc
神奈川 (26)	402	2,050	8,240	7,250	101	104	104	104	91
新潟 (27)	618	1,460	9,010	6,640	98	105	103	103	86
富山 (28)	170	1,400	2,380	1,920	90	109	98	102	97
石川 (29)	94	1,000	941	698	98	110	108	116	87
福井 (30)	133	1,530	2,040	1,840	99	107	107	108	93
山梨 (31)	…	…	…	…	nc	nc	nc	nc	nc
長野 (32)	736	2,240	16,500	10,700	102	102	104	108	108
岐阜 (33)	198	843	1,670	880	99	68	68	68	79
静岡 (34)	483	2,020	9,780	8,520	103	107	110	109	99
愛知 (35)	396	1,880	7,440	5,590	99	100	99	99	98
三重 (36)	240	1,730	4,160	2,600	100	102	102	102	97
滋賀 (37)	…	…	…	…	nc	nc	nc	nc	nc
京都 (38)	317	2,580	8,180	7,150	106	100	106	106	113
大阪 (39)	254	2,410	6,120	5,790	98	100	98	98	96
兵庫 (40)	311	1,390	4,330	2,780	99	88	87	89	76
奈良 (41)	136	2,190	2,980	2,390	100	99	99	99	101
和歌山 (42)	…	…	…	…	nc	nc	nc	nc	nc
鳥取 (43)	606	1,900	11,500	10,600	100	98	98	99	101
島根 (44)	150	1,370	2,050	1,500	104	103	107	115	96
岡山 (45)	152	1,390	2,120	1,650	101	101	102	102	91
広島 (46)	475	1,740	8,250	6,930	110	97	106	107	98
山口 (47)	…	…	…	…	nc	nc	nc	nc	nc
徳島 (48)	253	1,250	3,170	2,730	115	85	98	99	83
香川 (49)	266	1,300	3,450	2,840	99	101	100	98	98
愛媛 (50)	152	1,390	2,120	1,580	99	105	104	104	96
高知 (51)	238	1,080	2,580	2,340	98	94	92	92	84
福岡 (52)	533	1,210	6,460	5,900	100	98	97	97	98
佐賀 (53)	261	943	2,460	1,940	98	99	97	98	102
長崎 (54)	170	1,610	2,740	2,400	101	102	103	103	103
熊本 (55)	261	1,720	4,490	3,570	108	94	101	101	106
大分 (56)	983	1,660	16,300	14,900	101	93	94	94	97
宮崎 (57)	143	1,610	2,300	1,960	104	98	103	103	112
鹿児島 (58)	459	1,480	6,790	5,940	93	102	95	95	99
沖縄 (59)	…	…	…	…	nc	nc	nc	nc	nc
関東農政局 (60)	…	…	…	…	nc	nc	nc	nc	nc
東海農政局 (61)	834	1,590	13,300	9,070	99	95	94	95	95
中国四国農政局 (62)	…	…	…	…	nc	nc	nc	nc	nc

イ　春ねぎ

作付面積	10a当たり収量	収穫量	出荷量	対前年産比 作付面積	対前年産比 10a当たり収量	対前年産比 収穫量	対前年産比 出荷量	(参考) 対平均収量比	
ha	kg	t	t	%	%	%	%	%	
3,280	2,290	75,200	67,200	97	97	94	94	96	(1)
…	…	…	…	nc	nc	nc	nc	nc	(2)
…	…	…	…	nc	nc	nc	nc	nc	(3)
…	…	…	…	nc	nc	nc	nc	nc	(4)
…	…	…	…	nc	nc	nc	nc	nc	(5)
…	…	…	…	nc	nc	nc	nc	nc	(6)
…	…	…	…	nc	nc	nc	nc	nc	(7)
…	…	…	…	nc	nc	nc	nc	nc	(8)
…	…	…	…	nc	nc	nc	nc	nc	(9)
…	…	…	…	nc	nc	nc	nc	nc	(10)
…	…	…	…	nc	nc	nc	nc	nc	(11)
…	…	…	…	nc	nc	nc	nc	nc	(12)
…	…	…	…	nc	nc	nc	nc	nc	(13)
…	…	…	…	nc	nc	nc	nc	nc	(14)
…	…	…	…	nc	nc	nc	nc	nc	(15)
98	1,690	1,660	1,350	100	106	106	107	113	(16)
…	…	…	…	nc	nc	nc	nc	nc	(17)
…	…	…	…	nc	nc	nc	nc	nc	(18)
55	1,980	1,090	950	nc	nc	nc	nc	nc	(19)
510	3,300	16,800	15,800	103	104	108	107	101	(20)
…	…	…	…	nc	nc	nc	nc	nc	(21)
114	2,370	2,700	2,320	89	94	83	84	91	(22)
142	3,470	4,930	4,270	84	98	82	82	97	(23)
511	2,870	14,700	13,000	87	90	79	79	87	(24)
…	…	…	…	nc	nc	nc	nc	nc	(25)
…	…	…	…	nc	nc	nc	nc	nc	(26)
…	…	…	…	nc	nc	nc	nc	nc	(27)
…	…	…	…	nc	nc	nc	nc	nc	(28)
…	…	…	…	nc	nc	nc	nc	nc	(29)
…	…	…	…	nc	nc	nc	nc	nc	(30)
…	…	…	…	nc	nc	nc	nc	nc	(31)
…	…	…	…	nc	nc	nc	nc	nc	(32)
…	…	…	…	nc	nc	nc	nc	nc	(33)
96	2,250	2,160	2,070	100	94	94	95	95	(34)
61	2,230	1,360	1,170	98	102	101	101	98	(35)
30	1,540	462	345	97	96	93	93	78	(36)
…	…	…	…	nc	nc	nc	nc	nc	(37)
71	2,310	1,640	1,430	106	100	106	106	103	(38)
54	2,930	1,580	1,500	98	100	98	98	96	(39)
57	1,970	1,120	897	98	103	101	101	95	(40)
…	…	…	…	nc	nc	nc	nc	nc	(41)
…	…	…	…	nc	nc	nc	nc	nc	(42)
113	2,590	2,930	2,730	99	103	102	102	119	(43)
…	…	…	…	nc	nc	nc	nc	nc	(44)
22	1,670	367	302	105	101	106	105	115	(45)
111	1,730	1,920	1,560	114	96	110	110	100	(46)
…	…	…	…	nc	nc	nc	nc	nc	(47)
67	1,190	797	735	118	70	82	84	68	(48)
75	1,310	983	800	107	107	115	113	102	(49)
…	…	…	…	nc	nc	nc	nc	nc	(50)
81	893	723	650	99	87	86	83	78	(51)
140	1,190	1,670	1,560	102	94	96	98	98	(52)
70	874	612	495	96	103	98	99	101	(53)
36	2,220	799	732	100	102	102	102	111	(54)
…	…	…	…	nc	nc	nc	nc	nc	(55)
197	2,030	4,000	3,800	98	98	96	96	100	(56)
…	…	…	…	nc	nc	nc	nc	nc	(57)
96	1,490	1,430	1,230	92	103	95	95	104	(58)
…	…	…	…	nc	nc	nc	nc	nc	(59)
…	…	…	…	nc	nc	nc	nc	nc	(60)
…	…	…	…	nc	nc	nc	nc	nc	(61)
…	…	…	…	nc	nc	nc	nc	nc	(62)

3　令和３年産都道府県別の作付面積、10ａ当たり収量、収穫量及び出荷量（続き）

(23)　ねぎ（続き）

ウ　夏ねぎ

全国農業地域・都道府県		作付面積	10ａ当たり収量	収穫量	出荷量	対前年産比				(参考)対平均収量比
						作付面積	10ａ当たり収量	収穫量	出荷量	
		ha	kg	t	t	%	%	%	%	%
全国	(1)	4,840	1,850	89,600	80,400	101	101	102	102	102
(全国農業地域)										
北海道	(2)	361	3,170	11,400	10,800	105	100	104	105	105
都府県	(3)	…	…	…	…	nc	nc	nc	nc	nc
東北	(4)	849	1,920	16,300	13,900	nc	nc	nc	nc	nc
北陸	(5)	236	1,200	2,830	2,170	93	103	96	95	92
関東・東山	(6)	…	…	…	…	nc	nc	nc	nc	nc
東海	(7)	…	…	…	…	nc	nc	nc	nc	nc
近畿	(8)	…	…	…	…	nc	nc	nc	nc	nc
中国	(9)	…	…	…	…	nc	nc	nc	nc	nc
四国	(10)	…	…	…	…	nc	nc	nc	nc	nc
九州	(11)	…	…	…	…	nc	nc	nc	nc	nc
沖縄	(12)	…	…	…	…	nc	nc	nc	nc	nc
(都道府県)										
北海道	(13)	361	3,170	11,400	10,800	105	100	104	105	105
青森	(14)	173	2,490	4,310	3,730	101	104	104	104	102
岩手	(15)	154	1,590	2,450	1,920	103	97	100	99	96
宮城	(16)	125	1,550	1,940	1,610	101	108	108	110	117
秋田	(17)	184	2,180	4,010	3,690	102	99	101	101	104
山形	(18)	116	2,080	2,410	2,020	102	102	104	105	99
福島	(19)	97	1,210	1,170	880	nc	nc	nc	nc	nc
茨城	(20)	669	2,260	15,100	14,100	98	105	103	102	100
栃木	(21)	116	1,440	1,670	1,460	100	102	102	104	99
群馬	(22)	81	1,740	1,410	1,210	84	92	77	77	123
埼玉	(23)	296	2,170	6,420	5,580	104	102	106	106	103
千葉	(24)	279	2,580	7,200	6,870	102	86	88	88	98
東京	(25)	…	…	…	…	nc	nc	nc	nc	nc
神奈川	(26)	…	…	…	…	nc	nc	nc	nc	nc
新潟	(27)	141	1,250	1,760	1,270	94	106	99	95	93
富山	(28)	45	1,250	563	455	94	95	89	98	90
石川	(29)	24	767	184	153	96	93	89	88	78
福井	(30)	26	1,250	325	294	87	107	93	92	96
山梨	(31)	…	…	…	…	nc	nc	nc	nc	nc
長野	(32)	124	2,790	3,460	3,120	108	103	111	113	100
岐阜	(33)	…	…	…	…	nc	nc	nc	nc	nc
静岡	(34)	94	1,900	1,790	1,640	101	115	117	116	110
愛知	(35)	85	1,410	1,200	994	101	98	99	103	90
三重	(36)	39	944	368	292	98	97	95	95	86
滋賀	(37)	…	…	…	…	nc	nc	nc	nc	nc
京都	(38)	…	…	…	…	nc	nc	nc	nc	nc
大阪	(39)	…	…	…	…	nc	nc	nc	nc	nc
兵庫	(40)	…	…	…	…	nc	nc	nc	nc	nc
奈良	(41)	…	…	…	…	nc	nc	nc	nc	nc
和歌山	(42)	…	…	…	…	nc	nc	nc	nc	nc
鳥取	(43)	173	1,250	2,160	2,030	101	96	97	97	103
島根	(44)	…	…	…	…	nc	nc	nc	nc	nc
岡山	(45)	25	1,500	375	327	109	97	106	106	109
広島	(46)	140	1,350	1,890	1,660	111	100	111	114	101
山口	(47)	…	…	…	…	nc	nc	nc	nc	nc
徳島	(48)	…	…	…	…	nc	nc	nc	nc	nc
香川	(49)	76	1,260	958	757	94	106	99	97	100
愛媛	(50)	…	…	…	…	nc	nc	nc	nc	nc
高知	(51)	…	…	…	…	nc	nc	nc	nc	nc
福岡	(52)	145	913	1,320	1,230	103	105	107	107	100
佐賀	(53)	…	…	…	…	nc	nc	nc	nc	nc
長崎	(54)	44	918	404	348	105	113	118	120	96
熊本	(55)	…	…	…	…	nc	nc	nc	nc	nc
大分	(56)	255	1,370	3,490	3,270	105	99	104	104	109
宮崎	(57)	…	…	…	…	nc	nc	nc	nc	nc
鹿児島	(58)	73	1,150	840	692	86	97	83	82	100
沖縄	(59)	…	…	…	…	nc	nc	nc	nc	nc
関東農政局	(60)	…	…	…	…	nc	nc	nc	nc	nc
東海農政局	(61)	…	…	…	…	nc	nc	nc	nc	nc
中国四国農政局	(62)	…	…	…	…	nc	nc	nc	nc	nc

エ　秋冬ねぎ

作付面積	10a当たり収量	収穫量	出荷量	対前年産比 作付面積	対前年産比 10a当たり収量	対前年産比 収穫量	対前年産比 出荷量	(参考) 対平均収量比	
ha	kg	t	t	%	%	%	%	%	
13,700	**2,010**	**275,600**	**217,200**	**99**	**102**	**101**	**102**	**98**	(1)
265	3,250	8,610	8,130	99	93	92	93	101	(2)
…	…	…	…	nc	nc	nc	nc	nc	(3)
2,150	1,960	42,100	29,000	100	98	98	99	100	(4)
718	1,490	10,700	8,220	98	107	105	108	88	(5)
…	…	…	…	nc	nc	nc	nc	nc	(6)
872	1,750	15,300	10,700	101	100	101	103	97	(7)
…	…	…	…	nc	nc	nc	nc	nc	(8)
…	…	…	…	nc	nc	nc	nc	nc	(9)
425	1,420	6,040	5,020	102	98	100	99	91	(10)
1,560	1,570	24,500	21,200	100	95	95	95	96	(11)
…	…	…	…	nc	nc	nc	nc	nc	(12)
265	3,250	8,610	8,130	99	93	92	93	101	(13)
288	2,510	7,230	5,250	96	97	93	94	98	(14)
260	1,580	4,110	3,140	101	96	96	97	98	(15)
392	1,620	6,350	4,240	101	99	100	102	109	(16)
403	2,500	10,100	7,620	103	99	102	102	102	(17)
293	2,090	6,120	3,930	98	98	96	97	95	(18)
510	1,610	8,210	4,800	99	99	99	99	98	(19)
810	2,500	20,300	15,700	103	105	108	108	102	(20)
496	1,840	9,130	7,090	105	102	107	106	95	(21)
771	1,850	14,300	10,600	97	101	99	99	99	(22)
1,710	2,400	41,000	34,000	96	111	106	107	102	(23)
1,230	2,470	30,400	27,600	97	105	101	101	94	(24)
…	…	…	…	nc	nc	nc	nc	nc	(25)
351	2,080	7,300	6,370	101	103	104	104	88	(26)
444	1,540	6,840	5,020	99	105	104	106	85	(27)
114	1,420	1,620	1,310	88	115	102	104	103	(28)
67	1,090	730	515	99	116	114	128	92	(29)
93	1,630	1,520	1,370	103	107	111	113	92	(30)
…	…	…	…	nc	nc	nc	nc	nc	(31)
598	2,140	12,800	7,280	101	101	102	106	111	(32)
158	809	1,280	541	99	68	68	68	79	(33)
293	1,990	5,830	4,810	104	110	114	114	98	(34)
250	1,950	4,880	3,430	98	100	98	98	100	(35)
171	1,950	3,330	1,960	101	104	104	104	101	(36)
…	…	…	…	nc	nc	nc	nc	nc	(37)
…	…	…	…	nc	nc	nc	nc	nc	(38)
…	…	…	…	nc	nc	nc	nc	nc	(39)
190	1,320	2,510	1,400	100	83	83	83	71	(40)
80	2,200	1,760	1,270	100	99	99	99	99	(41)
…	…	…	…	nc	nc	nc	nc	nc	(42)
320	2,000	6,400	5,880	99	98	97	99	93	(43)
102	1,370	1,400	980	104	102	107	115	94	(44)
105	1,310	1,380	1,020	98	102	101	101	83	(45)
224	1,980	4,440	3,710	107	96	102	102	98	(46)
…	…	…	…	nc	nc	nc	nc	nc	(47)
125	1,440	1,800	1,460	114	94	107	107	91	(48)
115	1,310	1,510	1,280	97	94	92	91	91	(49)
85	1,610	1,370	1,050	99	105	104	104	99	(50)
100	1,360	1,360	1,230	98	99	96	97	84	(51)
248	1,400	3,470	3,110	96	98	94	94	100	(52)
118	1,180	1,390	1,040	100	97	97	97	102	(53)
90	1,710	1,540	1,320	100	101	101	101	99	(54)
180	1,790	3,220	2,450	108	94	101	101	96	(55)
531	1,660	8,810	7,870	100	89	90	89	91	(56)
98	1,620	1,590	1,360	104	98	103	102	107	(57)
290	1,560	4,520	4,020	95	103	98	98	96	(58)
…	…	…	…	nc	nc	nc	nc	nc	(59)
…	…	…	…	nc	nc	nc	nc	nc	(60)
579	1,640	9,490	5,930	99	95	94	96	97	(61)
…	…	…	…	nc	nc	nc	nc	nc	(62)

3　令和3年産都道府県別の作付面積、10a当たり収量、収穫量及び出荷量（続き）

(24)　にら

全国農業地域・都道府県		作付面積	10a当たり収量	収穫量	出荷量	対前年産比				(参考)対平均収量比
						作付面積	10a当たり収量	収穫量	出荷量	
		ha	kg	t	t	%	%	%	%	%
全国	(1)	**1,930**	**2,920**	**56,300**	**51,500**	**97**	**101**	**99**	**100**	**101**
(全国農業地域)										
北海道	(2)	66	4,560	3,010	2,870	100	96	96	96	102
都府県	(3)	…	…	…	…	nc	nc	nc	nc	nc
東北	(4)	…	…	…	…	nc	nc	nc	nc	nc
北陸	(5)	…	…	…	…	nc	nc	nc	nc	nc
関東・東山	(6)	…	…	…	…	nc	nc	nc	nc	nc
東海	(7)	…	…	…	…	nc	nc	nc	nc	nc
近畿	(8)	…	…	…	…	nc	nc	nc	nc	nc
中国	(9)	…	…	…	…	nc	nc	nc	nc	nc
四国	(10)	…	…	…	…	nc	nc	nc	nc	nc
九州	(11)	…	…	…	…	nc	nc	nc	nc	nc
沖縄	(12)	…	…	…	…	nc	nc	nc	nc	nc
(都道府県)										
北海道	(13)	66	4,560	3,010	2,870	100	96	96	96	102
青森	(14)	…	…	…	…	nc	nc	nc	nc	nc
岩手	(15)	…	…	…	…	nc	nc	nc	nc	nc
宮城	(16)	…	…	…	…	nc	nc	nc	nc	nc
秋田	(17)	…	…	…	…	nc	nc	nc	nc	nc
山形	(18)	205	1,220	2,500	2,180	101	98	99	99	88
福島	(19)	150	1,680	2,520	2,090	99	99	99	99	104
茨城	(20)	201	3,820	7,680	6,910	100	104	103	103	106
栃木	(21)	324	2,770	8,970	8,500	92	96	88	94	99
群馬	(22)	155	1,710	2,650	2,420	95	91	87	86	96
埼玉	(23)	…	…	…	…	nc	nc	nc	nc	nc
千葉	(24)	111	2,120	2,350	2,040	95	113	107	107	112
東京	(25)	…	…	…	…	nc	nc	nc	nc	nc
神奈川	(26)	…	…	…	…	nc	nc	nc	nc	nc
新潟	(27)	…	…	…	…	nc	nc	nc	nc	nc
富山	(28)	…	…	…	…	nc	nc	nc	nc	nc
石川	(29)	…	…	…	…	nc	nc	nc	nc	nc
福井	(30)	…	…	…	…	nc	nc	nc	nc	nc
山梨	(31)	…	…	…	…	nc	nc	nc	nc	nc
長野	(32)	…	…	…	…	nc	nc	nc	nc	nc
岐阜	(33)	…	…	…	…	nc	nc	nc	nc	nc
静岡	(34)	…	…	…	…	nc	nc	nc	nc	nc
愛知	(35)	…	…	…	…	nc	nc	nc	nc	nc
三重	(36)	…	…	…	…	nc	nc	nc	nc	nc
滋賀	(37)	…	…	…	…	nc	nc	nc	nc	nc
京都	(38)	…	…	…	…	nc	nc	nc	nc	nc
大阪	(39)	…	…	…	…	nc	nc	nc	nc	nc
兵庫	(40)	5	3,290	165	137	83	101	84	84	102
奈良	(41)	…	…	…	…	nc	nc	nc	nc	nc
和歌山	(42)	…	…	…	…	nc	nc	nc	nc	nc
鳥取	(43)	…	…	…	…	nc	nc	nc	nc	nc
島根	(44)	…	…	…	…	nc	nc	nc	nc	nc
岡山	(45)	…	…	…	…	nc	nc	nc	nc	nc
広島	(46)	…	…	…	…	nc	nc	nc	nc	nc
山口	(47)	…	…	…	…	nc	nc	nc	nc	nc
徳島	(48)	…	…	…	…	nc	nc	nc	nc	nc
香川	(49)	…	…	…	…	nc	nc	nc	nc	nc
愛媛	(50)	…	…	…	…	nc	nc	nc	nc	nc
高知	(51)	248	5,770	14,300	13,800	101	104	104	105	96
福岡	(52)	19	4,720	897	770	100	97	97	100	102
佐賀	(53)	…	…	…	…	nc	nc	nc	nc	nc
長崎	(54)	27	1,690	456	412	96	90	87	87	83
熊本	(55)	43	2,940	1,260	1,180	98	106	103	104	105
大分	(56)	59	5,260	3,100	3,000	100	105	105	104	107
宮崎	(57)	95	3,940	3,740	3,470	99	105	104	104	99
鹿児島	(58)	…	…	…	…	nc	nc	nc	nc	nc
沖縄	(59)	…	…	…	…	nc	nc	nc	nc	nc
関東農政局	(60)	…	…	…	…	nc	nc	nc	nc	nc
東海農政局	(61)	…	…	…	…	nc	nc	nc	nc	nc
中国四国農政局	(62)	…	…	…	…	nc	nc	nc	nc	nc

(25) たまねぎ

作付面積	10a当たり収量	収穫量	出荷量	対前年産比				(参考)対平均収量比	
				作付面積	10a当たり収量	収穫量	出荷量		
ha	kg	t	t	%	%	%	%	%	
25,500	**4,300**	**1,096,000**	**992,900**	**100**	**81**	**81**	**82**	**88**	(1)
14,600	4,560	665,800	627,700	100	75	75	75	82	(2)
…	…	…	…	nc	nc	nc	nc	nc	(3)
…	…	…	…	nc	nc	nc	nc	nc	(4)
…	…	…	…	nc	nc	nc	nc	nc	(5)
…	…	…	…	nc	nc	nc	nc	nc	(6)
1,040	4,300	44,700	38,900	97	100	97	97	104	(7)
…	…	…	…	nc	nc	nc	nc	nc	(8)
…	…	…	…	nc	nc	nc	nc	nc	(9)
…	…	…	…	nc	nc	nc	nc	nc	(10)
…	…	…	…	nc	nc	nc	nc	nc	(11)
…	…	…	…	nc	nc	nc	nc	nc	(12)
14,600	4,560	665,800	627,700	100	75	75	75	82	(13)
…	…	…	…	nc	nc	nc	nc	nc	(14)
…	…	…	…	nc	nc	nc	nc	nc	(15)
…	…	…	…	nc	nc	nc	nc	nc	(16)
…	…	…	…	nc	nc	nc	nc	nc	(17)
…	…	…	…	nc	nc	nc	nc	nc	(18)
166	2,010	3,340	1,920	nc	nc	nc	nc	103	(19)
176	3,380	5,950	4,130	94	107	100	100	109	(20)
248	4,600	11,400	10,000	96	96	93	94	93	(21)
193	4,220	8,140	7,410	101	100	100	100	103	(22)
146	3,250	4,750	3,320	95	85	81	84	92	(23)
174	3,480	6,060	3,650	95	94	89	86	112	(24)
…	…	…	…	nc	nc	nc	nc	nc	(25)
…	…	…	…	nc	nc	nc	nc	nc	(26)
…	…	…	…	nc	nc	nc	nc	nc	(27)
189	4,080	7,710	7,020	90	110	98	99	105	(28)
…	…	…	…	nc	nc	nc	nc	nc	(29)
…	…	…	…	nc	nc	nc	nc	nc	(30)
…	…	…	…	nc	nc	nc	nc	nc	(31)
167	2,920	4,880	2,900	111	102	114	118	101	(32)
106	2,530	2,680	1,450	96	88	85	85	96	(33)
321	3,780	12,100	11,000	99	98	97	96	99	(34)
500	5,380	26,900	24,700	96	101	97	97	108	(35)
117	2,610	3,050	1,720	99	107	106	106	95	(36)
…	…	…	…	nc	nc	nc	nc	nc	(37)
…	…	…	…	nc	nc	nc	nc	nc	(38)
104	3,500	3,640	3,280	96	98	94	94	94	(39)
1,650	6,070	100,200	91,400	101	100	102	102	108	(40)
…	…	…	…	nc	nc	nc	nc	nc	(41)
107	4,540	4,860	3,940	93	107	99	99	109	(42)
…	…	…	…	nc	nc	nc	nc	nc	(43)
121	2,400	2,900	1,800	102	105	107	113	87	(44)
130	3,550	4,620	3,470	100	73	73	73	104	(45)
…	…	…	…	nc	nc	nc	nc	nc	(46)
178	2,850	5,070	3,700	95	94	90	94	95	(47)
…	…	…	…	nc	nc	nc	nc	nc	(48)
179	4,400	7,880	7,000	97	97	94	96	101	(49)
300	3,170	9,510	7,460	95	109	103	103	98	(50)
…	…	…	…	nc	nc	nc	nc	nc	(51)
143	3,110	4,450	2,560	99	100	98	99	101	(52)
2,100	4,800	100,800	93,600	99	82	81	93	96	(53)
803	4,060	32,600	29,500	97	102	99	99	108	(54)
319	4,200	13,400	11,400	100	104	104	105	119	(55)
…	…	…	…	nc	nc	nc	nc	nc	(56)
57	2,690	1,530	1,340	97	104	100	100	99	(57)
…	…	…	…	nc	nc	nc	nc	nc	(58)
…	…	…	…	nc	nc	nc	nc	nc	(59)
…	…	…	…	nc	nc	nc	nc	nc	(60)
723	4,510	32,600	27,900	97	100	97	97	105	(61)
…	…	…	…	nc	nc	nc	nc	nc	(62)

3 令和3年産都道府県別の作付面積、10a当たり収量、収穫量及び出荷量（続き）

(26) にんにく

全国農業地域・都道府県	作付面積	10a当たり収量	収穫量	出荷量	対前年産比				(参考)対平均収量比
					作付面積	10a当たり収量	収穫量	出荷量	
	ha	kg	t	t	%	%	%	%	%
全国 (1)	**2,520**	**802**	**20,200**	**14,000**	**100**	**96**	**95**	**93**	**94**
(全国農業地域)									
北海道 (2)	154	583	898	726	105	103	108	109	95
都府県 (3)	…	…	…	…	nc	nc	nc	nc	nc
東北 (4)	…	…	…	…	nc	nc	nc	nc	nc
北陸 (5)	…	…	…	…	nc	nc	nc	nc	nc
関東・東山 (6)	…	…	…	…	nc	nc	nc	nc	nc
東海 (7)	…	…	…	…	nc	nc	nc	nc	nc
近畿 (8)	…	…	…	…	nc	nc	nc	nc	nc
中国 (9)	…	…	…	…	nc	nc	nc	nc	nc
四国 (10)	…	…	…	…	nc	nc	nc	nc	nc
九州 (11)	…	…	…	…	nc	nc	nc	nc	nc
沖縄 (12)	…	…	…	…	nc	nc	nc	nc	nc
(都道府県)									
北海道 (13)	154	583	898	726	105	103	108	109	95
青森 (14)	1,430	945	13,500	9,610	98	96	94	92	95
岩手 (15)	57	637	363	223	102	99	101	101	101
宮城 (16)	…	…	…	…	nc	nc	nc	nc	nc
秋田 (17)	60	407	244	142	103	87	89	93	70
山形 (18)	…	…	…	…	nc	nc	nc	nc	nc
福島 (19)	45	636	286	34	98	99	97	97	98
茨城 (20)	…	…	…	…	nc	nc	nc	nc	nc
栃木 (21)	…	…	…	…	nc	nc	nc	nc	nc
群馬 (22)	…	…	…	…	nc	nc	nc	nc	nc
埼玉 (23)	…	…	…	…	nc	nc	nc	nc	nc
千葉 (24)	…	…	…	…	nc	nc	nc	nc	nc
東京 (25)	…	…	…	…	nc	nc	nc	nc	nc
神奈川 (26)	…	…	…	…	nc	nc	nc	nc	nc
新潟 (27)	…	…	…	…	nc	nc	nc	nc	nc
富山 (28)	…	…	…	…	nc	nc	nc	nc	nc
石川 (29)	…	…	…	…	nc	nc	nc	nc	nc
福井 (30)	…	…	…	…	nc	nc	nc	nc	nc
山梨 (31)	…	…	…	…	nc	nc	nc	nc	nc
長野 (32)	…	…	…	…	nc	nc	nc	nc	nc
岐阜 (33)	…	…	…	…	nc	nc	nc	nc	nc
静岡 (34)	…	…	…	…	nc	nc	nc	nc	nc
愛知 (35)	…	…	…	…	nc	nc	nc	nc	nc
三重 (36)	…	…	…	…	nc	nc	nc	nc	nc
滋賀 (37)	…	…	…	…	nc	nc	nc	nc	nc
京都 (38)	…	…	…	…	nc	nc	nc	nc	nc
大阪 (39)	…	…	…	…	nc	nc	nc	nc	nc
兵庫 (40)	…	…	…	…	nc	nc	nc	nc	nc
奈良 (41)	…	…	…	…	nc	nc	nc	nc	nc
和歌山 (42)	…	…	…	…	nc	nc	nc	nc	nc
鳥取 (43)	…	…	…	…	nc	nc	nc	nc	nc
島根 (44)	…	…	…	…	nc	nc	nc	nc	nc
岡山 (45)	…	…	…	…	nc	nc	nc	nc	nc
広島 (46)	…	…	…	…	nc	nc	nc	nc	nc
山口 (47)	…	…	…	…	nc	nc	nc	nc	nc
徳島 (48)	16	809	129	99	94	92	86	86	89
香川 (49)	99	759	751	591	96	93	89	87	104
愛媛 (50)	…	…	…	…	nc	nc	nc	nc	nc
高知 (51)	…	…	…	…	nc	nc	nc	nc	nc
福岡 (52)	…	…	…	…	nc	nc	nc	nc	nc
佐賀 (53)	…	…	…	…	nc	nc	nc	nc	nc
長崎 (54)	…	…	…	…	nc	nc	nc	nc	nc
熊本 (55)	40	637	255	192	108	103	111	112	78
大分 (56)	49	412	202	161	100	100	100	102	72
宮崎 (57)	58	367	213	201	138	81	112	109	69
鹿児島 (58)	45	762	343	240	96	114	109	113	94
沖縄 (59)	…	…	…	…	nc	nc	nc	nc	nc
関東農政局 (60)	…	…	…	…	nc	nc	nc	nc	nc
東海農政局 (61)	…	…	…	…	nc	nc	nc	nc	nc
中国四国農政局 (62)	…	…	…	…	nc	nc	nc	nc	nc

(27) きゅうり
ア 計

作付面積	10a当たり収量	収穫量	出荷量	対前年産比 作付面積	対前年産比 10a当たり収量	対前年産比 収穫量	対前年産比 出荷量	(参考)対平均収量比	
ha	kg	t	t	%	%	%	%	%	
9,940	**5,550**	**551,300**	**478,800**	**98**	**104**	**102**	**102**	**108**	(1)
150	10,900	16,300	15,100	99	106	104	103	108	(2)
…	…	…	…	nc	nc	nc	nc	nc	(3)
2,020	4,620	93,300	77,900	100	102	102	103	104	(4)
…	…	…	…	nc	nc	nc	nc	nc	(5)
…	…	…	…	nc	nc	nc	nc	nc	(6)
…	…	…	…	nc	nc	nc	nc	nc	(7)
575	2,940	16,900	12,400	97	104	101	101	101	(8)
…	…	…	…	nc	nc	nc	nc	nc	(9)
533	8,540	45,500	41,500	100	102	102	103	111	(10)
1,620	7,700	124,700	115,400	99	106	105	105	113	(11)
…	…	…	…	nc	nc	nc	nc	nc	(12)
150	10,900	16,300	15,100	99	106	104	103	108	(13)
145	4,320	6,270	5,220	101	102	104	104	125	(14)
228	5,700	13,000	10,600	98	100	98	99	101	(15)
376	3,640	13,700	11,000	99	106	105	108	113	(16)
262	3,230	8,450	6,070	101	99	100	100	99	(17)
329	3,830	12,600	9,610	98	101	99	100	101	(18)
678	5,800	39,300	35,400	100	102	102	103	102	(19)
479	5,340	25,600	22,100	98	102	100	100	106	(20)
242	4,460	10,800	9,170	93	102	95	95	99	(21)
791	6,810	53,900	48,400	97	99	97	97	107	(22)
592	7,690	45,500	41,300	99	100	99	99	106	(23)
433	7,210	31,200	28,300	98	116	113	114	106	(24)
…	…	…	…	nc	nc	nc	nc	nc	(25)
253	4,270	10,800	10,300	100	103	103	104	105	(26)
399	2,100	8,390	5,250	97	109	105	103	99	(27)
58	2,120	1,230	498	95	110	104	82	113	(28)
55	3,240	1,780	1,440	89	107	95	102	103	(29)
…	…	…	…	nc	nc	nc	nc	nc	(30)
121	3,910	4,730	3,830	98	103	102	102	113	(31)
355	3,920	13,900	10,400	96	106	101	102	105	(32)
161	3,560	5,730	4,080	100	105	105	103	100	(33)
…	…	…	…	nc	nc	nc	nc	nc	(34)
151	8,740	13,200	11,500	98	100	98	97	101	(35)
105	1,660	1,740	1,020	100	95	95	94	73	(36)
114	2,840	3,240	2,220	96	104	100	100	109	(37)
127	3,110	3,950	3,300	100	98	99	99	91	(38)
45	3,800	1,710	1,590	100	104	104	104	92	(39)
170	2,090	3,560	1,560	97	110	107	106	115	(40)
63	3,080	1,940	1,520	97	102	98	99	105	(41)
56	4,480	2,510	2,160	95	104	98	98	92	(42)
…	…	…	…	nc	nc	nc	nc	nc	(43)
123	2,700	3,320	1,840	102	114	116	120	165	(44)
75	3,640	2,730	2,140	101	104	105	105	147	(45)
157	2,530	3,970	3,020	100	100	100	100	109	(46)
128	2,680	3,430	2,540	98	99	96	100	118	(47)
63	11,000	6,900	6,050	93	99	91	92	99	(48)
100	4,270	4,270	3,480	105	97	103	104	109	(49)
223	3,950	8,800	7,720	100	108	108	108	108	(50)
147	17,300	25,500	24,200	100	104	104	104	115	(51)
168	5,900	9,910	9,020	100	103	103	103	105	(52)
153	9,670	14,800	13,700	97	104	101	101	125	(53)
132	5,180	6,840	6,130	100	101	101	101	97	(54)
286	5,560	15,900	14,600	103	115	118	119	117	(55)
133	1,950	2,600	2,110	97	95	93	93	87	(56)
604	10,500	63,700	60,100	98	106	105	105	112	(57)
148	7,360	10,900	9,690	99	102	101	103	118	(58)
…	…	…	…	nc	nc	nc	nc	nc	(59)
…	…	…	…	nc	nc	nc	nc	nc	(60)
417	4,960	20,700	16,600	99	100	100	99	98	(61)
…	…	…	…	nc	nc	nc	nc	nc	(62)

3　令和３年産都道府県別の作付面積、10ａ当たり収量、収穫量及び出荷量（続き）

(27)　きゅうり（続き）

イ　冬春きゅうり

全国農業地域・都道府県		作付面積	10ａ当たり収量	収穫量	出荷量	対前年産比 作付面積	対前年産比 10ａ当たり収量	対前年産比 収穫量	対前年産比 出荷量	(参考) 対平均収量比
		ha	kg	t	t	%	%	%	%	%
全国	(1)	**2,630**	**11,000**	**289,700**	**272,500**	**99**	**104**	**102**	**102**	**105**
(全国農業地域)										
北海道	(2)	…	…	…	…	nc	nc	nc	nc	nc
都府県	(3)	…	…	…	…	nc	nc	nc	nc	nc
東北	(4)	…	…	…	…	nc	nc	nc	nc	nc
北陸	(5)	…	…	…	…	nc	nc	nc	nc	nc
関東・東山	(6)	…	…	…	…	nc	nc	nc	nc	nc
東海	(7)	…	…	…	…	nc	nc	nc	nc	nc
近畿	(8)	…	…	…	…	nc	nc	nc	nc	nc
中国	(9)	…	…	…	…	nc	nc	nc	nc	nc
四国	(10)	207	16,400	33,900	32,100	100	103	102	103	107
九州	(11)	…	…	…	…	nc	nc	nc	nc	nc
沖縄	(12)	…	…	…	…	nc	nc	nc	nc	nc
(都道府県)										
北海道	(13)	…	…	…	…	nc	nc	nc	nc	nc
青森	(14)	…	…	…	…	nc	nc	nc	nc	nc
岩手	(15)	15	7,830	1,170	1,090	100	102	102	102	105
宮城	(16)	73	8,060	5,880	5,420	101	105	106	108	99
秋田	(17)	…	…	…	…	nc	nc	nc	nc	nc
山形	(18)	28	6,740	1,890	1,730	100	97	97	97	85
福島	(19)	96	7,830	7,520	7,060	99	103	102	102	104
茨城	(20)	149	10,100	15,000	14,100	101	103	103	102	98
栃木	(21)	43	12,000	5,160	4,810	88	104	91	90	102
群馬	(22)	276	11,500	31,700	29,600	99	98	98	97	100
埼玉	(23)	261	11,700	30,500	28,300	98	101	99	99	104
千葉	(24)	194	11,800	22,900	22,000	102	116	117	118	103
東京	(25)	…	…	…	…	nc	nc	nc	nc	nc
神奈川	(26)	84	7,040	5,910	5,760	100	101	101	101	98
新潟	(27)	38	5,730	2,180	1,980	95	98	93	92	92
富山	(28)	…	…	…	…	nc	nc	nc	nc	nc
石川	(29)	…	…	…	…	nc	nc	nc	nc	nc
福井	(30)	…	…	…	…	nc	nc	nc	nc	nc
山梨	(31)	20	6,530	1,310	1,230	95	106	101	102	112
長野	(32)	…	…	…	…	nc	nc	nc	nc	nc
岐阜	(33)	19	12,900	2,450	2,310	100	99	99	99	98
静岡	(34)	…	…	…	…	nc	nc	nc	nc	nc
愛知	(35)	52	20,200	10,500	9,950	98	100	97	98	103
三重	(36)	6	5,890	377	335	100	95	94	94	77
滋賀	(37)	17	8,410	1,430	1,370	100	94	94	94	89
京都	(38)	…	…	…	…	nc	nc	nc	nc	nc
大阪	(39)	…	…	…	…	nc	nc	nc	nc	nc
兵庫	(40)	…	…	…	…	nc	nc	nc	nc	nc
奈良	(41)	…	…	…	…	nc	nc	nc	nc	nc
和歌山	(42)	15	7,650	1,150	1,070	94	101	95	95	91
鳥取	(43)	…	…	…	…	nc	nc	nc	nc	nc
島根	(44)	7	6,140	424	380	117	111	120	119	98
岡山	(45)	…	…	…	…	nc	nc	nc	nc	nc
広島	(46)	10	9,390	939	892	100	100	100	100	99
山口	(47)	11	6,840	752	677	100	102	102	102	101
徳島	(48)	28	17,900	5,010	4,680	93	98	91	92	97
香川	(49)	22	5,390	1,190	1,120	100	92	92	105	90
愛媛	(50)	34	8,450	2,870	2,650	103	109	112	113	103
高知	(51)	123	20,200	24,800	23,600	100	104	104	104	112
福岡	(52)	40	14,300	5,720	5,410	100	101	101	102	106
佐賀	(53)	60	13,800	8,280	7,870	100	101	101	102	123
長崎	(54)	45	7,080	3,190	2,980	92	95	87	87	83
熊本	(55)	79	8,640	6,830	6,480	105	104	110	110	106
大分	(56)	…	…	…	…	nc	nc	nc	nc	nc
宮崎	(57)	516	11,600	59,900	56,500	98	107	105	105	113
鹿児島	(58)	62	13,800	8,560	8,070	98	103	101	103	112
沖縄	(59)	…	…	…	…	nc	nc	nc	nc	nc
関東農政局	(60)	…	…	…	…	nc	nc	nc	nc	nc
東海農政局	(61)	77	17,300	13,300	12,600	99	98	97	98	101
中国四国農政局	(62)	…	…	…	…	nc	nc	nc	nc	nc

ウ 夏秋きゅうり

作付面積	10a当たり収量	収穫量	出荷量	対前年産比				(参考)対平均収量比	
				作付面積	10a当たり収量	収穫量	出荷量		
ha	kg	t	t	%	%	%	%	%	
7,320	**3,570**	**261,500**	**206,400**	**98**	**104**	**102**	**102**	**110**	(1)
129	11,300	14,600	13,600	98	105	104	103	112	(2)
…	…	…	…	nc	nc	nc	nc	nc	(3)
1,800	4,230	76,200	61,900	99	102	101	102	104	(4)
…	…	…	…	nc	nc	nc	nc	nc	(5)
…	…	…	…	nc	nc	nc	nc	nc	(6)
…	…	…	…	nc	nc	nc	nc	nc	(7)
513	2,400	12,300	7,990	97	106	103	102	102	(8)
…	…	…	…	nc	nc	nc	nc	nc	(9)
…	…	…	…	nc	nc	nc	nc	nc	(10)
…	…	…	…	nc	nc	nc	nc	nc	(11)
…	…	…	…	nc	nc	nc	nc	nc	(12)
129	11,300	14,600	13,600	98	105	104	103	112	(13)
138	4,240	5,850	4,840	101	103	104	104	126	(14)
213	5,540	11,800	9,460	98	100	98	98	100	(15)
303	2,590	7,850	5,570	99	106	105	107	118	(16)
258	3,180	8,200	5,840	101	99	100	100	99	(17)
301	3,570	10,700	7,880	98	103	100	101	103	(18)
582	5,470	31,800	28,300	100	103	102	103	102	(19)
330	3,220	10,600	7,950	97	99	96	94	115	(20)
199	2,840	5,650	4,360	94	103	97	101	95	(21)
515	4,310	22,200	18,800	96	99	95	95	119	(22)
331	4,540	15,000	13,000	99	99	99	99	110	(23)
239	3,460	8,270	6,250	94	107	101	100	106	(24)
…	…	…	…	nc	nc	nc	nc	nc	(25)
169	2,870	4,850	4,500	100	106	106	106	114	(26)
361	1,720	6,210	3,270	97	114	110	111	101	(27)
56	1,910	1,070	328	95	110	105	82	113	(28)
48	1,980	950	552	89	107	95	102	102	(29)
…	…	…	…	nc	nc	nc	nc	nc	(30)
101	3,390	3,420	2,600	99	103	102	102	113	(31)
326	3,690	12,000	8,430	96	106	102	102	105	(32)
142	2,310	3,280	1,770	100	109	109	109	103	(33)
…	…	…	…	nc	nc	nc	nc	nc	(34)
…	…	…	…	nc	nc	nc	nc	nc	(35)
…	…	…	…	nc	nc	nc	nc	nc	(36)
97	1,870	1,810	854	95	110	105	113	113	(37)
112	2,700	3,020	2,400	100	99	98	98	92	(38)
41	3,550	1,460	1,360	100	103	104	104	91	(39)
165	1,910	3,150	1,170	96	110	106	106	112	(40)
57	2,650	1,510	1,120	97	102	99	98	105	(41)
41	3,320	1,360	1,090	95	106	101	102	100	(42)
…	…	…	…	nc	nc	nc	nc	nc	(43)
116	2,500	2,900	1,460	101	114	115	121	182	(44)
73	3,540	2,580	1,970	101	104	105	105	149	(45)
147	2,060	3,030	2,130	100	100	100	100	113	(46)
117	2,290	2,680	1,860	98	97	95	98	123	(47)
…	…	…	…	nc	nc	nc	nc	nc	(48)
78	3,950	3,080	2,360	107	101	107	103	122	(49)
189	3,140	5,930	5,070	100	106	106	105	110	(50)
…	…	…	…	nc	nc	nc	nc	nc	(51)
128	3,270	4,190	3,610	100	104	104	105	103	(52)
93	6,980	6,490	5,780	96	105	101	101	138	(53)
87	4,200	3,650	3,150	105	112	117	119	110	(54)
207	4,380	9,070	8,080	101	123	125	125	126	(55)
118	1,570	1,850	1,390	98	95	93	93	88	(56)
88	4,360	3,840	3,580	102	102	104	104	102	(57)
…	…	…	…	nc	nc	nc	nc	nc	(58)
…	…	…	…	nc	nc	nc	nc	nc	(59)
…	…	…	…	nc	nc	nc	nc	nc	(60)
…	…	…	…	nc	nc	nc	nc	nc	(61)
…	…	…	…	nc	nc	nc	nc	nc	(62)

3　令和３年産都道府県別の作付面積、10ａ当たり収量、収穫量及び出荷量　(続き)

(28)　かぼちゃ

全国農業地域・都道府県	作付面積	10ａ当たり収量	収穫量	出荷量	対前年産比 作付面積	対前年産比 10ａ当たり収量	対前年産比 収穫量	対前年産比 出荷量	(参考)対平均収量比
	ha	kg	t	t	%	%	%	%	%
全国 (1)	**14,500**	**1,200**	**174,300**	**140,400**	**98**	**95**	**93**	**93**	**98**
(全国農業地域)									
北海道 (2)	6,730	1,210	81,400	76,800	96	92	88	88	98
都府県 (3)	…	…	…	…	nc	nc	nc	nc	nc
東北 (4)	1,600	881	14,100	7,140	nc	nc	nc	nc	nc
北陸 (5)	…	…	…	…	nc	nc	nc	nc	nc
関東・東山 (6)	…	…	…	…	nc	nc	nc	nc	nc
東海 (7)	…	…	…	…	nc	nc	nc	nc	nc
近畿 (8)	…	…	…	…	nc	nc	nc	nc	nc
中国 (9)	…	…	…	…	nc	nc	nc	nc	nc
四国 (10)	…	…	…	…	nc	nc	nc	nc	nc
九州 (11)	…	…	…	…	nc	nc	nc	nc	nc
沖縄 (12)	401	882	3,540	3,140	105	94	99	98	101
(都道府県)									
北海道 (13)	6,730	1,210	81,400	76,800	96	92	88	88	98
青森 (14)	219	1,190	2,610	1,580	104	108	113	115	105
岩手 (15)	215	843	1,810	960	nc	nc	nc	nc	nc
宮城 (16)	212	809	1,720	773	100	108	108	115	109
秋田 (17)	357	829	2,960	1,480	99	104	103	103	107
山形 (18)	290	954	2,770	1,440	99	101	100	100	100
福島 (19)	305	718	2,190	902	100	100	100	100	99
茨城 (20)	427	1,500	6,410	5,200	98	100	98	99	91
栃木 (21)	…	…	…	…	nc	nc	nc	nc	nc
群馬 (22)	…	…	…	…	nc	nc	nc	nc	nc
埼玉 (23)	…	…	…	…	nc	nc	nc	nc	nc
千葉 (24)	150	1,770	2,660	1,920	83	100	83	83	93
東京 (25)	…	…	…	…	nc	nc	nc	nc	nc
神奈川 (26)	220	1,810	3,980	3,390	100	99	100	99	107
新潟 (27)	301	616	1,850	1,250	97	104	101	103	102
富山 (28)	…	…	…	…	nc	nc	nc	nc	nc
石川 (29)	201	1,000	2,010	1,710	97	97	94	96	92
福井 (30)	…	…	…	…	nc	nc	nc	nc	nc
山梨 (31)	…	…	…	…	nc	nc	nc	nc	nc
長野 (32)	566	1,230	6,960	5,360	102	105	107	108	102
岐阜 (33)	…	…	…	…	nc	nc	nc	nc	nc
静岡 (34)	…	…	…	…	nc	nc	nc	nc	nc
愛知 (35)	…	…	…	…	nc	nc	nc	nc	nc
三重 (36)	153	1,270	1,940	786	99	107	106	106	90
滋賀 (37)	…	…	…	…	nc	nc	nc	nc	nc
京都 (38)	…	…	…	…	nc	nc	nc	nc	nc
大阪 (39)	…	…	…	…	nc	nc	nc	nc	nc
兵庫 (40)	…	…	…	…	nc	nc	nc	nc	nc
奈良 (41)	…	…	…	…	nc	nc	nc	nc	nc
和歌山 (42)	15	1,420	213	168	94	106	100	99	108
鳥取 (43)	…	…	…	…	nc	nc	nc	nc	nc
島根 (44)	…	…	…	…	nc	nc	nc	nc	nc
岡山 (45)	113	1,430	1,620	1,260	100	97	97	97	91
広島 (46)	170	1,170	1,990	1,000	100	91	91	91	104
山口 (47)	94	683	642	413	100	100	100	101	86
徳島 (48)	…	…	…	…	nc	nc	nc	nc	nc
香川 (49)	40	1,240	496	218	nc	nc	nc	nc	nc
愛媛 (50)	101	1,070	1,080	830	98	96	94	93	91
高知 (51)	…	…	…	…	nc	nc	nc	nc	nc
福岡 (52)	…	…	…	…	nc	nc	nc	nc	nc
佐賀 (53)	71	1,180	838	595	101	120	122	123	103
長崎 (54)	431	1,150	4,960	4,170	99	94	93	94	110
熊本 (55)	149	1,300	1,940	1,570	101	102	103	104	84
大分 (56)	115	1,270	1,460	1,010	100	99	99	99	99
宮崎 (57)	…	…	…	…	nc	nc	nc	nc	nc
鹿児島 (58)	655	1,090	7,140	6,190	96	99	95	95	96
沖縄 (59)	401	882	3,540	3,140	105	94	99	98	101
関東農政局 (60)	…	…	…	…	nc	nc	nc	nc	nc
東海農政局 (61)	…	…	…	…	nc	nc	nc	nc	nc
中国四国農政局 (62)	…	…	…	…	nc	nc	nc	nc	nc

(29) なす

ア 計

作付面積	10a当たり収量	収穫量	出荷量	対前年産比 作付面積	対前年産比 10a当たり収量	対前年産比 収穫量	対前年産比 出荷量	(参考)対平均収量比	
ha	kg	t	t	%	%	%	%	%	
8,260	3,600	297,700	237,800	98	102	100	101	107	(1)
…	…	…	…	nc	nc	nc	nc	nc	(2)
…	…	…	…	nc	nc	nc	nc	nc	(3)
…	…	…	…	nc	nc	nc	nc	nc	(4)
…	…	…	…	nc	nc	nc	nc	nc	(5)
…	…	…	…	nc	nc	nc	nc	nc	(6)
…	…	…	…	nc	nc	nc	nc	nc	(7)
…	…	…	…	nc	nc	nc	nc	nc	(8)
…	…	…	…	nc	nc	nc	nc	nc	(9)
623	8,230	51,300	47,100	100	100	99	100	104	(10)
1,010	6,230	62,900	56,300	98	102	100	99	104	(11)
…	…	…	…	nc	nc	nc	nc	nc	(12)
…	…	…	…	nc	nc	nc	nc	nc	(13)
…	…	…	…	nc	nc	nc	nc	nc	(14)
115	2,750	3,160	1,870	97	108	105	106	111	(15)
200	1,460	2,920	1,380	96	110	105	105	124	(16)
385	1,590	6,120	2,170	99	109	108	109	120	(17)
372	1,780	6,640	3,100	95	109	104	104	128	(18)
257	1,580	4,050	2,260	99	98	96	96	92	(19)
427	4,240	18,100	15,900	100	101	101	101	107	(20)
314	3,890	12,200	11,000	94	98	92	96	104	(21)
525	5,220	27,400	23,500	100	99	99	99	117	(22)
252	3,500	8,830	7,030	93	102	95	96	107	(23)
285	2,310	6,580	4,750	99	100	98	100	90	(24)
…	…	…	…	nc	nc	nc	nc	nc	(25)
151	2,400	3,620	3,250	101	105	105	105	104	(26)
489	1,090	5,310	2,540	96	129	123	131	90	(27)
166	1,190	1,980	389	95	95	90	90	102	(28)
…	…	…	…	nc	nc	nc	nc	nc	(29)
90	1,280	1,150	474	95	102	96	108	104	(30)
128	4,650	5,950	5,090	98	113	111	113	104	(31)
222	1,700	3,770	833	98	102	99	115	97	(32)
152	2,630	4,000	2,080	97	156	152	153	142	(33)
…	…	…	…	nc	nc	nc	nc	nc	(34)
244	5,450	13,300	11,700	101	105	106	107	107	(35)
146	1,020	1,490	925	100	86	87	86	64	(36)
140	1,540	2,160	847	95	92	87	99	97	(37)
164	4,360	7,150	6,160	98	98	96	96	89	(38)
97	6,580	6,380	6,260	99	97	96	96	96	(39)
177	1,880	3,330	1,060	97	107	104	104	106	(40)
88	5,390	4,740	4,130	96	101	96	96	94	(41)
…	…	…	…	nc	nc	nc	nc	nc	(42)
…	…	…	…	nc	nc	nc	nc	nc	(43)
131	1,390	1,820	646	108	100	108	97	104	(44)
124	4,110	5,100	4,220	100	104	104	104	101	(45)
148	2,360	3,490	2,470	100	104	103	103	118	(46)
127	1,680	2,130	1,500	96	97	93	99	104	(47)
91	6,840	6,220	5,430	100	89	89	88	91	(48)
71	2,850	2,020	1,510	103	106	109	118	106	(49)
147	2,540	3,740	2,740	100	109	109	108	110	(50)
314	12,500	39,300	37,400	99	101	100	101	105	(51)
230	7,740	17,800	16,300	100	107	107	105	98	(52)
59	6,000	3,540	2,930	98	107	105	106	117	(53)
78	2,240	1,750	1,410	100	100	100	99	102	(54)
406	8,200	33,300	30,700	97	100	97	97	104	(55)
111	1,600	1,790	1,230	97	98	95	95	94	(56)
53	4,320	2,290	2,050	100	94	94	94	99	(57)
72	3,430	2,470	1,720	100	93	93	95	155	(58)
…	…	…	…	nc	nc	nc	nc	nc	(59)
…	…	…	…	nc	nc	nc	nc	nc	(60)
542	3,470	18,800	14,700	100	112	111	111	107	(61)
…	…	…	…	nc	nc	nc	nc	nc	(62)

3　令和３年産都道府県別の作付面積、10ａ当たり収量、収穫量及び出荷量（続き）

(29)　なす（続き）

イ　冬春なす

全国農業地域・都道府県	作付面積	10ａ当たり収量	収穫量	出荷量	対前年産比				(参考)対平均収量比
					作付面積	10ａ当たり収量	収穫量	出荷量	
	ha	kg	t	t	%	%	%	%	%
全国 (1)	**1,040**	**11,000**	**114,500**	**107,800**	**99**	**99**	**99**	**99**	**102**
(全国農業地域)									
北海道 (2)	…	…	…	…	nc	nc	nc	nc	nc
都府県 (3)	…	…	…	…	nc	nc	nc	nc	nc
東北 (4)	…	…	…	…	nc	nc	nc	nc	nc
北陸 (5)	…	…	…	…	nc	nc	nc	nc	nc
関東・東山 (6)	…	…	…	…	nc	nc	nc	nc	nc
東海 (7)	…	…	…	…	nc	nc	nc	nc	nc
近畿 (8)	…	…	…	…	nc	nc	nc	nc	nc
中国 (9)	…	…	…	…	nc	nc	nc	nc	nc
四国 (10)	312	12,900	40,100	38,100	98	102	100	100	103
九州 (11)	…	…	…	…	nc	nc	nc	nc	nc
沖縄 (12)	…	…	…	…	nc	nc	nc	nc	nc
(都道府県)									
北海道 (13)	…	…	…	…	nc	nc	nc	nc	nc
青森 (14)	…	…	…	…	nc	nc	nc	nc	nc
岩手 (15)	…	…	…	…	nc	nc	nc	nc	nc
宮城 (16)	…	…	…	…	nc	nc	nc	nc	nc
秋田 (17)	…	…	…	…	nc	nc	nc	nc	nc
山形 (18)	…	…	…	…	nc	nc	nc	nc	nc
福島 (19)	…	…	…	…	nc	nc	nc	nc	nc
茨城 (20)	…	…	…	…	nc	nc	nc	nc	nc
栃木 (21)	23	8,090	1,860	1,710	92	100	92	91	100
群馬 (22)	119	5,980	7,120	6,330	100	104	104	104	114
埼玉 (23)	24	5,610	1,350	1,230	104	97	102	102	99
千葉 (24)	22	5,780	1,270	1,240	100	111	110	111	94
東京 (25)	…	…	…	…	nc	nc	nc	nc	nc
神奈川 (26)	…	…	…	…	nc	nc	nc	nc	nc
新潟 (27)	…	…	…	…	nc	nc	nc	nc	nc
富山 (28)	…	…	…	…	nc	nc	nc	nc	nc
石川 (29)	…	…	…	…	nc	nc	nc	nc	nc
福井 (30)	…	…	…	…	nc	nc	nc	nc	nc
山梨 (31)	…	…	…	…	nc	nc	nc	nc	nc
長野 (32)	…	…	…	…	nc	nc	nc	nc	nc
岐阜 (33)	…	…	…	…	nc	nc	nc	nc	nc
静岡 (34)	…	…	…	…	nc	nc	nc	nc	nc
愛知 (35)	59	12,400	7,320	6,940	98	98	97	97	106
三重 (36)	…	…	…	…	nc	nc	nc	nc	nc
滋賀 (37)	…	…	…	…	nc	nc	nc	nc	nc
京都 (38)	…	…	…	…	nc	nc	nc	nc	nc
大阪 (39)	50	8,000	4,000	3,930	98	94	92	92	94
兵庫 (40)	…	…	…	…	nc	nc	nc	nc	nc
奈良 (41)	18	6,960	1,250	1,190	95	100	95	94	98
和歌山 (42)	…	…	…	…	nc	nc	nc	nc	nc
鳥取 (43)	…	…	…	…	nc	nc	nc	nc	nc
島根 (44)	…	…	…	…	nc	nc	nc	nc	nc
岡山 (45)	21	11,100	2,330	2,120	100	103	103	102	100
広島 (46)	…	…	…	…	nc	nc	nc	nc	nc
山口 (47)	…	…	…	…	nc	nc	nc	nc	nc
徳島 (48)	14	9,080	1,270	1,160	88	100	88	90	95
香川 (49)	5	7,360	368	311	100	95	103	103	98
愛媛 (50)	10	5,160	516	454	100	101	101	101	94
高知 (51)	283	13,400	37,900	36,200	99	102	100	101	103
福岡 (52)	102	13,800	14,100	13,400	100	105	105	104	99
佐賀 (53)	13	16,100	2,090	1,990	93	113	105	105	128
長崎 (54)	10	7,640	764	682	100	100	100	100	102
熊本 (55)	170	14,700	25,000	23,400	97	97	95	95	101
大分 (56)	…	…	…	…	nc	nc	nc	nc	nc
宮崎 (57)	23	6,470	1,490	1,390	105	89	93	93	94
鹿児島 (58)	9	9,280	863	814	100	94	93	95	130
沖縄 (59)	…	…	…	…	nc	nc	nc	nc	nc
関東農政局 (60)	…	…	…	…	nc	nc	nc	nc	nc
東海農政局 (61)	…	…	…	…	nc	nc	nc	nc	nc
中国四国農政局 (62)	…	…	…	…	nc	nc	nc	nc	nc

ウ 夏秋なす

作付面積	10a当たり収量	収穫量	出荷量	対前年産比				(参考)対平均収量比	
				作付面積	10a当たり収量	収穫量	出荷量		
ha	kg	t	t	%	%	%	%	%	
7,230	**2,530**	**183,200**	**130,000**	**98**	**103**	**101**	**102**	**107**	(1)
…	…	…	…	nc	nc	nc	nc	nc	(2)
…	…	…	…	nc	nc	nc	nc	nc	(3)
…	…	…	…	nc	nc	nc	nc	nc	(4)
…	…	…	…	nc	nc	nc	nc	nc	(5)
…	…	…	…	nc	nc	nc	nc	nc	(6)
…	…	…	…	nc	nc	nc	nc	nc	(7)
…	…	…	…	nc	nc	nc	nc	nc	(8)
…	…	…	…	nc	nc	nc	nc	nc	(9)
…	…	…	…	nc	nc	nc	nc	nc	(10)
…	…	…	…	nc	nc	nc	nc	nc	(11)
…	…	…	…	nc	nc	nc	nc	nc	(12)
…	…	…	…	nc	nc	nc	nc	nc	(13)
…	…	…	…	nc	nc	nc	nc	nc	(14)
115	2,750	3,160	1,870	97	108	105	106	111	(15)
196	1,400	2,740	1,210	96	109	105	104	125	(16)
385	1,590	6,120	2,170	99	109	108	109	120	(17)
368	1,750	6,440	2,920	95	109	104	104	129	(18)
257	1,570	4,030	2,240	99	98	96	96	92	(19)
421	4,200	17,700	15,600	100	101	101	101	107	(20)
291	3,530	10,300	9,320	94	97	91	97	104	(21)
406	5,010	20,300	17,200	100	98	98	98	119	(22)
228	3,280	7,480	5,800	92	102	94	95	108	(23)
263	2,020	5,310	3,510	99	97	96	97	89	(24)
…	…	…	…	nc	nc	nc	nc	nc	(25)
151	2,400	3,620	3,250	101	105	105	105	104	(26)
487	1,090	5,310	2,540	95	129	123	131	91	(27)
166	1,190	1,980	389	95	95	90	90	102	(28)
…	…	…	…	nc	nc	nc	nc	nc	(29)
90	1,280	1,150	474	95	102	96	108	104	(30)
128	4,650	5,950	5,090	98	113	111	113	105	(31)
222	1,700	3,770	833	98	102	99	115	97	(32)
151	2,520	3,810	1,910	97	157	152	153	141	(33)
…	…	…	…	nc	nc	nc	nc	nc	(34)
185	3,220	5,960	4,710	102	119	121	125	115	(35)
141	966	1,360	797	100	87	87	87	64	(36)
134	1,400	1,880	526	94	92	87	99	96	(37)
163	4,360	7,110	6,120	98	98	96	96	89	(38)
47	5,060	2,380	2,330	100	103	103	104	99	(39)
175	1,880	3,290	1,020	97	107	104	103	107	(40)
70	4,990	3,490	2,940	96	101	97	96	93	(41)
…	…	…	…	nc	nc	nc	nc	nc	(42)
…	…	…	…	nc	nc	nc	nc	nc	(43)
130	1,350	1,760	600	108	99	108	97	103	(44)
103	2,690	2,770	2,100	100	106	106	106	107	(45)
147	2,350	3,450	2,420	100	104	103	103	118	(46)
126	1,660	2,090	1,470	96	97	93	99	103	(47)
77	6,430	4,950	4,270	103	87	89	88	91	(48)
66	2,500	1,650	1,200	103	107	111	123	108	(49)
137	2,350	3,220	2,290	100	110	110	110	114	(50)
…	…	…	…	nc	nc	nc	nc	nc	(51)
128	2,860	3,660	2,870	100	110	110	110	96	(52)
46	3,160	1,450	943	100	107	107	108	115	(53)
…	…	…	…	nc	nc	nc	nc	nc	(54)
236	3,500	8,260	7,300	97	109	106	106	107	(55)
111	1,600	1,780	1,220	97	98	95	95	94	(56)
30	2,660	798	659	97	99	96	95	99	(57)
…	…	…	…	nc	nc	nc	nc	nc	(58)
…	…	…	…	nc	nc	nc	nc	nc	(59)
…	…	…	…	nc	nc	nc	nc	nc	(60)
477	2,330	11,100	7,420	100	124	124	125	111	(61)
…	…	…	…	nc	nc	nc	nc	nc	(62)

3　令和３年産都道府県別の作付面積、10ａ当たり収量、収穫量及び出荷量　（続き）

(30)　トマト
ア　計

全国農業地域・都道府県	作付面積	10ａ当たり収量	収穫量	出荷量	対前年産比				(参考)対平均収量比
					作付面積	10ａ当たり収量	収穫量	出荷量	
	ha	kg	t	t	%	%	%	%	%
全国 (1)	11,400	6,360	725,200	659,900	100	103	103	103	104
(全国農業地域)									
北海道 (2)	834	7,820	65,200	60,300	102	97	98	99	109
都府県 (3)	…	…	…	…	nc	nc	nc	nc	nc
東北 (4)	1,610	5,090	81,900	69,900	100	103	103	104	107
北陸 (5)	604	2,620	15,800	11,600	97	111	107	108	96
関東・東山 (6)	…	…	…	…	nc	nc	nc	nc	nc
東海 (7)	1,210	8,170	98,800	91,500	101	109	110	111	108
近畿 (8)	…	…	…	…	nc	nc	nc	nc	nc
中国 (9)	619	4,510	27,900	23,600	100	102	102	102	114
四国 (10)	370	5,920	21,900	19,400	100	101	101	103	104
九州 (11)	2,220	9,020	200,200	190,100	100	99	98	98	100
沖縄 (12)	58	5,710	3,310	2,910	100	98	98	98	94
(都道府県)									
北海道 (13)	834	7,820	65,200	60,300	102	97	98	99	109
青森 (14)	377	5,090	19,200	17,000	101	101	102	102	109
岩手 (15)	200	4,820	9,640	7,930	98	103	100	100	105
宮城 (16)	235	4,720	11,100	9,600	104	113	117	120	117
秋田 (17)	231	3,550	8,210	5,870	98	102	100	100	107
山形 (18)	210	4,860	10,200	8,550	100	100	100	101	103
福島 (19)	354	6,640	23,500	20,900	100	102	101	102	103
茨城 (20)	894	5,320	47,600	45,100	101	113	114	114	105
栃木 (21)	300	10,600	31,700	29,900	94	107	101	101	108
群馬 (22)	306	6,900	21,100	19,600	99	104	103	104	95
埼玉 (23)	183	7,980	14,600	12,800	98	99	97	96	102
千葉 (24)	686	4,740	32,500	29,200	97	111	108	109	98
東京 (25)	…	…	…	…	nc	nc	nc	nc	nc
神奈川 (26)	248	5,040	12,500	12,100	100	105	105	105	105
新潟 (27)	362	2,360	8,560	5,810	95	115	110	108	88
富山 (28)	69	2,550	1,760	1,160	101	115	117	136	114
石川 (29)	98	3,360	3,290	2,640	97	103	100	102	99
福井 (30)	75	2,970	2,230	1,980	100	103	103	104	114
山梨 (31)	113	6,040	6,830	6,350	99	107	107	106	121
長野 (32)	336	4,260	14,300	11,900	103	105	108	107	87
岐阜 (33)	303	8,610	26,100	23,900	102	108	111	111	111
静岡 (34)	248	5,560	13,800	12,700	98	107	105	104	98
愛知 (35)	494	9,960	49,200	46,600	102	111	114	115	111
三重 (36)	169	5,720	9,670	8,320	101	101	102	101	98
滋賀 (37)	110	2,850	3,140	2,250	96	101	97	98	103
京都 (38)	137	3,300	4,520	3,540	100	98	98	98	96
大阪 (39)	…	…	…	…	nc	nc	nc	nc	nc
兵庫 (40)	254	3,270	8,310	6,440	98	95	93	93	104
奈良 (41)	68	5,160	3,510	3,070	96	102	98	98	98
和歌山 (42)	92	3,960	3,640	3,340	100	102	102	103	71
鳥取 (43)	102	3,760	3,840	2,650	98	103	101	102	116
島根 (44)	102	4,250	4,330	3,730	101	111	112	111	138
岡山 (45)	102	5,230	5,330	4,630	103	90	93	95	116
広島 (46)	188	5,530	10,400	9,280	102	100	102	101	111
山口 (47)	125	3,230	4,040	3,290	98	109	107	103	97
徳島 (48)	84	6,070	5,100	4,420	101	104	106	107	105
香川 (49)	68	4,340	2,950	2,640	99	98	97	108	92
愛媛 (50)	144	4,610	6,640	5,560	100	99	99	100	99
高知 (51)	74	9,770	7,230	6,780	100	103	103	103	116
福岡 (52)	203	9,750	19,800	18,200	99	105	103	103	111
佐賀 (53)	65	5,340	3,470	3,000	97	114	110	110	97
長崎 (54)	184	6,740	12,400	11,500	100	101	101	99	99
熊本 (55)	1,270	10,400	132,500	128,100	101	97	98	98	99
大分 (56)	185	5,510	10,200	9,350	97	94	91	92	100
宮崎 (57)	210	7,900	16,600	15,500	99	97	96	96	93
鹿児島 (58)	104	5,070	5,270	4,490	93	112	104	106	117
沖縄 (59)	58	5,710	3,310	2,910	100	98	98	98	94
関東農政局 (60)	…	…	…	…	nc	nc	nc	nc	nc
東海農政局 (61)	966	8,800	85,000	78,800	102	109	111	112	109
中国四国農政局 (62)	989	5,050	49,900	43,000	100	102	102	103	110

イ　計のうち加工用トマト

作付面積	10ａ当たり収量	収穫量	出荷量	対前年産比				(参考)対平均収量比	
				作付面積	10ａ当たり収量	収穫量	出荷量		
ha	kg	t	t	%	%	%	%	%	
415	**5,830**	**24,200**	**24,100**	**112**	**106**	**118**	**118**	**87**	(1)
35	3,800	1,330	1,290	206	72	148	148	83	(2)
…	…	…	…	nc	nc	nc	nc	nc	(3)
x	x	x	x	x	x	x	x	x	(4)
4	4,950	198	198	50	149	74	74	99	(5)
…	…	…	…	nc	nc	nc	nc	nc	(6)
4	4,530	181	177	100	86	86	89	80	(7)
…	…	…	…	nc	nc	nc	nc	nc	(8)
5	2,180	109	109	250	218	545	545	127	(9)
…	…	…	…	nc	nc	nc	nc	nc	(10)
…	…	…	…	nc	nc	nc	nc	nc	(11)
…	…	…	…	nc	nc	nc	nc	nc	(12)
35	3,800	1,330	1,290	206	72	148	148	83	(13)
17	3,910	665	665	1,700	98	1,847	1,847	149	(14)
10	7,050	705	705	91	89	78	78	91	(15)
22	2,730	601	601	157	129	204	204	101	(16)
x	x	x	x	x	x	x	x	x	(17)
5	7,420	371	371	100	100	100	100	110	(18)
10	4,700	470	449	111	87	97	97	68	(19)
171	7,270	12,400	12,400	102	117	120	120	96	(20)
12	6,090	731	731	86	101	87	87	76	(21)
6	5,180	295	295	100	97	100	100	73	(22)
…	…	…	…	nc	nc	nc	nc	nc	(23)
−	−	−	−	nc	nc	nc	nc	−	(24)
…	…	…	…	nc	nc	nc	nc	nc	(25)
−	−	−	−	nc	nc	nc	nc	nc	(26)
3	5,570	167	167	43	156	67	67	114	(27)
0	3,000	12	12	nc	120	400	400	nc	(28)
1	1,900	19	19	100	161	146	146	102	(29)
−	−	−	−	nc	nc	nc	nc	nc	(30)
1	3,230	42	42	100	197	233	233	115	(31)
110	5,420	5,960	5,960	100	109	109	109	83	(32)
−	−	−	−	nc	nc	nc	nc	nc	(33)
−	−	−	−	nc	nc	nc	nc	nc	(34)
4	4,530	181	177	133	80	96	98	80	(35)
−	−	−	−	−	−	−	−	−	(36)
−	−	−	−	nc	nc	nc	nc	nc	(37)
x	x	x	x	x	x	x	x	nc	(38)
…	…	…	…	nc	nc	nc	nc	nc	(39)
−	−	−	−	x	x	x	x	−	(40)
−	−	−	−	nc	nc	nc	nc	−	(41)
…	…	…	…	nc	nc	nc	nc	nc	(42)
−	−	−	−	nc	nc	nc	nc	nc	(43)
2	1,410	24	24	100	126	126	126	72	(44)
−	−	−	−	nc	nc	nc	nc	nc	(45)
3	2,580	85	85	x	x	x	x	168	(46)
−	−	−	−	nc	nc	nc	nc	nc	(47)
−	−	−	−	nc	nc	nc	nc	nc	(48)
−	−	−	−	nc	nc	nc	nc	nc	(49)
x	x	x	x	x	x	x	x	x	(50)
…	…	…	…	nc	nc	nc	nc	nc	(51)
−	−	−	−	nc	nc	nc	nc	nc	(52)
…	…	…	…	nc	nc	nc	nc	nc	(53)
−	−	−	−	nc	nc	nc	nc	nc	(54)
−	−	−	−	nc	nc	nc	nc	nc	(55)
−	−	−	−	nc	nc	nc	nc	nc	(56)
−	−	−	−	nc	nc	nc	nc	nc	(57)
…	…	…	…	nc	nc	nc	nc	nc	(58)
…	…	…	…	nc	nc	nc	nc	nc	(59)
…	…	…	…	nc	nc	nc	nc	nc	(60)
4	4,530	181	177	100	86	86	89	80	(61)
…	…	…	…	nc	nc	nc	nc	nc	(62)

3 令和3年産都道府県別の作付面積、10a当たり収量、収穫量及び出荷量（続き）

(30) トマト（続き）

ウ 計のうちミニトマト

全国農業地域・都道府県		作付面積	10a当たり収量	収穫量	出荷量	対前年産比 作付面積	対前年産比 10a当たり収量	対前年産比 収穫量	対前年産比 出荷量	(参考) 対平均収量比
		ha	kg	t	t	%	%	%	%	%
全国	(1)	**2,680**	**6,030**	**161,600**	**150,900**	**102**	**103**	**105**	**105**	**104**
(全国農業地域)										
北海道	(2)	297	5,520	16,400	14,800	98	101	99	97	104
都府県	(3)	…	…	…	…	nc	nc	nc	nc	nc
東北	(4)	384	4,710	18,100	16,100	102	106	108	108	100
北陸	(5)	97	2,800	2,720	2,370	101	112	113	119	110
関東・東山	(6)	…	…	…	…	nc	nc	nc	nc	nc
東海	(7)	285	9,020	25,700	24,900	103	110	113	116	119
近畿	(8)	…	…	…	…	nc	nc	nc	nc	nc
中国	(9)	118	6,400	7,550	6,890	104	100	104	105	114
四国	(10)	100	4,920	4,920	4,440	102	103	105	110	103
九州	(11)	782	7,530	58,900	56,200	102	99	101	101	102
沖縄	(12)	14	3,930	550	509	100	97	97	99	101
(都道府県)										
北海道	(13)	297	5,520	16,400	14,800	98	101	99	97	104
青森	(14)	69	5,170	3,570	3,340	106	102	108	108	108
岩手	(15)	59	3,420	2,020	1,700	100	99	100	99	99
宮城	(16)	44	3,070	1,350	1,140	102	111	113	113	94
秋田	(17)	27	2,870	776	569	100	102	102	102	86
山形	(18)	90	3,720	3,350	2,920	101	99	100	100	97
福島	(19)	95	7,380	7,010	6,430	100	114	114	114	101
茨城	(20)	220	3,620	7,970	7,270	102	105	108	107	99
栃木	(21)	14	5,410	757	698	108	98	106	105	99
群馬	(22)	30	5,700	1,710	1,510	94	98	91	92	92
埼玉	(23)	41	6,590	2,700	2,440	105	95	99	100	96
千葉	(24)	103	4,820	4,960	4,690	101	111	112	112	97
東京	(25)	…	…	…	…	nc	nc	nc	nc	nc
神奈川	(26)	3	3,300	99	97	100	110	110	110	130
新潟	(27)	49	2,960	1,450	1,240	92	119	110	110	121
富山	(28)	16	3,410	546	509	145	107	155	217	116
石川	(29)	15	1,790	269	219	100	96	96	96	78
福井	(30)	17	2,670	454	402	100	100	100	101	102
山梨	(31)	14	4,480	627	601	108	103	110	110	98
長野	(32)	68	5,340	3,630	3,400	106	105	112	116	97
岐阜	(33)	21	5,190	1,090	958	100	121	121	122	122
静岡	(34)	103	5,100	5,250	4,960	100	102	102	102	85
愛知	(35)	138	12,700	17,500	17,200	105	110	117	121	131
三重	(36)	23	7,870	1,810	1,750	110	97	106	106	132
滋賀	(37)	20	3,080	615	540	100	99	99	99	97
京都	(38)	8	2,380	190	152	100	99	98	98	96
大阪	(39)	…	…	…	…	nc	nc	nc	nc	nc
兵庫	(40)	18	4,460	802	731	106	103	109	111	113
奈良	(41)	7	2,410	169	154	100	101	101	101	109
和歌山	(42)	49	4,760	2,330	2,170	102	107	109	109	84
鳥取	(43)	29	3,760	1,090	937	100	101	101	103	102
島根	(44)	20	3,400	679	640	105	112	118	119	116
岡山	(45)	26	6,770	1,760	1,670	113	93	105	108	184
広島	(46)	31	11,800	3,660	3,360	100	101	101	101	99
山口	(47)	12	3,030	363	282	100	109	109	110	109
徳島	(48)	26	5,000	1,300	1,150	104	101	105	107	101
香川	(49)	43	4,300	1,850	1,710	102	95	97	108	89
愛媛	(50)	22	3,750	824	705	100	108	108	108	104
高知	(51)	9	10,500	941	879	100	120	119	118	143
福岡	(52)	20	2,400	479	423	100	89	89	89	89
佐賀	(53)	16	5,200	832	761	100	104	104	104	87
長崎	(54)	69	6,650	4,590	4,260	100	96	96	96	98
熊本	(55)	493	8,220	40,500	39,200	103	98	102	101	103
大分	(56)	40	4,150	1,660	1,510	100	95	95	94	95
宮崎	(57)	112	8,130	9,100	8,440	101	100	101	101	101
鹿児島	(58)	32	5,560	1,780	1,610	107	107	114	116	105
沖縄	(59)	14	3,930	550	509	100	97	97	99	101
関東農政局	(60)	…	…	…	…	nc	nc	nc	nc	nc
東海農政局	(61)	182	11,200	20,400	19,900	105	110	116	120	131
中国四国農政局	(62)	218	5,730	12,500	11,300	103	101	104	107	110

エ　冬春トマト

作付面積	10a当たり収量	収穫量	出荷量	対前年産比				(参考)対平均収量比	
				作付面積	10a当たり収量	収穫量	出荷量		
ha	kg	t	t	%	%	%	%	%	
3,840	10,300	394,900	375,400	99	104	103	103	103	(1)
99	10,900	10,800	10,200	100	103	103	104	119	(2)
…	…	…	…	nc	nc	nc	nc	nc	(3)
…	…	…	…	nc	nc	nc	nc	nc	(4)
…	…	…	…	nc	nc	nc	nc	nc	(5)
…	…	…	…	nc	nc	nc	nc	nc	(6)
668	10,700	71,200	68,100	101	110	110	111	108	(7)
…	…	…	…	nc	nc	nc	nc	nc	(8)
…	…	…	…	nc	nc	nc	nc	nc	(9)
157	9,490	14,900	13,900	99	103	103	105	105	(10)
…	…	…	…	nc	nc	nc	nc	nc	(11)
56	5,840	3,270	2,880	100	98	98	98	94	(12)
99	10,900	10,800	10,200	100	103	103	104	119	(13)
13	5,440	707	643	108	103	111	111	81	(14)
…	…	…	…	nc	nc	nc	nc	nc	(15)
…	…	…	…	nc	nc	nc	nc	nc	(16)
…	…	…	…	nc	nc	nc	nc	nc	(17)
…	…	…	…	nc	nc	nc	nc	nc	(18)
42	14,600	6,130	5,800	108	105	113	113	104	(19)
137	7,340	10,100	9,510	100	108	108	108	87	(20)
189	13,900	26,300	24,900	95	107	102	102	106	(21)
135	7,720	10,400	9,820	99	102	101	101	87	(22)
115	11,000	12,700	11,900	98	98	97	97	102	(23)
238	7,190	17,100	15,800	91	119	109	109	103	(24)
…	…	…	…	nc	nc	nc	nc	nc	(25)
95	8,350	7,930	7,740	100	106	106	106	104	(26)
52	4,180	2,170	2,020	93	102	95	94	84	(27)
…	…	…	…	nc	nc	nc	nc	nc	(28)
20	5,350	1,070	971	100	98	98	99	82	(29)
…	…	…	…	nc	nc	nc	nc	nc	(30)
33	9,750	3,220	3,120	103	101	105	104	123	(31)
…	…	…	…	nc	nc	nc	nc	nc	(32)
43	17,100	7,350	6,910	100	110	110	110	109	(33)
164	6,710	11,000	10,600	98	105	103	103	94	(34)
394	11,600	45,700	43,900	103	112	115	116	113	(35)
67	10,600	7,100	6,640	100	98	98	98	99	(36)
20	5,300	1,060	976	100	95	95	96	94	(37)
…	…	…	…	nc	nc	nc	nc	nc	(38)
…	…	…	…	nc	nc	nc	nc	nc	(39)
49	8,670	4,250	4,120	98	93	92	92	111	(40)
24	8,510	2,040	1,950	96	100	96	96	100	(41)
44	5,920	2,600	2,470	100	103	102	102	74	(42)
…	…	…	…	nc	nc	nc	nc	nc	(43)
19	6,030	1,150	1,020	106	109	116	107	97	(44)
…	…	…	…	nc	nc	nc	nc	nc	(45)
29	13,600	3,940	3,740	100	100	100	100	103	(46)
…	…	…	…	nc	nc	nc	nc	nc	(47)
37	9,150	3,390	3,190	103	112	115	116	112	(48)
30	6,130	1,840	1,640	94	92	87	99	88	(49)
32	9,350	2,990	2,670	100	102	102	102	102	(50)
58	11,500	6,670	6,350	100	103	103	103	108	(51)
116	15,500	18,000	17,000	97	108	104	104	114	(52)
30	9,850	2,960	2,750	97	114	110	110	103	(53)
127	8,730	11,100	10,500	100	100	100	99	96	(54)
860	12,900	110,900	107,500	102	97	99	99	100	(55)
…	…	…	…	nc	nc	nc	nc	nc	(56)
161	8,980	14,500	13,600	98	98	97	97	94	(57)
52	8,000	4,160	3,810	93	112	104	106	115	(58)
56	5,840	3,270	2,880	100	98	98	98	94	(59)
…	…	…	…	nc	nc	nc	nc	nc	(60)
504	11,900	60,200	57,500	102	109	112	113	110	(61)
…	…	…	…	nc	nc	nc	nc	nc	(62)

3 令和3年産都道府県別の作付面積、10a当たり収量、収穫量及び出荷量（続き）

(30) トマト（続き）

オ 冬春トマトのうちミニトマト

全国農業地域・都道府県	作付面積	10a当たり収量	収穫量	出荷量	対前年産比 作付面積	対前年産比 10a当たり収量	対前年産比 収穫量	対前年産比 出荷量	(参考) 対平均収量比
	ha	kg	t	t	%	%	%	%	%
全国 (1)	**1,150**	**8,900**	**102,400**	**98,100**	**103**	**102**	**105**	**106**	**104**
(全国農業地域)									
北海道 (2)	20	6,740	1,350	1,240	83	104	87	84	105
都府県 (3)	…	…	…	…	nc	nc	nc	nc	nc
東北 (4)	…	…	…	…	nc	nc	nc	nc	nc
北陸 (5)	…	…	…	…	nc	nc	nc	nc	nc
関東・東山 (6)	…	…	…	…	nc	nc	nc	nc	nc
東海 (7)	208	11,100	23,000	22,400	103	110	113	115	122
近畿 (8)	…	…	…	…	nc	nc	nc	nc	nc
中国 (9)	…	…	…	…	nc	nc	nc	nc	nc
四国 (10)	48	7,330	3,520	3,300	104	104	109	114	106
九州 (11)	…	…	…	…	nc	nc	nc	nc	nc
沖縄 (12)	13	4,140	538	499	100	97	97	99	99
(都道府県)									
北海道 (13)	20	6,740	1,350	1,240	83	104	87	84	105
青森 (14)	5	4,500	243	220	125	104	140	140	92
岩手 (15)	…	…	…	…	nc	nc	nc	nc	nc
宮城 (16)	…	…	…	…	nc	nc	nc	nc	nc
秋田 (17)	…	…	…	…	nc	nc	nc	nc	nc
山形 (18)	…	…	…	…	nc	nc	nc	nc	nc
福島 (19)	20	15,800	3,160	2,990	111	105	117	117	88
茨城 (20)	33	4,730	1,560	1,460	106	107	114	114	81
栃木 (21)	8	6,970	537	508	114	103	107	108	100
群馬 (22)	20	6,640	1,330	1,220	95	98	94	94	93
埼玉 (23)	22	9,870	2,170	2,030	105	95	100	100	99
千葉 (24)	43	7,540	3,240	3,100	100	109	109	109	102
東京 (25)	…	…	…	…	nc	nc	nc	nc	nc
神奈川 (26)	2	3,500	56	55	100	109	110	110	124
新潟 (27)	11	3,660	403	375	92	127	116	112	129
富山 (28)	…	…	…	…	nc	nc	nc	nc	nc
石川 (29)	2	2,200	44	41	100	152	152	152	90
福井 (30)	…	…	…	…	nc	nc	nc	nc	nc
山梨 (31)	7	4,950	347	336	117	100	116	116	95
長野 (32)	…	…	…	…	nc	nc	nc	nc	nc
岐阜 (33)	4	10,800	432	407	100	148	141	141	149
静岡 (34)	67	6,010	4,030	3,850	99	100	98	98	82
愛知 (35)	126	13,400	16,900	16,600	105	111	117	120	134
三重 (36)	11	14,800	1,600	1,560	110	100	105	105	151
滋賀 (37)	8	5,000	400	375	100	99	99	99	97
京都 (38)	…	…	…	…	nc	nc	nc	nc	nc
大阪 (39)	…	…	…	…	nc	nc	nc	nc	nc
兵庫 (40)	7	8,510	596	567	117	106	124	124	122
奈良 (41)	2	2,830	59	53	100	100	100	100	102
和歌山 (42)	35	5,650	1,980	1,870	103	106	109	109	83
鳥取 (43)	…	…	…	…	nc	nc	nc	nc	nc
島根 (44)	4	3,030	133	130	133	88	125	124	90
岡山 (45)	…	…	…	…	nc	nc	nc	nc	nc
広島 (46)	9	24,000	2,160	2,010	100	100	100	101	91
山口 (47)	…	…	…	…	nc	nc	nc	nc	nc
徳島 (48)	11	7,940	873	837	122	104	127	130	110
香川 (49)	22	6,160	1,360	1,270	100	95	95	105	92
愛媛 (50)	7	6,250	438	394	100	103	110	110	103
高知 (51)	8	10,600	848	800	100	119	119	118	135
福岡 (52)	7	3,460	242	226	88	97	85	87	96
佐賀 (53)	12	6,550	786	730	100	104	104	104	92
長崎 (54)	49	8,430	4,130	3,890	100	95	95	95	100
熊本 (55)	366	9,750	35,700	34,600	103	99	102	102	102
大分 (56)	…	…	…	…	nc	nc	nc	nc	nc
宮崎 (57)	94	9,080	8,540	7,950	101	99	100	100	101
鹿児島 (58)	20	7,920	1,580	1,460	105	109	114	116	109
沖縄 (59)	13	4,140	538	499	100	97	97	99	99
関東農政局 (60)	…	…	…	…	nc	nc	nc	nc	nc
東海農政局 (61)	141	13,400	18,900	18,600	105	110	116	119	135
中国四国農政局 (62)	…	…	…	…	nc	nc	nc	nc	nc

カ　夏秋トマト

作付面積	10a当たり収量	収穫量	出荷量	対前年産比				(参考)対平均収量比	
				作付面積	10a当たり収量	収穫量	出荷量		
ha	kg	t	t	%	%	%	%	%	
7,550	**4,370**	**330,300**	**284,500**	**100**	**103**	**103**	**103**	**104**	(1)
735	7,400	54,400	50,100	102	95	98	98	107	(2)
…	…	…	…	nc	nc	nc	nc	nc	(3)
1,480	4,510	66,800	55,700	100	101	101	101	106	(4)
508	2,220	11,300	7,240	97	115	112	113	100	(5)
…	…	…	…	nc	nc	nc	nc	nc	(6)
546	5,040	27,500	23,400	101	108	110	111	107	(7)
…	…	…	…	nc	nc	nc	nc	nc	(8)
528	3,770	19,900	16,100	100	101	102	102	116	(9)
…	…	…	…	nc	nc	nc	nc	nc	(10)
…	…	…	…	nc	nc	nc	nc	nc	(11)
…	…	…	…	nc	nc	nc	nc	nc	(12)
735	7,400	54,400	50,100	102	95	98	98	107	(13)
364	5,070	18,500	16,400	101	101	102	102	110	(14)
196	4,780	9,370	7,690	98	103	100	100	105	(15)
189	2,740	5,180	4,010	104	113	117	120	117	(16)
230	3,550	8,170	5,840	98	102	100	100	107	(17)
185	4,420	8,180	6,610	100	100	100	101	103	(18)
312	5,590	17,400	15,100	99	99	98	98	100	(19)
757	4,950	37,500	35,600	101	115	116	116	110	(20)
111	4,900	5,440	4,980	93	103	96	95	101	(21)
171	6,270	10,700	9,750	100	106	106	106	105	(22)
…	…	…	…	nc	nc	nc	nc	nc	(23)
448	3,430	15,400	13,400	101	106	108	108	96	(24)
…	…	…	…	nc	nc	nc	nc	nc	(25)
153	2,980	4,560	4,350	101	103	104	104	107	(26)
310	2,060	6,390	3,790	96	121	116	117	91	(27)
60	2,130	1,280	695	102	115	117	135	113	(28)
78	2,840	2,220	1,670	96	104	101	104	112	(29)
60	2,270	1,360	1,080	100	103	103	104	116	(30)
80	4,510	3,610	3,230	98	111	108	108	119	(31)
305	4,110	12,500	10,100	103	105	108	107	90	(32)
260	7,200	18,700	17,000	103	108	111	112	113	(33)
84	3,290	2,760	2,090	99	111	110	109	104	(34)
100	3,500	3,500	2,670	101	103	104	104	87	(35)
102	2,520	2,570	1,680	101	113	114	114	104	(36)
90	2,310	2,080	1,270	95	103	97	100	105	(37)
112	2,450	2,740	1,890	100	98	98	98	96	(38)
…	…	…	…	nc	nc	nc	nc	nc	(39)
205	1,980	4,060	2,320	98	96	94	94	97	(40)
44	3,340	1,470	1,120	96	106	101	102	101	(41)
…	…	…	…	nc	nc	nc	nc	nc	(42)
92	3,510	3,230	2,090	98	103	101	102	117	(43)
83	3,830	3,180	2,710	100	111	111	113	162	(44)
94	4,510	4,240	3,600	103	90	93	95	111	(45)
159	4,050	6,440	5,540	102	100	102	102	114	(46)
100	2,830	2,830	2,190	98	108	106	103	99	(47)
47	3,640	1,710	1,230	100	92	91	89	93	(48)
38	2,910	1,110	1,000	103	117	121	127	95	(49)
112	3,260	3,650	2,890	100	98	98	98	98	(50)
…	…	…	…	nc	nc	nc	nc	nc	(51)
87	2,050	1,780	1,180	101	93	94	91	97	(52)
…	…	…	…	nc	nc	nc	nc	nc	(53)
57	2,230	1,270	980	100	103	102	101	99	(54)
407	5,310	21,600	20,600	99	96	94	94	93	(55)
154	5,200	8,010	7,260	97	94	91	91	103	(56)
49	4,370	2,140	1,940	100	94	94	94	95	(57)
…	…	…	…	nc	nc	nc	nc	nc	(58)
…	…	…	…	nc	nc	nc	nc	nc	(59)
…	…	…	…	nc	nc	nc	nc	nc	(60)
462	5,370	24,800	21,400	102	108	110	111	107	(61)
…	…	…	…	nc	nc	nc	nc	nc	(62)

3 令和3年産都道府県別の作付面積、10a当たり収量、収穫量及び出荷量（続き）

(30) トマト（続き）

キ 夏秋トマトのうち加工用トマト

全国農業地域・都道府県	作付面積	10a当たり収量	収穫量	出荷量	対前年産比				(参考)対平均収量比
					作付面積	10a当たり収量	収穫量	出荷量	
	ha	kg	t	t	%	%	%	%	%
全国 (1)	**415**	**5,830**	**24,200**	**24,100**	**112**	**106**	**118**	**118**	**87**
(全国農業地域)									
北海道 (2)	35	3,800	1,330	1,290	206	72	148	148	83
都府県 (3)	…	…	…	…	nc	nc	nc	nc	nc
東北 (4)	x	x	x	x	x	x	x	x	x
北陸 (5)	4	4,950	198	198	50	149	74	74	99
関東・東山 (6)	…	…	…	…	nc	nc	nc	nc	nc
東海 (7)	4	4,530	181	177	100	86	86	89	80
近畿 (8)	…	…	…	…	nc	nc	nc	nc	nc
中国 (9)	5	2,180	109	109	250	218	545	545	127
四国 (10)	…	…	…	…	nc	nc	nc	nc	nc
九州 (11)	…	…	…	…	nc	nc	nc	nc	nc
沖縄 (12)	…	…	…	…	nc	nc	nc	nc	nc
(都道府県)									
北海道 (13)	35	3,800	1,330	1,290	206	72	148	148	83
青森 (14)	17	3,910	665	665	1,700	98	1,847	1,847	149
岩手 (15)	10	7,050	705	705	91	89	78	78	91
宮城 (16)	22	2,730	601	601	157	129	204	204	101
秋田 (17)	x	x	x	x	x	x	x	x	x
山形 (18)	5	7,420	371	371	100	100	100	100	110
福島 (19)	10	4,700	470	449	111	87	97	97	68
茨城 (20)	171	7,270	12,400	12,400	102	117	120	120	96
栃木 (21)	12	6,090	731	731	86	101	87	87	76
群馬 (22)	6	5,180	295	295	100	97	100	100	73
埼玉 (23)	…	…	…	…	nc	nc	nc	nc	nc
千葉 (24)	−	−	−	−	nc	nc	nc	nc	−
東京 (25)	…	…	…	…	nc	nc	nc	nc	nc
神奈川 (26)	−	−	−	−	nc	nc	nc	nc	nc
新潟 (27)	3	5,570	167	167	43	156	67	67	114
富山 (28)	0	3,000	12	12	nc	120	400	400	nc
石川 (29)	1	1,900	19	19	100	161	146	146	102
福井 (30)	−	−	−	−	nc	nc	nc	nc	nc
山梨 (31)	1	3,230	42	42	100	197	233	233	115
長野 (32)	110	5,420	5,960	5,960	100	109	109	109	83
岐阜 (33)	−	−	−	−	nc	nc	nc	nc	nc
静岡 (34)	−	−	−	−	nc	nc	nc	nc	nc
愛知 (35)	4	4,530	181	177	133	80	96	98	80
三重 (36)	−	−	−	−	−	−	−	−	−
滋賀 (37)	−	−	−	−	nc	nc	nc	nc	nc
京都 (38)	x	x	x	x	x	x	x	x	nc
大阪 (39)	…	…	…	…	nc	nc	nc	nc	nc
兵庫 (40)	−	−	−	−	x	x	x	x	−
奈良 (41)	−	−	−	−	nc	nc	nc	nc	−
和歌山 (42)	…	…	…	…	nc	nc	nc	nc	nc
鳥取 (43)	−	−	−	−	nc	nc	nc	nc	nc
島根 (44)	2	1,410	24	24	100	126	126	126	72
岡山 (45)	−	−	−	−	nc	nc	nc	nc	nc
広島 (46)	3	2,580	85	85	x	x	x	x	168
山口 (47)	−	−	−	−	nc	nc	nc	nc	nc
徳島 (48)	−	−	−	−	nc	nc	nc	nc	nc
香川 (49)	−	−	−	−	nc	nc	nc	nc	nc
愛媛 (50)	x	x	x	x	x	x	x	x	x
高知 (51)	…	…	…	…	nc	nc	nc	nc	nc
福岡 (52)	−	−	−	−	nc	nc	nc	nc	nc
佐賀 (53)	…	…	…	…	nc	nc	nc	nc	nc
長崎 (54)	−	−	−	−	nc	nc	nc	nc	nc
熊本 (55)	−	−	−	−	nc	nc	nc	nc	nc
大分 (56)	−	−	−	−	nc	nc	nc	nc	nc
宮崎 (57)	−	−	−	−	nc	nc	nc	nc	nc
鹿児島 (58)	…	…	…	…	nc	nc	nc	nc	nc
沖縄 (59)	…	…	…	…	nc	nc	nc	nc	nc
関東農政局 (60)	…	…	…	…	nc	nc	nc	nc	nc
東海農政局 (61)	4	4,530	181	177	100	86	86	89	80
中国四国農政局 (62)	…	…	…	…	nc	nc	nc	nc	nc

ク　夏秋トマトのうちミニトマト

作付面積	10a当たり収量	収穫量	出荷量	対前年産比 作付面積	対前年産比 10a当たり収量	対前年産比 収穫量	対前年産比 出荷量	(参考)対平均収量比	
ha	kg	t	t	%	%	%	%	%	
1,530	3,870	59,200	52,800	101	102	103	104	102	(1)
277	5,410	15,000	13,600	99	100	99	99	104	(2)
…	…	…	…	nc	nc	nc	nc	nc	(3)
337	4,040	13,600	11,900	101	105	105	105	103	(4)
73	2,600	1,900	1,560	100	109	109	113	108	(5)
…	…	…	…	nc	nc	nc	nc	nc	(6)
77	3,480	2,680	2,400	104	113	117	118	101	(7)
…	…	…	…	nc	nc	nc	nc	nc	(8)
92	4,200	3,860	3,370	102	102	104	105	113	(9)
…	…	…	…	nc	nc	nc	nc	nc	(10)
…	…	…	…	nc	nc	nc	nc	nc	(11)
…	…	…	…	nc	nc	nc	nc	nc	(12)
277	5,410	15,000	13,600	99	100	99	99	104	(13)
64	5,200	3,330	3,120	105	101	106	106	109	(14)
57	3,380	1,930	1,620	100	99	99	99	99	(15)
30	2,730	819	680	103	110	113	113	103	(16)
27	2,850	770	564	100	102	102	102	86	(17)
84	3,420	2,870	2,460	101	99	100	100	97	(18)
75	5,130	3,850	3,440	97	115	112	112	109	(19)
187	3,430	6,410	5,810	102	105	106	106	99	(20)
6	3,930	220	190	100	109	103	98	97	(21)
10	3,760	376	292	91	92	84	83	84	(22)
…	…	…	…	nc	nc	nc	nc	nc	(23)
60	2,860	1,720	1,590	102	117	119	120	100	(24)
…	…	…	…	nc	nc	nc	nc	nc	(25)
1	3,100	43	42	100	111	110	111	131	(26)
38	2,760	1,050	861	93	116	108	108	117	(27)
10	3,100	310	247	143	109	155	217	114	(28)
13	1,730	225	178	100	89	89	88	76	(29)
12	2,580	310	270	100	100	100	101	106	(30)
7	4,000	280	265	100	104	104	104	99	(31)
55	4,380	2,410	2,090	106	106	112	115	100	(32)
17	3,860	656	551	100	110	110	111	106	(33)
36	3,400	1,220	1,110	103	117	120	120	100	(34)
12	4,980	598	556	109	114	125	125	107	(35)
12	1,700	209	187	109	100	111	111	84	(36)
12	1,790	215	165	100	99	100	99	94	(37)
6	2,250	135	106	100	99	99	98	103	(38)
…	…	…	…	nc	nc	nc	nc	nc	(39)
11	1,870	206	164	100	81	81	81	82	(40)
5	2,120	110	101	100	102	102	102	99	(41)
…	…	…	…	nc	nc	nc	nc	nc	(42)
25	3,290	823	700	100	102	102	103	101	(43)
16	3,410	546	510	100	116	116	118	119	(44)
21	3,910	821	720	111	95	105	107	138	(45)
22	6,800	1,500	1,350	100	101	101	102	108	(46)
8	2,180	174	91	100	109	109	110	107	(47)
15	2,870	431	312	94	83	78	73	80	(48)
21	2,340	491	443	105	98	103	120	83	(49)
15	2,570	386	311	100	106	106	105	105	(50)
…	…	…	…	nc	nc	nc	nc	nc	(51)
13	1,820	237	197	108	86	93	92	85	(52)
…	…	…	…	nc	nc	nc	nc	nc	(53)
20	2,290	458	365	100	107	107	101	93	(54)
127	3,790	4,810	4,640	103	95	98	98	95	(55)
29	4,110	1,190	1,090	100	95	95	95	101	(56)
18	3,120	562	494	100	106	106	106	105	(57)
…	…	…	…	nc	nc	nc	nc	nc	(58)
…	…	…	…	nc	nc	nc	nc	nc	(59)
…	…	…	…	nc	nc	nc	nc	nc	(60)
41	3,560	1,460	1,290	105	109	115	116	103	(61)
…	…	…	…	nc	nc	nc	nc	nc	(62)

3 令和３年産都道府県別の作付面積、10ａ当たり収量、収穫量及び出荷量 （続き）

(31) ピーマン

ア 計

全国農業地域・都道府県		作付面積	10ａ当たり収量	収穫量	出荷量	対前年産比				(参考)対平均収量比
						作付面積	10ａ当たり収量	収穫量	出荷量	
		ha	kg	t	t	%	%	%	%	%
全国	(1)	**3,190**	**4,660**	**148,500**	**132,200**	**101**	**103**	**104**	**104**	**105**
(全国農業地域)										
北海道	(2)	88	6,600	5,810	5,480	106	97	103	105	106
都府県	(3)	…	…	…	…	nc	nc	nc	nc	nc
東北	(4)	…	…	…	…	nc	nc	nc	nc	nc
北陸	(5)	…	…	…	…	nc	nc	nc	nc	nc
関東・東山	(6)	…	…	…	…	nc	nc	nc	nc	nc
東海	(7)	…	…	…	…	nc	nc	nc	nc	nc
近畿	(8)	…	…	…	…	nc	nc	nc	nc	nc
中国	(9)	254	1,490	3,780	2,380	100	94	94	96	105
四国	(10)	…	…	…	…	nc	nc	nc	nc	nc
九州	(11)	…	…	…	…	nc	nc	nc	nc	nc
沖縄	(12)	41	6,610	2,710	2,370	105	100	105	105	101
(都道府県)										
北海道	(13)	88	6,600	5,810	5,480	106	97	103	105	106
青森	(14)	105	4,010	4,210	3,630	107	100	107	105	113
岩手	(15)	193	4,570	8,820	7,640	102	106	107	108	110
宮城	(16)	52	4,730	2,460	2,090	nc	nc	nc	nc	nc
秋田	(17)	…	…	…	…	nc	nc	nc	nc	nc
山形	(18)	45	2,370	1,070	660	98	109	107	107	110
福島	(19)	84	3,460	2,910	2,500	100	102	102	102	104
茨城	(20)	542	6,160	33,400	31,500	101	102	103	103	97
栃木	(21)	…	…	…	…	nc	nc	nc	nc	nc
群馬	(22)	…	…	…	…	nc	nc	nc	nc	nc
埼玉	(23)	…	…	…	…	nc	nc	nc	nc	nc
千葉	(24)	80	2,360	1,890	1,350	98	95	93	94	85
東京	(25)	…	…	…	…	nc	nc	nc	nc	nc
神奈川	(26)	…	…	…	…	nc	nc	nc	nc	nc
新潟	(27)	65	966	628	331	98	87	86	98	84
富山	(28)	…	…	…	…	nc	nc	nc	nc	nc
石川	(29)	…	…	…	…	nc	nc	nc	nc	nc
福井	(30)	…	…	…	…	nc	nc	nc	nc	nc
山梨	(31)	…	…	…	…	nc	nc	nc	nc	nc
長野	(32)	99	2,200	2,180	1,500	105	106	112	116	104
岐阜	(33)	37	1,440	533	342	97	105	102	101	104
静岡	(34)	…	…	…	…	nc	nc	nc	nc	nc
愛知	(35)	42	1,650	693	389	100	102	103	105	103
三重	(36)	47	1,050	493	203	100	90	90	90	92
滋賀	(37)	…	…	…	…	nc	nc	nc	nc	nc
京都	(38)	91	2,210	2,010	1,650	105	99	104	103	97
大阪	(39)	…	…	…	…	nc	nc	nc	nc	nc
兵庫	(40)	99	2,390	2,370	1,650	102	111	113	114	109
奈良	(41)	…	…	…	…	nc	nc	nc	nc	nc
和歌山	(42)	27	4,070	1,100	995	90	103	92	92	101
鳥取	(43)	47	1,610	757	405	104	100	105	108	106
島根	(44)	73	1,100	805	467	100	97	97	108	100
岡山	(45)	29	1,890	549	409	100	72	72	72	101
広島	(46)	74	1,620	1,200	780	100	96	96	96	100
山口	(47)	31	1,520	470	317	94	111	104	104	135
徳島	(48)	26	1,700	443	321	90	82	73	73	83
香川	(49)	…	…	…	…	nc	nc	nc	nc	nc
愛媛	(50)	62	2,560	1,590	1,210	103	105	109	108	110
高知	(51)	117	11,100	13,000	12,300	97	104	100	99	109
福岡	(52)	…	…	…	…	nc	nc	nc	nc	nc
佐賀	(53)	…	…	…	…	nc	nc	nc	nc	nc
長崎	(54)	…	…	…	…	nc	nc	nc	nc	nc
熊本	(55)	87	3,970	3,450	3,180	99	108	106	106	107
大分	(56)	126	6,040	7,610	7,240	110	97	107	107	115
宮崎	(57)	294	9,120	26,800	25,200	97	103	100	99	103
鹿児島	(58)	138	9,640	13,300	12,600	97	116	113	112	114
沖縄	(59)	41	6,610	2,710	2,370	105	100	105	105	101
関東農政局	(60)	…	…	…	…	nc	nc	nc	nc	nc
東海農政局	(61)	126	1,370	1,720	934	99	99	98	100	100
中国四国農政局	(62)	…	…	…	…	nc	nc	nc	nc	nc

イ　計のうちししとう

作付面積	10a当たり収量	収穫量	出荷量	対前年産比				(参考)対平均収量比	
				作付面積	10a当たり収量	収穫量	出荷量		
ha	kg	t	t	%	%	%	%	%	
293	**1,950**	**5,700**	**4,760**	**97**	**96**	**92**	**94**	**90**	(1)
4	2,390	97	77	100	104	104	112	103	(2)
…	…	…	…	nc	nc	nc	nc	nc	(3)
…	…	…	…	nc	nc	nc	nc	nc	(4)
…	…	…	…	nc	nc	nc	nc	nc	(5)
…	…	…	…	nc	nc	nc	nc	nc	(6)
…	…	…	…	nc	nc	nc	nc	nc	(7)
…	…	…	…	nc	nc	nc	nc	nc	(8)
17	1,280	217	136	94	98	92	93	105	(9)
…	…	…	…	nc	nc	nc	nc	nc	(10)
…	…	…	…	nc	nc	nc	nc	nc	(11)
1	4,000	40	36	nc	nc	286	277	331	(12)
4	2,390	97	77	100	104	104	112	103	(13)
0	688	2	2	nc	nc	100	100	113	(14)
2	1,500	30	21	100	103	103	105	100	(15)
3	1,400	42	21	nc	nc	nc	nc	nc	(16)
…	…	…	…	nc	nc	nc	nc	nc	(17)
13	1,400	182	102	100	96	96	96	95	(18)
4	925	37	21	100	84	84	84	86	(19)
7	1,250	88	75	100	110	106	106	68	(20)
…	…	…	…	nc	nc	nc	nc	nc	(21)
…	…	…	…	nc	nc	nc	nc	nc	(22)
…	…	…	…	nc	nc	nc	nc	nc	(23)
35	2,130	746	659	100	99	99	99	87	(24)
…	…	…	…	nc	nc	nc	nc	nc	(25)
…	…	…	…	nc	nc	nc	nc	nc	(26)
12	908	109	52	100	95	95	95	82	(27)
…	…	…	…	nc	nc	nc	nc	nc	(28)
…	…	…	…	nc	nc	nc	nc	nc	(29)
…	…	…	…	nc	nc	nc	nc	nc	(30)
…	…	…	…	nc	nc	nc	nc	nc	(31)
5	1,000	50	13	100	100	100	108	95	(32)
8	1,370	110	70	100	110	110	109	99	(33)
…	…	…	…	nc	nc	nc	nc	nc	(34)
5	1,380	69	61	100	112	111	115	114	(35)
8	1,200	96	62	100	80	80	79	105	(36)
…	…	…	…	nc	nc	nc	nc	nc	(37)
6	767	46	39	86	96	82	83	88	(38)
…	…	…	…	nc	nc	nc	nc	nc	(39)
8	1,330	106	38	100	76	76	76	75	(40)
…	…	…	…	nc	nc	nc	nc	nc	(41)
12	1,920	230	202	86	102	87	87	91	(42)
7	1,710	120	67	100	98	98	99	101	(43)
3	800	24	20	100	109	109	111	95	(44)
3	1,000	30	22	100	75	75	76	92	(45)
3	1,000	30	19	100	111	111	112	133	(46)
1	1,300	13	8	50	108	54	57	138	(47)
10	1,240	124	89	83	62	52	51	61	(48)
…	…	…	…	nc	nc	nc	nc	nc	(49)
6	1,420	85	70	100	108	108	109	129	(50)
43	4,840	2,080	1,980	90	100	89	90	90	(51)
…	…	…	…	nc	nc	nc	nc	nc	(52)
…	…	…	…	nc	nc	nc	nc	nc	(53)
…	…	…	…	nc	nc	nc	nc	nc	(54)
8	1,660	133	113	100	114	115	116	108	(55)
7	1,530	107	95	117	93	108	109	99	(56)
9	2,610	235	213	100	101	101	102	96	(57)
4	850	34	20	100	97	97	100	110	(58)
1	4,000	40	36	nc	nc	286	277	331	(59)
…	…	…	…	nc	nc	nc	nc	nc	(60)
21	1,310	275	193	100	98	98	99	105	(61)
…	…	…	…	nc	nc	nc	nc	nc	(62)

3　令和3年産都道府県別の作付面積、10a当たり収量、収穫量及び出荷量（続き）

(31)　ピーマン（続き）

ウ　冬春ピーマン

全国農業地域・都道府県		作付面積	10a当たり収量	収穫量	出荷量	対前年産比 作付面積	対前年産比 10a当たり収量	対前年産比 収穫量	対前年産比 出荷量	(参考) 対平均収量比
		ha	kg	t	t	%	%	%	%	%
全国	(1)	725	10,500	75,800	71,600	99	103	102	102	101
(全国農業地域)										
北海道	(2)	…	…	…	…	nc	nc	nc	nc	nc
都府県	(3)	…	…	…	…	nc	nc	nc	nc	nc
東北	(4)	…	…	…	…	nc	nc	nc	nc	nc
北陸	(5)	…	…	…	…	nc	nc	nc	nc	nc
関東・東山	(6)	…	…	…	…	nc	nc	nc	nc	nc
東海	(7)	…	…	…	…	nc	nc	nc	nc	nc
近畿	(8)	…	…	…	…	nc	nc	nc	nc	nc
中国	(9)	…	…	…	…	nc	nc	nc	nc	nc
四国	(10)	…	…	…	…	nc	nc	nc	nc	nc
九州	(11)	…	…	…	…	nc	nc	nc	nc	nc
沖縄	(12)	34	7,150	2,430	2,130	106	100	106	105	101
(都道府県)										
北海道	(13)	…	…	…	…	nc	nc	nc	nc	nc
青森	(14)	…	…	…	…	nc	nc	nc	nc	nc
岩手	(15)	…	…	…	…	nc	nc	nc	nc	nc
宮城	(16)	…	…	…	…	nc	nc	nc	nc	nc
秋田	(17)	…	…	…	…	nc	nc	nc	nc	nc
山形	(18)	…	…	…	…	nc	nc	nc	nc	nc
福島	(19)	…	…	…	…	nc	nc	nc	nc	nc
茨城	(20)	239	9,220	22,000	20,800	101	100	100	100	95
栃木	(21)	…	…	…	…	nc	nc	nc	nc	nc
群馬	(22)	…	…	…	…	nc	nc	nc	nc	nc
埼玉	(23)	…	…	…	…	nc	nc	nc	nc	nc
千葉	(24)	…	…	…	…	nc	nc	nc	nc	nc
東京	(25)	…	…	…	…	nc	nc	nc	nc	nc
神奈川	(26)	…	…	…	…	nc	nc	nc	nc	nc
新潟	(27)	…	…	…	…	nc	nc	nc	nc	nc
富山	(28)	…	…	…	…	nc	nc	nc	nc	nc
石川	(29)	…	…	…	…	nc	nc	nc	nc	nc
福井	(30)	…	…	…	…	nc	nc	nc	nc	nc
山梨	(31)	…	…	…	…	nc	nc	nc	nc	nc
長野	(32)	…	…	…	…	nc	nc	nc	nc	nc
岐阜	(33)	…	…	…	…	nc	nc	nc	nc	nc
静岡	(34)	…	…	…	…	nc	nc	nc	nc	nc
愛知	(35)	…	…	…	…	nc	nc	nc	nc	nc
三重	(36)	…	…	…	…	nc	nc	nc	nc	nc
滋賀	(37)	…	…	…	…	nc	nc	nc	nc	nc
京都	(38)	…	…	…	…	nc	nc	nc	nc	nc
大阪	(39)	…	…	…	…	nc	nc	nc	nc	nc
兵庫	(40)	…	…	…	…	nc	nc	nc	nc	nc
奈良	(41)	…	…	…	…	nc	nc	nc	nc	nc
和歌山	(42)	7	9,270	649	611	88	105	94	94	100
鳥取	(43)	…	…	…	…	nc	nc	nc	nc	nc
島根	(44)	…	…	…	…	nc	nc	nc	nc	nc
岡山	(45)	…	…	…	…	nc	nc	nc	nc	nc
広島	(46)	…	…	…	…	nc	nc	nc	nc	nc
山口	(47)	…	…	…	…	nc	nc	nc	nc	nc
徳島	(48)	…	…	…	…	nc	nc	nc	nc	nc
香川	(49)	…	…	…	…	nc	nc	nc	nc	nc
愛媛	(50)	…	…	…	…	nc	nc	nc	nc	nc
高知	(51)	86	13,700	11,800	11,200	99	101	100	100	107
福岡	(52)	…	…	…	…	nc	nc	nc	nc	nc
佐賀	(53)	…	…	…	…	nc	nc	nc	nc	nc
長崎	(54)	…	…	…	…	nc	nc	nc	nc	nc
熊本	(55)	18	6,900	1,240	1,170	100	105	104	104	107
大分	(56)	…	…	…	…	nc	nc	nc	nc	nc
宮崎	(57)	208	11,200	23,300	22,000	95	105	100	99	104
鹿児島	(58)	96	13,300	12,800	12,300	105	108	114	112	101
沖縄	(59)	34	7,150	2,430	2,130	106	100	106	105	101
関東農政局	(60)	…	…	…	…	nc	nc	nc	nc	nc
東海農政局	(61)	…	…	…	…	nc	nc	nc	nc	nc
中国四国農政局	(62)	…	…	…	…	nc	nc	nc	nc	nc

エ　冬春ピーマンのうちししとう

作付面積	10a当たり収量	収穫量	出荷量	対前年産比 作付面積	対前年産比 10a当たり収量	対前年産比 収穫量	対前年産比 出荷量	(参考)対平均収量比	
ha	kg	t	t	%	%	%	%	%	
31	**5,650**	**1,750**	**1,660**	**94**	**98**	**92**	**93**	**99**	(1)
…	…	…	…	nc	nc	nc	nc	nc	(2)
…	…	…	…	nc	nc	nc	nc	nc	(3)
…	…	…	…	nc	nc	nc	nc	nc	(4)
…	…	…	…	nc	nc	nc	nc	nc	(5)
…	…	…	…	nc	nc	nc	nc	nc	(6)
…	…	…	…	nc	nc	nc	nc	nc	(7)
…	…	…	…	nc	nc	nc	nc	nc	(8)
…	…	…	…	nc	nc	nc	nc	nc	(9)
…	…	…	…	nc	nc	nc	nc	nc	(10)
…	…	…	…	nc	nc	nc	nc	nc	(11)
1	2,000	23	19	nc	100	288	271	93	(12)
…	…	…	…	nc	nc	nc	nc	nc	(13)
…	…	…	…	nc	nc	nc	nc	nc	(14)
…	…	…	…	nc	nc	nc	nc	nc	(15)
…	…	…	…	nc	nc	nc	nc	nc	(16)
…	…	…	…	nc	nc	nc	nc	nc	(17)
…	…	…	…	nc	nc	nc	nc	nc	(18)
…	…	…	…	nc	nc	nc	nc	nc	(19)
-	-	-	-	nc	nc	nc	nc	nc	(20)
…	…	…	…	nc	nc	nc	nc	nc	(21)
…	…	…	…	nc	nc	nc	nc	nc	(22)
…	…	…	…	nc	nc	nc	nc	nc	(23)
…	…	…	…	nc	nc	nc	nc	nc	(24)
…	…	…	…	nc	nc	nc	nc	nc	(25)
…	…	…	…	nc	nc	nc	nc	nc	(26)
…	…	…	…	nc	nc	nc	nc	nc	(27)
…	…	…	…	nc	nc	nc	nc	nc	(28)
…	…	…	…	nc	nc	nc	nc	nc	(29)
…	…	…	…	nc	nc	nc	nc	nc	(30)
…	…	…	…	nc	nc	nc	nc	nc	(31)
…	…	…	…	nc	nc	nc	nc	nc	(32)
…	…	…	…	nc	nc	nc	nc	nc	(33)
…	…	…	…	nc	nc	nc	nc	nc	(34)
…	…	…	…	nc	nc	nc	nc	nc	(35)
…	…	…	…	nc	nc	nc	nc	nc	(36)
…	…	…	…	nc	nc	nc	nc	nc	(37)
…	…	…	…	nc	nc	nc	nc	nc	(38)
…	…	…	…	nc	nc	nc	nc	nc	(39)
…	…	…	…	nc	nc	nc	nc	nc	(40)
…	…	…	…	nc	nc	nc	nc	nc	(41)
1	4,000	40	37	50	123	82	80	115	(42)
…	…	…	…	nc	nc	nc	nc	nc	(43)
…	…	…	…	nc	nc	nc	nc	nc	(44)
…	…	…	…	nc	nc	nc	nc	nc	(45)
…	…	…	…	nc	nc	nc	nc	nc	(46)
…	…	…	…	nc	nc	nc	nc	nc	(47)
…	…	…	…	nc	nc	nc	nc	nc	(48)
…	…	…	…	nc	nc	nc	nc	nc	(49)
…	…	…	…	nc	nc	nc	nc	nc	(50)
22	6,350	1,400	1,330	92	98	90	90	94	(51)
…	…	…	…	nc	nc	nc	nc	nc	(52)
…	…	…	…	nc	nc	nc	nc	nc	(53)
…	…	…	…	nc	nc	nc	nc	nc	(54)
x	x	x	x	x	x	x	x	x	(55)
…	…	…	…	nc	nc	nc	nc	nc	(56)
2	5,400	108	100	100	101	101	101	89	(57)
x	x	x	x	x	x	x	x	x	(58)
1	2,000	23	19	nc	100	288	271	93	(59)
…	…	…	…	nc	nc	nc	nc	nc	(60)
…	…	…	…	nc	nc	nc	nc	nc	(61)
…	…	…	…	nc	nc	nc	nc	nc	(62)

3　令和３年産都道府県別の作付面積、10ａ当たり収量、収穫量及び出荷量（続き）

(31)　ピーマン（続き）

オ　夏秋ピーマン

全国農業地域・都道府県	作付面積	10ａ当たり収量	収穫量	出荷量	対前年産比				（参考）対平均収量比
					作付面積	10ａ当たり収量	収穫量	出荷量	
	ha	kg	t	t	%	%	%	%	%
全国 (1)	**2,470**	**2,940**	**72,700**	**60,500**	**102**	**103**	**105**	**106**	**110**
（全国農業地域）									
北海道 (2)	84	6,920	5,810	5,480	106	97	103	105	110
都府県 (3)	…	…	…	…	nc	nc	nc	nc	nc
東北 (4)	…	…	…	…	nc	nc	nc	nc	nc
北陸 (5)	…	…	…	…	nc	nc	nc	nc	nc
関東・東山 (6)	…	…	…	…	nc	nc	nc	nc	nc
東海 (7)	…	…	…	…	nc	nc	nc	nc	nc
近畿 (8)	…	…	…	…	nc	nc	nc	nc	nc
中国 (9)	249	1,460	3,640	2,270	100	94	94	95	104
四国 (10)	…	…	…	…	nc	nc	nc	nc	nc
九州 (11)	…	…	…	…	nc	nc	nc	nc	nc
沖縄 (12)	…	…	…	…	nc	nc	nc	nc	nc
（都道府県）									
北海道 (13)	84	6,920	5,810	5,480	106	97	103	105	110
青森 (14)	105	4,010	4,210	3,630	107	100	107	105	113
岩手 (15)	193	4,560	8,800	7,630	102	106	107	108	110
宮城 (16)	47	3,700	1,740	1,420	nc	nc	nc	nc	nc
秋田 (17)	…	…	…	…	nc	nc	nc	nc	nc
山形 (18)	45	2,370	1,070	660	98	109	107	107	110
福島 (19)	84	3,460	2,910	2,500	100	102	102	102	104
茨城 (20)	303	3,770	11,400	10,700	101	106	108	108	105
栃木 (21)	…	…	…	…	nc	nc	nc	nc	nc
群馬 (22)	…	…	…	…	nc	nc	nc	nc	nc
埼玉 (23)	…	…	…	…	nc	nc	nc	nc	nc
千葉 (24)	77	2,300	1,770	1,250	97	96	93	94	85
東京 (25)	…	…	…	…	nc	nc	nc	nc	nc
神奈川 (26)	…	…	…	…	nc	nc	nc	nc	nc
新潟 (27)	65	966	628	331	98	87	86	98	84
富山 (28)	…	…	…	…	nc	nc	nc	nc	nc
石川 (29)	…	…	…	…	nc	nc	nc	nc	nc
福井 (30)	…	…	…	…	nc	nc	nc	nc	nc
山梨 (31)	…	…	…	…	nc	nc	nc	nc	nc
長野 (32)	99	2,200	2,180	1,500	105	106	112	116	104
岐阜 (33)	37	1,440	533	342	97	105	102	101	104
静岡 (34)	…	…	…	…	nc	nc	nc	nc	nc
愛知 (35)	42	1,650	693	389	100	102	103	105	111
三重 (36)	47	1,040	489	201	100	90	90	90	92
滋賀 (37)	…	…	…	…	nc	nc	nc	nc	nc
京都 (38)	87	2,170	1,890	1,540	105	98	103	103	96
大阪 (39)	…	…	…	…	nc	nc	nc	nc	nc
兵庫 (40)	99	2,390	2,370	1,650	102	111	113	114	109
奈良 (41)	…	…	…	…	nc	nc	nc	nc	nc
和歌山 (42)	20	2,230	446	384	91	98	89	89	92
鳥取 (43)	46	1,500	690	373	105	100	105	107	102
島根 (44)	70	1,070	749	410	100	97	97	108	100
岡山 (45)	29	1,860	539	399	100	72	72	72	100
広島 (46)	74	1,620	1,200	780	100	96	96	96	100
山口 (47)	30	1,540	462	311	94	111	104	104	136
徳島 (48)	25	1,600	400	287	89	82	73	73	83
香川 (49)	…	…	…	…	nc	nc	nc	nc	nc
愛媛 (50)	62	2,540	1,570	1,200	103	106	109	108	110
高知 (51)	31	3,750	1,160	1,100	91	105	96	96	95
福岡 (52)	…	…	…	…	nc	nc	nc	nc	nc
佐賀 (53)	…	…	…	…	nc	nc	nc	nc	nc
長崎 (54)	…	…	…	…	nc	nc	nc	nc	nc
熊本 (55)	69	3,200	2,210	2,010	99	109	107	107	108
大分 (56)	123	5,950	7,320	6,980	110	97	107	107	116
宮崎 (57)	86	4,090	3,520	3,200	102	102	104	105	105
鹿児島 (58)	42	1,280	538	315	82	104	86	104	101
沖縄 (59)	…	…	…	…	nc	nc	nc	nc	nc
関東農政局 (60)	…	…	…	…	nc	nc	nc	nc	nc
東海農政局 (61)	126	1,370	1,720	932	99	100	99	100	103
中国四国農政局 (62)	…	…	…	…	nc	nc	nc	nc	nc

カ 夏秋ピーマンのうちししとう

作付面積	10a当たり収量	収穫量	出荷量	対前年産比				(参考)対平均収量比	
				作付面積	10a当たり収量	収穫量	出荷量		
ha	kg	t	t	%	%	%	%	%	
262	**1,510**	**3,950**	**3,100**	**97**	**96**	**93**	**95**	**90**	(1)
4	2,390	96	76	100	104	104	112	102	(2)
…	…	…	…	nc	nc	nc	nc	nc	(3)
…	…	…	…	nc	nc	nc	nc	nc	(4)
…	…	…	…	nc	nc	nc	nc	nc	(5)
…	…	…	…	nc	nc	nc	nc	nc	(6)
…	…	…	…	nc	nc	nc	nc	nc	(7)
…	…	…	…	nc	nc	nc	nc	nc	(8)
17	1,280	217	136	94	98	92	93	104	(9)
…	…	…	…	nc	nc	nc	nc	nc	(10)
…	…	…	…	nc	nc	nc	nc	nc	(11)
…	…	…	…	nc	nc	nc	nc	nc	(12)
4	2,390	96	76	100	104	104	112	102	(13)
0	688	2	2	nc	98	100	100	110	(14)
2	1,500	30	21	100	103	103	105	100	(15)
3	1,370	41	20	nc	nc	nc	nc	nc	(16)
…	…	…	…	nc	nc	nc	nc	nc	(17)
13	1,400	182	102	100	96	96	96	95	(18)
4	925	37	21	100	84	84	84	86	(19)
7	1,250	88	75	100	110	106	106	68	(20)
…	…	…	…	nc	nc	nc	nc	nc	(21)
…	…	…	…	nc	nc	nc	nc	nc	(22)
…	…	…	…	nc	nc	nc	nc	nc	(23)
33	2,110	696	618	100	99	99	99	88	(24)
…	…	…	…	nc	nc	nc	nc	nc	(25)
…	…	…	…	nc	nc	nc	nc	nc	(26)
12	908	109	52	100	95	95	95	82	(27)
…	…	…	…	nc	nc	nc	nc	nc	(28)
…	…	…	…	nc	nc	nc	nc	nc	(29)
…	…	…	…	nc	nc	nc	nc	nc	(30)
…	…	…	…	nc	nc	nc	nc	nc	(31)
5	1,000	50	13	100	100	100	108	95	(32)
8	1,370	110	70	100	110	110	109	99	(33)
…	…	…	…	nc	nc	nc	nc	nc	(34)
5	1,380	69	61	100	112	111	115	114	(35)
8	1,220	95	61	100	81	80	79	109	(36)
…	…	…	…	nc	nc	nc	nc	nc	(37)
5	900	45	38	83	98	82	83	96	(38)
…	…	…	…	nc	nc	nc	nc	nc	(39)
8	1,330	106	38	100	76	76	76	75	(40)
…	…	…	…	nc	nc	nc	nc	nc	(41)
11	1,730	190	165	92	97	89	89	87	(42)
7	1,710	120	67	100	98	98	99	101	(43)
3	900	24	20	100	103	109	111	102	(44)
3	1,000	30	22	100	75	75	76	91	(45)
3	1,000	30	19	100	111	111	112	133	(46)
1	1,330	13	8	50	111	54	57	141	(47)
10	1,090	109	77	83	62	52	51	59	(48)
…	…	…	…	nc	nc	nc	nc	nc	(49)
6	1,420	85	70	100	111	108	109	122	(50)
21	3,250	683	649	88	100	88	88	87	(51)
…	…	…	…	nc	nc	nc	nc	nc	(52)
…	…	…	…	nc	nc	nc	nc	nc	(53)
…	…	…	…	nc	nc	nc	nc	nc	(54)
x	x	x	x	x	x	x	x	x	(55)
x	x	x	x	x	x	x	x	x	(56)
7	1,810	127	113	100	101	101	104	102	(57)
x	x	x	x	x	x	x	x	x	(58)
…	…	…	…	nc	nc	nc	nc	nc	(59)
…	…	…	…	nc	nc	nc	nc	nc	(60)
21	1,300	274	192	100	97	98	99	105	(61)
…	…	…	…	nc	nc	nc	nc	nc	(62)

3　令和3年産都道府県別の作付面積、10a当たり収量、収穫量及び出荷量（続き）

(32)　スイートコーン

全国農業地域・都道府県		作付面積	10a当たり収量	収穫量	出荷量	対前年産比 作付面積	対前年産比 10a当たり収量	対前年産比 収穫量	対前年産比 出荷量	（参考）対平均収量比
		ha	kg	t	t	%	%	%	%	%
全国	(1)	**21,500**	**1,020**	**218,800**	**178,400**	**96**	**97**	**93**	**93**	**102**
（全国農業地域）										
北海道	(2)	7,210	1,120	80,800	77,600	90	93	83	83	97
都府県	(3)	…	…	…	…	nc	nc	nc	nc	nc
東北	(4)	…	…	…	…	nc	nc	nc	nc	nc
北陸	(5)	…	…	…	…	nc	nc	nc	nc	nc
関東・東山	(6)	…	…	…	…	nc	nc	nc	nc	nc
東海	(7)	…	…	…	…	nc	nc	nc	nc	nc
近畿	(8)	…	…	…	…	nc	nc	nc	nc	nc
中国	(9)	…	…	…	…	nc	nc	nc	nc	nc
四国	(10)	…	…	…	…	nc	nc	nc	nc	nc
九州	(11)	…	…	…	…	nc	nc	nc	nc	nc
沖縄	(12)	…	…	…	…	nc	nc	nc	nc	nc
（都道府県）										
北海道	(13)	7,210	1,120	80,800	77,600	90	93	83	83	97
青森	(14)	400	760	3,040	1,520	93	93	86	85	94
岩手	(15)	506	602	3,050	2,120	100	103	103	103	101
宮城	(16)	404	578	2,340	526	95	102	97	96	105
秋田	(17)	…	…	…	…	nc	nc	nc	nc	nc
山形	(18)	…	…	…	…	nc	nc	nc	nc	nc
福島	(19)	542	522	2,830	1,100	96	101	97	96	100
茨城	(20)	1,320	1,130	14,900	11,500	100	93	93	93	93
栃木	(21)	572	1,070	6,120	4,660	99	101	100	109	107
群馬	(22)	1,180	1,050	12,400	10,200	101	110	111	111	116
埼玉	(23)	591	1,350	7,980	6,640	98	105	103	104	106
千葉	(24)	1,680	1,020	17,100	14,100	99	125	123	123	105
東京	(25)	…	…	…	…	nc	nc	nc	nc	nc
神奈川	(26)	…	…	…	…	nc	nc	nc	nc	nc
新潟	(27)	…	…	…	…	nc	nc	nc	nc	nc
富山	(28)	…	…	…	…	nc	nc	nc	nc	nc
石川	(29)	…	…	…	…	nc	nc	nc	nc	nc
福井	(30)	…	…	…	…	nc	nc	nc	nc	nc
山梨	(31)	728	1,230	8,950	7,610	98	104	103	104	105
長野	(32)	1,060	727	7,710	5,540	101	108	109	120	106
岐阜	(33)	…	…	…	…	nc	nc	nc	nc	nc
静岡	(34)	444	973	4,320	2,710	100	100	100	99	108
愛知	(35)	571	1,160	6,620	5,330	101	92	93	94	113
三重	(36)	…	…	…	…	nc	nc	nc	nc	nc
滋賀	(37)	…	…	…	…	nc	nc	nc	nc	nc
京都	(38)	…	…	…	…	nc	nc	nc	nc	nc
大阪	(39)	…	…	…	…	nc	nc	nc	nc	nc
兵庫	(40)	114	747	852	435	102	98	100	100	106
奈良	(41)	…	…	…	…	nc	nc	nc	nc	nc
和歌山	(42)	…	…	…	…	nc	nc	nc	nc	nc
鳥取	(43)	76	840	638	240	97	81	79	93	86
島根	(44)	…	…	…	…	nc	nc	nc	nc	nc
岡山	(45)	…	…	…	…	nc	nc	nc	nc	nc
広島	(46)	…	…	…	…	nc	nc	nc	nc	nc
山口	(47)	…	…	…	…	nc	nc	nc	nc	nc
徳島	(48)	207	917	1,900	1,510	98	96	94	94	86
香川	(49)	267	965	2,580	1,930	165	75	123	103	78
愛媛	(50)	…	…	…	…	nc	nc	nc	nc	nc
高知	(51)	…	…	…	…	nc	nc	nc	nc	nc
福岡	(52)	…	…	…	…	nc	nc	nc	nc	nc
佐賀	(53)	…	…	…	…	nc	nc	nc	nc	nc
長崎	(54)	…	…	…	…	nc	nc	nc	nc	nc
熊本	(55)	…	…	…	…	nc	nc	nc	nc	nc
大分	(56)	…	…	…	…	nc	nc	nc	nc	nc
宮崎	(57)	336	1,060	3,560	3,360	98	82	80	80	88
鹿児島	(58)	…	…	…	…	nc	nc	nc	nc	nc
沖縄	(59)	…	…	…	…	nc	nc	nc	nc	nc
関東農政局	(60)	…	…	…	…	nc	nc	nc	nc	nc
東海農政局	(61)	…	…	…	…	nc	nc	nc	nc	nc
中国四国農政局	(62)	…	…	…	…	nc	nc	nc	nc	nc

(33) さやいんげん

作付面積	10a当たり収量	収穫量	出荷量	対前年産比				(参考)対平均収量比	
				作付面積	10a当たり収量	収穫量	出荷量		
ha	kg	t	t	%	%	%	%	%	
4,810	**761**	**36,600**	**24,400**	**96**	**98**	**94**	**92**	**107**	(1)
494	791	3,910	3,730	90	86	77	78	100	(2)
…	…	…	…	nc	nc	nc	nc	nc	(3)
1,060	618	6,550	3,610	98	102	100	100	103	(4)
…	…	…	…	nc	nc	nc	nc	nc	(5)
…	…	…	…	nc	nc	nc	nc	nc	(6)
…	…	…	…	nc	nc	nc	nc	nc	(7)
…	…	…	…	nc	nc	nc	nc	nc	(8)
…	…	…	…	nc	nc	nc	nc	nc	(9)
…	…	…	…	nc	nc	nc	nc	nc	(10)
…	…	…	…	nc	nc	nc	nc	nc	(11)
165	1,160	1,910	1,770	96	96	92	93	101	(12)
494	791	3,910	3,730	90	86	77	78	100	(13)
98	659	646	369	97	96	93	88	89	(14)
91	465	423	196	99	98	97	94	100	(15)
169	508	859	236	95	104	99	100	128	(16)
117	568	665	293	96	107	102	102	110	(17)
122	525	641	307	98	98	97	97	105	(18)
459	723	3,320	2,210	99	104	103	103	101	(19)
165	1,010	1,670	1,000	100	94	94	94	114	(20)
88	664	584	309	85	104	88	82	109	(21)
173	712	1,230	802	99	110	109	109	121	(22)
112	557	624	333	90	103	93	96	101	(23)
431	1,370	5,900	4,260	96	101	98	98	107	(24)
…	…	…	…	nc	nc	nc	nc	nc	(25)
83	637	529	374	100	97	97	97	91	(26)
…	…	…	…	nc	nc	nc	nc	nc	(27)
…	…	…	…	nc	nc	nc	nc	nc	(28)
…	…	…	…	nc	nc	nc	nc	nc	(29)
…	…	…	…	nc	nc	nc	nc	nc	(30)
95	488	464	369	95	127	121	121	118	(31)
220	350	770	396	94	107	100	102	104	(32)
84	825	693	384	98	104	101	101	143	(33)
…	…	…	…	nc	nc	nc	nc	nc	(34)
…	…	…	…	nc	nc	nc	nc	nc	(35)
…	…	…	…	nc	nc	nc	nc	nc	(36)
…	…	…	…	nc	nc	nc	nc	nc	(37)
…	…	…	…	nc	nc	nc	nc	nc	(38)
…	…	…	…	nc	nc	nc	nc	nc	(39)
…	…	…	…	nc	nc	nc	nc	nc	(40)
…	…	…	…	nc	nc	nc	nc	nc	(41)
…	…	…	…	nc	nc	nc	nc	nc	(42)
…	…	…	…	nc	nc	nc	nc	nc	(43)
…	…	…	…	nc	nc	nc	nc	nc	(44)
…	…	…	…	nc	nc	nc	nc	nc	(45)
100	561	561	239	100	95	95	96	101	(46)
…	…	…	…	nc	nc	nc	nc	nc	(47)
…	…	…	…	nc	nc	nc	nc	nc	(48)
16	706	113	37	100	116	115	109	111	(49)
80	405	324	156	90	96	86	88	91	(50)
20	2,140	428	411	100	93	93	93	109	(51)
91	713	649	438	99	101	100	100	115	(52)
…	…	…	…	nc	nc	nc	nc	nc	(53)
113	479	541	451	97	84	81	82	89	(54)
86	900	774	580	97	102	99	99	113	(55)
…	…	…	…	nc	nc	nc	nc	nc	(56)
…	…	…	…	nc	nc	nc	nc	nc	(57)
222	933	2,070	1,780	101	86	87	82	98	(58)
165	1,160	1,910	1,770	96	96	92	93	101	(59)
…	…	…	…	nc	nc	nc	nc	nc	(60)
…	…	…	…	nc	nc	nc	nc	nc	(61)
…	…	…	…	nc	nc	nc	nc	nc	(62)

3　令和3年産都道府県別の作付面積、10ａ当たり収量、収穫量及び出荷量（続き）

(34)　さやえんどう

全国農業地域・都道府県	作付面積	10ａ当たり収量	収穫量	出荷量	対前年産比				（参考）対平均収量比
					作付面積	10ａ当たり収量	収穫量	出荷量	
	ha	kg	t	t	%	%	%	%	%
全国 (1)	**2,740**	**723**	**19,800**	**13,000**	**98**	**104**	**102**	**104**	**107**
（全国農業地域）									
北海道 (2)	67	617	413	357	94	92	87	89	97
都府県 (3)	…	…	…	…	nc	nc	nc	nc	nc
東北 (4)	…	…	…	…	nc	nc	nc	nc	nc
北陸 (5)	…	…	…	…	nc	nc	nc	nc	nc
関東・東山 (6)	…	…	…	…	nc	nc	nc	nc	nc
東海 (7)	…	…	…	…	nc	nc	nc	nc	nc
近畿 (8)	…	…	…	…	nc	nc	nc	nc	nc
中国 (9)	…	…	…	…	nc	nc	nc	nc	nc
四国 (10)	…	…	…	…	nc	nc	nc	nc	nc
九州 (11)	…	…	…	…	nc	nc	nc	nc	nc
沖縄 (12)	…	…	…	…	nc	nc	nc	nc	nc
（都道府県）									
北海道 (13)	67	617	413	357	94	92	87	89	97
青森 (14)	63	432	272	166	102	104	106	106	97
岩手 (15)	83	424	352	204	98	99	97	96	111
宮城 (16)	55	456	251	48	100	94	94	89	94
秋田 (17)	93	510	474	124	96	103	99	99	107
山形 (18)	…	…	…	…	nc	nc	nc	nc	nc
福島 (19)	244	428	1,040	804	98	97	95	95	101
茨城 (20)	61	841	513	233	102	105	107	107	107
栃木 (21)	…	…	…	…	nc	nc	nc	nc	nc
群馬 (22)	…	…	…	…	nc	nc	nc	nc	nc
埼玉 (23)	…	…	…	…	nc	nc	nc	nc	nc
千葉 (24)	112	462	517	255	90	97	87	87	97
東京 (25)	…	…	…	…	nc	nc	nc	nc	nc
神奈川 (26)	…	…	…	…	nc	nc	nc	nc	nc
新潟 (27)	60	452	271	43	97	100	96	96	100
富山 (28)	…	…	…	…	nc	nc	nc	nc	nc
石川 (29)	…	…	…	…	nc	nc	nc	nc	nc
福井 (30)	…	…	…	…	nc	nc	nc	nc	nc
山梨 (31)	…	…	…	…	nc	nc	nc	nc	nc
長野 (32)	79	394	311	69	101	103	104	115	104
岐阜 (33)	…	…	…	…	nc	nc	nc	nc	nc
静岡 (34)	80	760	608	436	100	104	104	105	105
愛知 (35)	124	1,110	1,380	1,170	97	116	113	116	114
三重 (36)	72	575	414	140	100	83	83	83	77
滋賀 (37)	…	…	…	…	nc	nc	nc	nc	nc
京都 (38)	60	453	272	164	97	98	95	97	99
大阪 (39)	…	…	…	…	nc	nc	nc	nc	nc
兵庫 (40)	85	535	455	119	96	103	98	98	115
奈良 (41)	…	…	…	…	nc	nc	nc	nc	nc
和歌山 (42)	59	1,330	785	707	91	110	100	100	113
鳥取 (43)	…	…	…	…	nc	nc	nc	nc	nc
島根 (44)	…	…	…	…	nc	nc	nc	nc	nc
岡山 (45)	46	504	232	123	88	91	80	80	107
広島 (46)	94	685	644	360	100	97	97	97	98
山口 (47)	…	…	…	…	nc	nc	nc	nc	nc
徳島 (48)	48	550	264	204	96	92	88	88	95
香川 (49)	…	…	…	…	nc	nc	nc	nc	nc
愛媛 (50)	75	368	276	130	97	87	85	92	79
高知 (51)	…	…	…	…	nc	nc	nc	nc	nc
福岡 (52)	49	549	269	149	98	101	99	100	102
佐賀 (53)	…	…	…	…	nc	nc	nc	nc	nc
長崎 (54)	51	1,030	525	426	96	99	95	95	113
熊本 (55)	48	1,760	845	773	nc	nc	nc	nc	128
大分 (56)	47	996	468	334	100	106	106	106	111
宮崎 (57)	…	…	…	…	nc	nc	nc	nc	nc
鹿児島 (58)	426	1,160	4,940	4,120	101	109	111	110	101
沖縄 (59)	…	…	…	…	nc	nc	nc	nc	nc
関東農政局 (60)	…	…	…	…	nc	nc	nc	nc	nc
東海農政局 (61)	…	…	…	…	nc	nc	nc	nc	nc
中国四国農政局 (62)	…	…	…	…	nc	nc	nc	nc	nc

(35)　グリーンピース

作付面積	10a当たり収量	収穫量	出荷量	対前年産比				(参考)対平均収量比	
				作付面積	10a当たり収量	収穫量	出荷量		
ha	kg	t	t	%	%	%	%	%	
633	**885**	**5,600**	**4,440**	**92**	**108**	**100**	**100**	**113**	(1)
49	621	304	298	100	153	153	154	118	(2)
…	…	…	…	nc	nc	nc	nc	nc	(3)
…	…	…	…	nc	nc	nc	nc	nc	(4)
…	…	…	…	nc	nc	nc	nc	nc	(5)
…	…	…	…	nc	nc	nc	nc	nc	(6)
…	…	…	…	nc	nc	nc	nc	nc	(7)
293	1,030	3,020	2,460	nc	nc	nc	nc	nc	(8)
…	…	…	…	nc	nc	nc	nc	nc	(9)
…	…	…	…	nc	nc	nc	nc	nc	(10)
…	…	…	…	nc	nc	nc	nc	nc	(11)
…	…	…	…	nc	nc	nc	nc	nc	(12)
49	621	304	298	100	153	153	154	118	(13)
…	…	…	…	nc	nc	nc	nc	nc	(14)
…	…	…	…	nc	nc	nc	nc	nc	(15)
…	…	…	…	nc	nc	nc	nc	nc	(16)
…	…	…	…	nc	nc	nc	nc	nc	(17)
…	…	…	…	nc	nc	nc	nc	nc	(18)
26	388	101	84	96	98	94	94	95	(19)
…	…	…	…	nc	nc	nc	nc	nc	(20)
…	…	…	…	nc	nc	nc	nc	nc	(21)
…	…	…	…	nc	nc	nc	nc	nc	(22)
…	…	…	…	nc	nc	nc	nc	nc	(23)
…	…	…	…	nc	nc	nc	nc	nc	(24)
…	…	…	…	nc	nc	nc	nc	nc	(25)
…	…	…	…	nc	nc	nc	nc	nc	(26)
…	…	…	…	nc	nc	nc	nc	nc	(27)
…	…	…	…	nc	nc	nc	nc	nc	(28)
…	…	…	…	nc	nc	nc	nc	nc	(29)
…	…	…	…	nc	nc	nc	nc	nc	(30)
…	…	…	…	nc	nc	nc	nc	nc	(31)
…	…	…	…	nc	nc	nc	nc	nc	(32)
22	668	147	55	100	99	99	100	99	(33)
…	…	…	…	nc	nc	nc	nc	nc	(34)
…	…	…	…	nc	nc	nc	nc	nc	(35)
…	…	…	…	nc	nc	nc	nc	nc	(36)
14	560	78	40	100	102	101	100	91	(37)
14	614	86	65	nc	nc	nc	nc	nc	(38)
33	570	188	104	97	100	97	97	99	(39)
20	645	129	52	91	127	115	116	125	(40)
20	583	117	57	91	101	92	92	99	(41)
192	1,260	2,420	2,140	90	108	97	97	119	(42)
…	…	…	…	nc	nc	nc	nc	nc	(43)
…	…	…	…	nc	nc	nc	nc	nc	(44)
…	…	…	…	nc	nc	nc	nc	nc	(45)
…	…	…	…	nc	nc	nc	nc	nc	(46)
…	…	…	…	nc	nc	nc	nc	nc	(47)
…	…	…	…	nc	nc	nc	nc	nc	(48)
…	…	…	…	nc	nc	nc	nc	nc	(49)
…	…	…	…	nc	nc	nc	nc	nc	(50)
…	…	…	…	nc	nc	nc	nc	nc	(51)
21	761	160	94	100	100	100	99	100	(52)
…	…	…	…	nc	nc	nc	nc	nc	(53)
…	…	…	…	nc	nc	nc	nc	nc	(54)
22	1,070	235	220	100	95	94	94	103	(55)
…	…	…	…	nc	nc	nc	nc	nc	(56)
…	…	…	…	nc	nc	nc	nc	nc	(57)
81	930	753	649	84	116	98	97	108	(58)
…	…	…	…	nc	nc	nc	nc	nc	(59)
…	…	…	…	nc	nc	nc	nc	nc	(60)
…	…	…	…	nc	nc	nc	nc	nc	(61)
…	…	…	…	nc	nc	nc	nc	nc	(62)

3 令和3年産都道府県別の作付面積、10a当たり収量、収穫量及び出荷量（続き）

(36) そらまめ

全国農業地域・都道府県	作付面積	10a当たり収量	収穫量	出荷量	対前年産比 作付面積	対前年産比 10a当たり収量	対前年産比 収穫量	対前年産比 出荷量	(参考)対平均収量比
	ha	kg	t	t	%	%	%	%	%
全国 (1)	1,690	822	13,900	9,910	95	95	91	91	100
(全国農業地域)									
北海道 (2)	…	…	…	…	nc	nc	nc	nc	nc
都府県 (3)	…	…	…	…	nc	nc	nc	nc	nc
東北 (4)	…	…	…	…	nc	nc	nc	nc	nc
北陸 (5)	…	…	…	…	nc	nc	nc	nc	nc
関東・東山 (6)	…	…	…	…	nc	nc	nc	nc	nc
東海 (7)	…	…	…	…	nc	nc	nc	nc	nc
近畿 (8)	…	…	…	…	nc	nc	nc	nc	nc
中国 (9)	…	…	…	…	nc	nc	nc	nc	nc
四国 (10)	…	…	…	…	nc	nc	nc	nc	nc
九州 (11)	…	…	…	…	nc	nc	nc	nc	nc
沖縄 (12)	…	…	…	…	nc	nc	nc	nc	nc
(都道府県)									
北海道 (13)	…	…	…	…	nc	nc	nc	nc	nc
青森 (14)	21	994	209	188	88	114	100	99	111
岩手 (15)	…	…	…	…	nc	nc	nc	nc	nc
宮城 (16)	66	645	426	324	100	85	85	85	90
秋田 (17)	27	837	226	192	93	93	87	87	112
山形 (18)	…	…	…	…	nc	nc	nc	nc	nc
福島 (19)	…	…	…	…	nc	nc	nc	nc	nc
茨城 (20)	122	1,040	1,270	1,090	98	95	94	94	91
栃木 (21)	…	…	…	…	nc	nc	nc	nc	nc
群馬 (22)	…	…	…	…	nc	nc	nc	nc	nc
埼玉 (23)	…	…	…	…	nc	nc	nc	nc	nc
千葉 (24)	331	720	2,380	1,660	94	100	94	94	104
東京 (25)	…	…	…	…	nc	nc	nc	nc	nc
神奈川 (26)	…	…	…	…	nc	nc	nc	nc	nc
新潟 (27)	51	682	348	210	102	64	65	62	82
富山 (28)	…	…	…	…	nc	nc	nc	nc	nc
石川 (29)	…	…	…	…	nc	nc	nc	nc	nc
福井 (30)	…	…	…	…	nc	nc	nc	nc	nc
山梨 (31)	…	…	…	…	nc	nc	nc	nc	nc
長野 (32)	…	…	…	…	nc	nc	nc	nc	nc
岐阜 (33)	…	…	…	…	nc	nc	nc	nc	nc
静岡 (34)	29	803	233	117	nc	nc	nc	nc	nc
愛知 (35)	…	…	…	…	nc	nc	nc	nc	nc
三重 (36)	…	…	…	…	nc	nc	nc	nc	nc
滋賀 (37)	…	…	…	…	nc	nc	nc	nc	nc
京都 (38)	…	…	…	…	nc	nc	nc	nc	nc
大阪 (39)	35	491	172	111	97	102	99	99	107
兵庫 (40)	40	663	265	75	103	116	118	127	153
奈良 (41)	…	…	…	…	nc	nc	nc	nc	nc
和歌山 (42)	33	728	240	183	92	98	90	90	105
鳥取 (43)	52	550	286	59	95	81	77	89	84
島根 (44)	…	…	…	…	nc	nc	nc	nc	nc
岡山 (45)	…	…	…	…	nc	nc	nc	nc	nc
広島 (46)	…	…	…	…	nc	nc	nc	nc	nc
山口 (47)	…	…	…	…	nc	nc	nc	nc	nc
徳島 (48)	41	658	270	130	98	93	91	90	99
香川 (49)	79	494	390	157	95	115	109	108	112
愛媛 (50)	110	595	655	488	88	87	76	77	91
高知 (51)	…	…	…	…	nc	nc	nc	nc	nc
福岡 (52)	51	760	388	279	100	102	102	103	106
佐賀 (53)	…	…	…	…	nc	nc	nc	nc	nc
長崎 (54)	41	1,000	410	342	95	81	77	77	95
熊本 (55)	31	1,210	375	301	100	95	94	95	111
大分 (56)	…	…	…	…	nc	nc	nc	nc	nc
宮崎 (57)	…	…	…	…	nc	nc	nc	nc	nc
鹿児島 (58)	246	1,340	3,300	2,910	97	96	93	94	101
沖縄 (59)	…	…	…	…	nc	nc	nc	nc	nc
関東農政局 (60)	…	…	…	…	nc	nc	nc	nc	nc
東海農政局 (61)	…	…	…	…	nc	nc	nc	nc	nc
中国四国農政局 (62)	…	…	…	…	nc	nc	nc	nc	nc

(37) えだまめ

作付面積	10a当たり収量	収穫量	出荷量	対前年産比				(参考)対平均収量比	
				作付面積	10a当たり収量	収穫量	出荷量		
ha	kg	t	t	%	%	%	%	%	
12,800	559	71,500	56,100	100	108	108	110	108	(1)
1,290	761	9,820	9,470	99	142	141	142	131	(2)
…	…	…	…	nc	nc	nc	nc	nc	(3)
3,840	385	14,800	10,500	99	105	103	104	101	(4)
…	…	…	…	nc	nc	nc	nc	nc	(5)
…	…	…	…	nc	nc	nc	nc	nc	(6)
…	…	…	…	nc	nc	nc	nc	nc	(7)
…	…	…	…	nc	nc	nc	nc	nc	(8)
…	…	…	…	nc	nc	nc	nc	nc	(9)
…	…	…	…	nc	nc	nc	nc	nc	(10)
…	…	…	…	nc	nc	nc	nc	nc	(11)
…	…	…	…	nc	nc	nc	nc	nc	(12)
1,290	761	9,820	9,470	99	142	141	142	131	(13)
250	397	993	427	94	102	95	96	98	(14)
249	293	730	422	101	102	103	102	102	(15)
303	448	1,360	605	102	105	107	107	108	(16)
1,360	375	5,100	4,060	101	102	104	104	102	(17)
1,410	399	5,630	4,640	96	109	104	105	100	(18)
263	365	960	316	100	102	102	102	100	(19)
…	…	…	…	nc	nc	nc	nc	nc	(20)
…	…	…	…	nc	nc	nc	nc	nc	(21)
1,110	664	7,370	6,420	101	102	103	103	121	(22)
638	873	5,570	4,410	95	107	101	103	108	(23)
750	756	5,670	4,800	99	100	99	99	95	(24)
…	…	…	…	nc	nc	nc	nc	nc	(25)
335	921	3,090	2,630	100	103	103	101	108	(26)
1,590	295	4,690	2,970	102	106	108	114	91	(27)
49	294	144	114	96	112	107	112	89	(28)
…	…	…	…	nc	nc	nc	nc	nc	(29)
…	…	…	…	nc	nc	nc	nc	nc	(30)
…	…	…	…	nc	nc	nc	nc	nc	(31)
…	…	…	…	nc	nc	nc	nc	nc	(32)
229	519	1,190	939	96	101	97	97	106	(33)
…	…	…	…	nc	nc	nc	nc	nc	(34)
…	…	…	…	nc	nc	nc	nc	nc	(35)
…	…	…	…	nc	nc	nc	nc	nc	(36)
…	…	…	…	nc	nc	nc	nc	nc	(37)
…	…	…	…	nc	nc	nc	nc	nc	(38)
130	864	1,120	1,020	100	103	103	102	97	(39)
335	492	1,650	1,140	108	94	102	106	91	(40)
…	…	…	…	nc	nc	nc	nc	nc	(41)
…	…	…	…	nc	nc	nc	nc	nc	(42)
…	…	…	…	nc	nc	nc	nc	nc	(43)
…	…	…	…	nc	nc	nc	nc	nc	(44)
…	…	…	…	nc	nc	nc	nc	nc	(45)
…	…	…	…	nc	nc	nc	nc	nc	(46)
…	…	…	…	nc	nc	nc	nc	nc	(47)
245	495	1,210	1,020	100	99	98	98	100	(48)
55	405	223	148	128	85	109	123	85	(49)
88	443	390	236	97	130	126	126	124	(50)
…	…	…	…	nc	nc	nc	nc	nc	(51)
…	…	…	…	nc	nc	nc	nc	nc	(52)
…	…	…	…	nc	nc	nc	nc	nc	(53)
…	…	…	…	nc	nc	nc	nc	nc	(54)
…	…	…	…	nc	nc	nc	nc	nc	(55)
…	…	…	…	nc	nc	nc	nc	nc	(56)
267	457	1,220	1,080	114	92	105	105	102	(57)
…	…	…	…	nc	nc	nc	nc	nc	(58)
…	…	…	…	nc	nc	nc	nc	nc	(59)
…	…	…	…	nc	nc	nc	nc	nc	(60)
…	…	…	…	nc	nc	nc	nc	nc	(61)
…	…	…	…	nc	nc	nc	nc	nc	(62)

3　令和３年産都道府県別の作付面積、10ａ当たり収量、収穫量及び出荷量（続き）

(38)　しょうが

全国農業地域・都道府県	作付面積	10ａ当たり収量	収穫量	出荷量	対前年産比 作付面積	対前年産比 10ａ当たり収量	対前年産比 収穫量	対前年産比 出荷量	(参考) 対平均収量比
	ha	kg	t	t	%	%	%	%	%
全国 (1)	1,730	2,800	48,500	38,200	99	110	109	109	105
(全国農業地域)									
北海道 (2)	…	…	…	…	nc	nc	nc	nc	nc
都府県 (3)	…	…	…	…	nc	nc	nc	nc	nc
東北 (4)	…	…	…	…	nc	nc	nc	nc	nc
北陸 (5)	…	…	…	…	nc	nc	nc	nc	nc
関東・東山 (6)	…	…	…	…	nc	nc	nc	nc	nc
東海 (7)	…	…	…	…	nc	nc	nc	nc	nc
近畿 (8)	…	…	…	…	nc	nc	nc	nc	nc
中国 (9)	…	…	…	…	nc	nc	nc	nc	nc
四国 (10)	…	…	…	…	nc	nc	nc	nc	nc
九州 (11)	…	…	…	…	nc	nc	nc	nc	nc
沖縄 (12)	…	…	…	…	nc	nc	nc	nc	nc
(都道府県)									
北海道 (13)	…	…	…	…	nc	nc	nc	nc	nc
青森 (14)	…	…	…	…	nc	nc	nc	nc	nc
岩手 (15)	…	…	…	…	nc	nc	nc	nc	nc
宮城 (16)	…	…	…	…	nc	nc	nc	nc	nc
秋田 (17)	…	…	…	…	nc	nc	nc	nc	nc
山形 (18)	…	…	…	…	nc	nc	nc	nc	nc
福島 (19)	…	…	…	…	nc	nc	nc	nc	nc
茨城 (20)	127	2,570	3,260	2,540	103	107	110	110	107
栃木 (21)	…	…	…	…	nc	nc	nc	nc	nc
群馬 (22)	…	…	…	…	nc	nc	nc	nc	nc
埼玉 (23)	…	…	…	…	nc	nc	nc	nc	nc
千葉 (24)	297	1,700	5,050	2,830	100	104	104	105	133
東京 (25)	…	…	…	…	nc	nc	nc	nc	nc
神奈川 (26)	…	…	…	…	nc	nc	nc	nc	nc
新潟 (27)	…	…	…	…	nc	nc	nc	nc	nc
富山 (28)	…	…	…	…	nc	nc	nc	nc	nc
石川 (29)	…	…	…	…	nc	nc	nc	nc	nc
福井 (30)	…	…	…	…	nc	nc	nc	nc	nc
山梨 (31)	…	…	…	…	nc	nc	nc	nc	nc
長野 (32)	…	…	…	…	nc	nc	nc	nc	nc
岐阜 (33)	…	…	…	…	nc	nc	nc	nc	nc
静岡 (34)	86	1,890	1,630	1,380	96	101	97	97	103
愛知 (35)	48	1,500	720	488	98	117	115	115	124
三重 (36)	…	…	…	…	nc	nc	nc	nc	nc
滋賀 (37)	…	…	…	…	nc	nc	nc	nc	nc
京都 (38)	…	…	…	…	nc	nc	nc	nc	nc
大阪 (39)	…	…	…	…	nc	nc	nc	nc	nc
兵庫 (40)	…	…	…	…	nc	nc	nc	nc	nc
奈良 (41)	…	…	…	…	nc	nc	nc	nc	nc
和歌山 (42)	…	…	…	…	nc	nc	nc	nc	nc
鳥取 (43)	…	…	…	…	nc	nc	nc	nc	nc
島根 (44)	…	…	…	…	nc	nc	nc	nc	nc
岡山 (45)	10	2,540	254	205	100	111	111	111	81
広島 (46)	…	…	…	…	nc	nc	nc	nc	nc
山口 (47)	…	…	…	…	nc	nc	nc	nc	nc
徳島 (48)	9	2,890	260	219	100	102	102	102	95
香川 (49)	…	…	…	…	nc	nc	nc	nc	nc
愛媛 (50)	…	…	…	…	nc	nc	nc	nc	nc
高知 (51)	432	4,600	19,900	16,100	100	113	113	113	99
福岡 (52)	…	…	…	…	nc	nc	nc	nc	nc
佐賀 (53)	…	…	…	…	nc	nc	nc	nc	nc
長崎 (54)	65	1,850	1,200	810	98	96	94	99	92
熊本 (55)	172	3,040	5,230	4,240	101	107	108	108	102
大分 (56)	…	…	…	…	nc	nc	nc	nc	nc
宮崎 (57)	81	3,270	2,650	2,350	99	103	102	102	104
鹿児島 (58)	78	2,630	2,050	1,850	87	115	100	100	103
沖縄 (59)	…	…	…	…	nc	nc	nc	nc	nc
関東農政局 (60)	…	…	…	…	nc	nc	nc	nc	nc
東海農政局 (61)	…	…	…	…	nc	nc	nc	nc	nc
中国四国農政局 (62)	…	…	…	…	nc	nc	nc	nc	nc

(39) いちご

作付面積	10a当たり収量	収穫量	出荷量	対前年産比 作付面積	対前年産比 10a当たり収量	対前年産比 収穫量	対前年産比 出荷量	(参考) 対平均収量比	
ha	kg	t	t	%	%	%	%	%	
4,930	3,340	164,800	152,300	98	105	104	104	109	(1)
93	1,900	1,770	1,660	92	102	94	94	103	(2)
…	…	…	…	nc	nc	nc	nc	nc	(3)
…	…	…	…	nc	nc	nc	nc	nc	(4)
…	…	…	…	nc	nc	nc	nc	nc	(5)
…	…	…	…	nc	nc	nc	nc	nc	(6)
730	3,640	26,600	24,500	100	105	105	104	110	(7)
…	…	…	…	nc	nc	nc	nc	nc	(8)
…	…	…	…	nc	nc	nc	nc	nc	(9)
…	…	…	…	nc	nc	nc	nc	nc	(10)
…	…	…	…	nc	nc	nc	nc	nc	(11)
…	…	…	…	nc	nc	nc	nc	nc	(12)
93	1,900	1,770	1,660	92	102	94	94	103	(13)
80	1,430	1,140	950	92	99	91	90	106	(14)
…	…	…	…	nc	nc	nc	nc	nc	(15)
136	3,680	5,000	4,590	104	104	108	108	104	(16)
…	…	…	…	nc	nc	nc	nc	nc	(17)
…	…	…	…	nc	nc	nc	nc	nc	(18)
107	2,180	2,330	2,060	100	103	103	103	100	(19)
240	3,840	9,220	8,720	102	103	105	104	104	(20)
509	4,790	24,400	22,900	98	109	107	108	109	(21)
97	2,820	2,740	2,580	100	107	107	108	104	(22)
96	3,130	3,000	2,690	99	98	97	97	107	(23)
218	3,040	6,630	6,260	101	103	105	105	100	(24)
…	…	…	…	nc	nc	nc	nc	nc	(25)
…	…	…	…	nc	nc	nc	nc	nc	(26)
83	1,870	1,550	1,420	86	140	119	123	150	(27)
…	…	…	…	nc	nc	nc	nc	nc	(28)
…	…	…	…	nc	nc	nc	nc	nc	(29)
…	…	…	…	nc	nc	nc	nc	nc	(30)
…	…	…	…	nc	nc	nc	nc	nc	(31)
84	2,310	1,940	1,730	nc	nc	nc	nc	nc	(32)
114	2,770	3,160	2,520	102	112	114	114	124	(33)
292	3,580	10,500	9,820	100	100	101	101	102	(34)
254	4,320	11,000	10,400	98	108	106	106	118	(35)
70	2,760	1,930	1,800	101	106	107	107	97	(36)
…	…	…	…	nc	nc	nc	nc	nc	(37)
…	…	…	…	nc	nc	nc	nc	nc	(38)
…	…	…	…	nc	nc	nc	nc	nc	(39)
148	1,030	1,520	1,020	91	100	91	96	104	(40)
99	2,360	2,340	2,130	98	104	102	102	107	(41)
…	…	…	…	nc	nc	nc	nc	nc	(42)
…	…	…	…	nc	nc	nc	nc	nc	(43)
…	…	…	…	nc	nc	nc	nc	nc	(44)
…	…	…	…	nc	nc	nc	nc	nc	(45)
…	…	…	…	nc	nc	nc	nc	nc	(46)
100	2,270	2,270	1,880	99	100	99	99	99	(47)
…	…	…	…	nc	nc	nc	nc	nc	(48)
85	3,930	3,340	3,150	100	106	106	106	118	(49)
…	…	…	…	nc	nc	nc	nc	nc	(50)
…	…	…	…	nc	nc	nc	nc	nc	(51)
428	3,880	16,600	15,800	98	103	101	101	104	(52)
160	4,610	7,380	6,860	91	107	98	99	110	(53)
266	4,020	10,700	10,300	99	102	102	102	107	(54)
298	4,070	12,100	11,500	98	102	99	100	113	(55)
…	…	…	…	nc	nc	nc	nc	nc	(56)
72	3,820	2,750	2,570	100	110	110	109	106	(57)
…	…	…	…	nc	nc	nc	nc	nc	(58)
…	…	…	…	nc	nc	nc	nc	nc	(59)
…	…	…	…	nc	nc	nc	nc	nc	(60)
438	3,680	16,100	14,700	99	108	107	107	116	(61)
…	…	…	…	nc	nc	nc	nc	nc	(62)

3　令和３年産都道府県別の作付面積、10ａ当たり収量、収穫量及び出荷量（続き）

(40)　メロン
ア　計

全国農業地域・都道府県		作付面積	10ａ当たり収量	収穫量	出荷量	対前年産比 作付面積	対前年産比 10ａ当たり収量	対前年産比 収穫量	対前年産比 出荷量	(参考)対平均収量比
		ha	kg	t	t	%	%	%	%	%
全国	(1)	6,090	2,460	150,000	136,700	97	104	101	101	106
(全国農業地域)										
北海道	(2)	925	2,210	20,400	18,900	97	97	94	94	95
都府県	(3)	…	…	…	…	nc	nc	nc	nc	nc
東北	(4)	…	…	…	…	nc	nc	nc	nc	nc
北陸	(5)	…	…	…	…	nc	nc	nc	nc	nc
関東・東山	(6)	…	…	…	…	nc	nc	nc	nc	nc
東海	(7)	…	…	…	…	nc	nc	nc	nc	nc
近畿	(8)	…	…	…	…	nc	nc	nc	nc	nc
中国	(9)	…	…	…	…	nc	nc	nc	nc	nc
四国	(10)	…	…	…	…	nc	nc	nc	nc	nc
九州	(11)	…	…	…	…	nc	nc	nc	nc	nc
沖縄	(12)	…	…	…	…	nc	nc	nc	nc	nc
(都道府県)										
北海道	(13)	925	2,210	20,400	18,900	97	97	94	94	95
青森	(14)	449	2,150	9,650	8,390	92	101	93	93	111
岩手	(15)	…	…	…	…	nc	nc	nc	nc	nc
宮城	(16)	…	…	…	…	nc	nc	nc	nc	nc
秋田	(17)	162	1,840	2,980	2,330	96	94	91	91	102
山形	(18)	495	2,110	10,400	9,090	95	103	98	98	101
福島	(19)	…	…	…	…	nc	nc	nc	nc	nc
茨城	(20)	1,210	3,020	36,500	34,200	100	109	109	108	102
栃木	(21)	…	…	…	…	nc	nc	nc	nc	nc
群馬	(22)	…	…	…	…	nc	nc	nc	nc	nc
埼玉	(23)	…	…	…	…	nc	nc	nc	nc	nc
千葉	(24)	308	2,560	7,880	7,570	96	110	106	105	111
東京	(25)	…	…	…	…	nc	nc	nc	nc	nc
神奈川	(26)	…	…	…	…	nc	nc	nc	nc	nc
新潟	(27)	…	…	…	…	nc	nc	nc	nc	nc
富山	(28)	…	…	…	…	nc	nc	nc	nc	nc
石川	(29)	22	1,300	286	201	96	98	93	93	96
福井	(30)	31	1,820	564	483	100	97	97	103	95
山梨	(31)	…	…	…	…	nc	nc	nc	nc	nc
長野	(32)	…	…	…	…	nc	nc	nc	nc	nc
岐阜	(33)	…	…	…	…	nc	nc	nc	nc	nc
静岡	(34)	247	2,620	6,470	6,270	99	100	99	99	96
愛知	(35)	371	2,590	9,610	9,040	98	106	104	104	117
三重	(36)	…	…	…	…	nc	nc	nc	nc	nc
滋賀	(37)	…	…	…	…	nc	nc	nc	nc	nc
京都	(38)	…	…	…	…	nc	nc	nc	nc	nc
大阪	(39)	…	…	…	…	nc	nc	nc	nc	nc
兵庫	(40)	…	…	…	…	nc	nc	nc	nc	nc
奈良	(41)	…	…	…	…	nc	nc	nc	nc	nc
和歌山	(42)	…	…	…	…	nc	nc	nc	nc	nc
鳥取	(43)	52	1,890	983	845	98	86	84	86	90
島根	(44)	…	…	…	…	nc	nc	nc	nc	nc
岡山	(45)	11	1,310	144	116	85	107	90	90	96
広島	(46)	…	…	…	…	nc	nc	nc	nc	nc
山口	(47)	…	…	…	…	nc	nc	nc	nc	nc
徳島	(48)	…	…	…	…	nc	nc	nc	nc	nc
香川	(49)	…	…	…	…	nc	nc	nc	nc	nc
愛媛	(50)	…	…	…	…	nc	nc	nc	nc	nc
高知	(51)	…	…	…	…	nc	nc	nc	nc	nc
福岡	(52)	…	…	…	…	nc	nc	nc	nc	nc
佐賀	(53)	…	…	…	…	nc	nc	nc	nc	nc
長崎	(54)	…	…	…	…	nc	nc	nc	nc	nc
熊本	(55)	849	2,990	25,400	24,000	98	106	104	104	124
大分	(56)	…	…	…	…	nc	nc	nc	nc	nc
宮崎	(57)	…	…	…	…	nc	nc	nc	nc	nc
鹿児島	(58)	…	…	…	…	nc	nc	nc	nc	nc
沖縄	(59)	…	…	…	…	nc	nc	nc	nc	nc
関東農政局	(60)	…	…	…	…	nc	nc	nc	nc	nc
東海農政局	(61)	…	…	…	…	nc	nc	nc	nc	nc
中国四国農政局	(62)	…	…	…	…	nc	nc	nc	nc	nc

イ　計のうち温室メロン（アールスフェボリット系）

作付面積	10 a 当たり収量	収穫量	出荷量	対前年産比				(参考)対平均収量比	
				作付面積	10 a 当たり収量	収穫量	出荷量		
ha	kg	t	t	%	%	%	%	%	
607	2,800	17,000	16,300	97	104	101	101	104	(1)
−	−	−	−	nc	nc	nc	nc	nc	(2)
…	…	…	…	nc	nc	nc	nc	nc	(3)
…	…	…	…	nc	nc	nc	nc	nc	(4)
…	…	…	…	nc	nc	nc	nc	nc	(5)
…	…	…	…	nc	nc	nc	nc	nc	(6)
…	…	…	…	nc	nc	nc	nc	nc	(7)
…	…	…	…	nc	nc	nc	nc	nc	(8)
…	…	…	…	nc	nc	nc	nc	nc	(9)
…	…	…	…	nc	nc	nc	nc	nc	(10)
…	…	…	…	nc	nc	nc	nc	nc	(11)
…	…	…	…	nc	nc	nc	nc	nc	(12)
−	−	−	−	nc	nc	nc	nc	nc	(13)
−	−	−	−	nc	nc	nc	nc	nc	(14)
…	…	…	…	nc	nc	nc	nc	nc	(15)
…	…	…	…	nc	nc	nc	nc	nc	(16)
−	−	−	−	nc	nc	nc	nc	nc	(17)
−	−	−	−	nc	nc	nc	nc	nc	(18)
…	…	…	…	nc	nc	nc	nc	nc	(19)
111	2,840	3,150	3,000	98	103	101	101	105	(20)
…	…	…	…	nc	nc	nc	nc	nc	(21)
…	…	…	…	nc	nc	nc	nc	nc	(22)
…	…	…	…	nc	nc	nc	nc	nc	(23)
21	2,490	523	493	91	122	112	112	108	(24)
…	…	…	…	nc	nc	nc	nc	nc	(25)
…	…	…	…	nc	nc	nc	nc	nc	(26)
…	…	…	…	nc	nc	nc	nc	nc	(27)
…	…	…	…	nc	nc	nc	nc	nc	(28)
6	2,550	153	144	100	89	89	90	100	(29)
16	2,070	331	281	94	105	99	99	106	(30)
…	…	…	…	nc	nc	nc	nc	nc	(31)
…	…	…	…	nc	nc	nc	nc	nc	(32)
…	…	…	…	nc	nc	nc	nc	nc	(33)
230	2,630	6,050	5,880	95	99	94	94	96	(34)
124	3,230	4,010	3,800	102	109	112	112	111	(35)
…	…	…	…	nc	nc	nc	nc	nc	(36)
…	…	…	…	nc	nc	nc	nc	nc	(37)
…	…	…	…	nc	nc	nc	nc	nc	(38)
…	…	…	…	nc	nc	nc	nc	nc	(39)
…	…	…	…	nc	nc	nc	nc	nc	(40)
…	…	…	…	nc	nc	nc	nc	nc	(41)
…	…	…	…	nc	nc	nc	nc	nc	(42)
5	1,280	64	59	100	103	103	104	79	(43)
…	…	…	…	nc	nc	nc	nc	nc	(44)
2	1,670	33	31	67	111	73	74	93	(45)
…	…	…	…	nc	nc	nc	nc	nc	(46)
…	…	…	…	nc	nc	nc	nc	nc	(47)
…	…	…	…	nc	nc	nc	nc	nc	(48)
…	…	…	…	nc	nc	nc	nc	nc	(49)
…	…	…	…	nc	nc	nc	nc	nc	(50)
…	…	…	…	nc	nc	nc	nc	nc	(51)
…	…	…	…	nc	nc	nc	nc	nc	(52)
…	…	…	…	nc	nc	nc	nc	nc	(53)
…	…	…	…	nc	nc	nc	nc	nc	(54)
−	−	−	−	nc	nc	nc	nc	nc	(55)
…	…	…	…	nc	nc	nc	nc	nc	(56)
…	…	…	…	nc	nc	nc	nc	nc	(57)
…	…	…	…	nc	nc	nc	nc	nc	(58)
…	…	…	…	nc	nc	nc	nc	nc	(59)
…	…	…	…	nc	nc	nc	nc	nc	(60)
…	…	…	…	nc	nc	nc	nc	nc	(61)
…	…	…	…	nc	nc	nc	nc	nc	(62)

3　令和３年産都道府県別の作付面積、10ａ当たり収量、収穫量及び出荷量　（続き）

(41)　すいか

全国農業地域・都道府県		作付面積	10ａ当たり収量	収穫量	出荷量	対前年産比 作付面積	対前年産比 10ａ当たり収量	対前年産比 収穫量	対前年産比 出荷量	(参考)対平均収量比
		ha	kg	t	t	%	%	%	%	%
全国	(1)	9,200	3,470	319,600	275,800	98	104	103	103	105
(全国農業地域)										
北海道	(2)	318	4,100	13,000	12,000	102	102	103	103	106
都府県	(3)	…	…	…	…	nc	nc	nc	nc	nc
東北	(4)	…	…	…	…	nc	nc	nc	nc	nc
北陸	(5)	…	…	…	…	nc	nc	nc	nc	nc
関東・東山	(6)	…	…	…	…	nc	nc	nc	nc	nc
東海	(7)	…	…	…	…	nc	nc	nc	nc	nc
近畿	(8)	…	…	…	…	nc	nc	nc	nc	nc
中国	(9)	…	…	…	…	nc	nc	nc	nc	nc
四国	(10)	…	…	…	…	nc	nc	nc	nc	nc
九州	(11)	…	…	…	…	nc	nc	nc	nc	nc
沖縄	(12)	…	…	…	…	nc	nc	nc	nc	nc
(都道府県)										
北海道	(13)	318	4,100	13,000	12,000	102	102	103	103	106
青森	(14)	249	2,920	7,270	6,310	92	101	92	92	105
岩手	(15)	…	…	…	…	nc	nc	nc	nc	nc
宮城	(16)	…	…	…	…	nc	nc	nc	nc	nc
秋田	(17)	395	3,190	12,600	10,400	95	137	130	130	112
山形	(18)	785	4,100	32,200	28,100	98	115	113	113	105
福島	(19)	…	…	…	…	nc	nc	nc	nc	nc
茨城	(20)	385	4,140	15,900	14,200	102	104	106	106	105
栃木	(21)	…	…	…	…	nc	nc	nc	nc	nc
群馬	(22)	…	…	…	…	nc	nc	nc	nc	nc
埼玉	(23)	…	…	…	…	nc	nc	nc	nc	nc
千葉	(24)	974	3,850	37,500	34,600	100	99	99	99	100
東京	(25)	…	…	…	…	nc	nc	nc	nc	nc
神奈川	(26)	278	3,260	9,060	8,600	100	106	105	106	105
新潟	(27)	505	3,520	17,800	15,600	98	103	101	102	102
富山	(28)	…	…	…	…	nc	nc	nc	nc	nc
石川	(29)	280	4,520	12,700	11,300	95	104	99	100	104
福井	(30)	150	3,120	4,680	4,180	98	111	109	111	129
山梨	(31)	…	…	…	…	nc	nc	nc	nc	nc
長野	(32)	304	4,930	15,000	13,900	97	103	100	100	96
岐阜	(33)	…	…	…	…	nc	nc	nc	nc	nc
静岡	(34)	165	2,930	4,830	3,810	100	96	96	95	101
愛知	(35)	397	4,200	16,700	15,100	99	108	107	110	130
三重	(36)	…	…	…	…	nc	nc	nc	nc	nc
滋賀	(37)	67	1,500	1,010	491	97	119	116	116	97
京都	(38)	…	…	…	…	nc	nc	nc	nc	nc
大阪	(39)	…	…	…	…	nc	nc	nc	nc	nc
兵庫	(40)	230	1,480	3,400	738	95	106	101	101	125
奈良	(41)	79	2,510	1,980	1,070	99	106	105	105	102
和歌山	(42)	83	2,790	2,320	1,880	93	104	97	97	102
鳥取	(43)	368	4,550	16,700	15,500	99	94	92	93	89
島根	(44)	…	…	…	…	nc	nc	nc	nc	nc
岡山	(45)	52	1,690	879	535	95	120	113	113	140
広島	(46)	…	…	…	…	nc	nc	nc	nc	nc
山口	(47)	84	1,790	1,500	1,000	99	93	92	92	95
徳島	(48)	…	…	…	…	nc	nc	nc	nc	nc
香川	(49)	…	…	…	…	nc	nc	nc	nc	nc
愛媛	(50)	190	1,930	3,670	2,600	98	105	103	102	103
高知	(51)	…	…	…	…	nc	nc	nc	nc	nc
福岡	(52)	100	2,520	2,520	1,920	99	118	117	119	105
佐賀	(53)	…	…	…	…	nc	nc	nc	nc	nc
長崎	(54)	242	3,510	8,490	7,370	99	99	98	97	106
熊本	(55)	1,280	3,850	49,300	46,400	99	99	99	99	108
大分	(56)	164	3,540	5,810	4,580	nc	nc	nc	nc	nc
宮崎	(57)	…	…	…	…	nc	nc	nc	nc	nc
鹿児島	(58)	89	2,770	2,470	1,930	88	112	99	102	105
沖縄	(59)	…	…	…	…	nc	nc	nc	nc	nc
関東農政局	(60)	…	…	…	…	nc	nc	nc	nc	nc
東海農政局	(61)	…	…	…	…	nc	nc	nc	nc	nc
中国四国農政局	(62)	…	…	…	…	nc	nc	nc	nc	nc

4　令和３年産都道府県別・品目別の作付面積、収穫量及び出荷量

品目	北海道			青森			岩手		
	作付面積	収穫量	出荷量	作付面積	収穫量	出荷量	作付面積	収穫量	出荷量
	ha	t	t	ha	t	t	ha	t	t
だいこん (1)	2,980	143,200	134,800	2,770	114,400	104,200	856	26,600	19,800
かぶ (2)	102	3,300	3,160	173	6,230	5,600	…	…	…
にんじん (3)	4,540	201,600	188,000	1,260	42,500	39,900	138	2,610	1,630
ごぼう (4)	522	12,300	11,600	2,370	51,200	48,300	…	…	…
れんこん (5)	…	…	…	…	…	…	…	…	…
ばれいしょ (6)	47,100	1,686,000	1,502,000	677	15,600	11,700	…	…	…
さといも (7)	…	…	…	…	…	…	99	783	394
やまのいも (8)	2,010	81,600	69,400	2,250	56,700	51,900	178	3,360	2,800
はくさい (9)	617	23,100	21,500	223	5,560	3,660	299	7,910	4,060
こまつな (10)	150	2,220	2,060	…	…	…	…	…	…
キャベツ (11)	1,180	58,900	55,900	442	17,300	15,000	807	29,100	26,200
ちんげんさい (12)	35	767	719	…	…	…	…	…	…
ほうれんそう (13)	428	4,190	3,920	…	…	…	651	3,170	2,530
ふき (14)	24	262	248	…	…	…	16	87	43
みつば (15)	39	238	218	…	…	…	…	…	…
しゅんぎく (16)	…	…	…	27	203	130	33	301	215
みずな (17)	32	736	667	…	…	…	…	…	…
セルリー (18)	21	834	786	…	…	…	…	…	…
アスパラガス (19)	1,060	2,930	2,670	131	562	410	273	470	396
カリフラワー (20)	21	254	245	…	…	…	…	…	…
ブロッコリー (21)	3,030	27,900	26,500	170	1,240	1,100	104	811	710
レタス (22)	522	15,300	14,100	90	1,950	1,790	416	10,000	9,190
ねぎ (23)	654	21,600	20,400	474	11,800	9,230	444	7,020	5,310
にら (24)	66	3,010	2,870	…	…	…	…	…	…
たまねぎ (25)	14,600	665,800	627,700	…	…	…	…	…	…
にんにく (26)	154	898	726	1,430	13,500	9,610	57	363	223
きゅうり (27)	150	16,300	15,100	145	6,270	5,220	228	13,000	10,600
かぼちゃ (28)	6,730	81,400	76,800	219	2,610	1,580	215	1,810	960
なす (29)	…	…	…	…	…	…	115	3,160	1,870
トマト (30)	834	65,200	60,300	377	19,200	17,000	200	9,640	7,930
ピーマン (31)	88	5,810	5,480	105	4,210	3,630	193	8,820	7,640
スイートコーン (32)	7,210	80,800	77,600	400	3,040	1,520	506	3,050	2,120
さやいんげん (33)	494	3,910	3,730	98	646	369	91	423	196
さやえんどう (34)	67	413	357	63	272	166	83	352	204
グリーンピース (35)	49	304	298	…	…	…	…	…	…
そらまめ (36)	…	…	…	21	209	188	…	…	…
えだまめ (37)	1,290	9,820	9,470	250	993	427	249	730	422
しょうが (38)	…	…	…	…	…	…	…	…	…
いちご (39)	93	1,770	1,660	80	1,140	950	…	…	…
メロン (40)	925	20,400	18,900	449	9,650	8,390	…	…	…
すいか (41)	318	13,000	12,000	249	7,270	6,310	…	…	…

宮	城		秋	田		山	形		
作付面積	収穫量	出荷量	作付面積	収穫量	出荷量	作付面積	収穫量	出荷量	
ha	t	t	ha	t	t	ha	t	t	
461	9,700	3,850	535	17,100	8,130	419	14,600	8,360	(1)
…	…	…	53	742	223	230	3,240	2,580	(2)
…	…	…	…	…	…	…	…	…	(3)
…	…	…	…	…	…	…	…	…	(4)
…	…	…	…	…	…	…	…	…	(5)
478	6,690	1,980	…	…	…	…	…	…	(6)
…	…	…	…	…	…	178	1,820	890	(7)
…	…	…	99	972	530	…	…	…	(8)
393	9,180	3,340	234	6,700	2,360	200	6,200	2,440	(9)
136	1,700	1,350	…	…	…	108	1,440	1,250	(10)
319	6,800	4,870	324	8,130	5,070	…	…	…	(11)
59	773	603	…	…	…	…	…	…	(12)
349	2,930	1,770	174	1,170	892	…	…	…	(13)
…	…	…	31	294	209	9	46	31	(14)
…	…	…	…	…	…	…	…	…	(15)
54	821	696	20	160	106	…	…	…	(16)
43	490	413	…	…	…	…	…	…	(17)
…	…	…	…	…	…	…	…	…	(18)
…	…	…	350	1,130	921	364	1,690	1,450	(19)
…	…	…	26	250	146	22	209	116	(20)
…	…	…	…	…	…	…	…	…	(21)
…	…	…	…	…	…	…	…	…	(22)
615	9,950	7,200	612	14,500	11,700	431	8,910	6,270	(23)
…	…	…	…	…	…	205	2,500	2,180	(24)
…	…	…	…	…	…	…	…	…	(25)
…	…	…	60	244	142	…	…	…	(26)
376	13,700	11,000	262	8,450	6,070	329	12,600	9,610	(27)
212	1,720	773	357	2,960	1,480	290	2,770	1,440	(28)
200	2,920	1,380	385	6,120	2,170	372	6,640	3,100	(29)
235	11,100	9,600	231	8,210	5,870	210	10,200	8,550	(30)
52	2,460	2,090	…	…	…	45	1,070	660	(31)
404	2,340	526	…	…	…	…	…	…	(32)
169	859	236	117	665	293	122	641	307	(33)
55	251	48	93	474	124	…	…	…	(34)
…	…	…	…	…	…	…	…	…	(35)
66	426	324	27	226	192	…	…	…	(36)
303	1,360	605	1,360	5,100	4,060	1,410	5,630	4,640	(37)
…	…	…	…	…	…	…	…	…	(38)
136	5,000	4,590	…	…	…	…	…	…	(39)
…	…	…	162	2,980	2,330	495	10,400	9,090	(40)
…	…	…	395	12,600	10,400	785	32,200	28,100	(41)

4　令和３年産都道府県別・品目別の作付面積、収穫量及び出荷量（続き）

品目	福島 作付面積	福島 収穫量	福島 出荷量	茨城 作付面積	茨城 収穫量	茨城 出荷量	栃木 作付面積	栃木 収穫量	栃木 出荷量
	ha	t	t	ha	t	t	ha	t	t
だいこん (1)	611	20,900	8,580	1,160	55,400	45,500	308	10,700	7,610
かぶ (2)	106	1,690	813	78	1,770	1,230	54	1,350	1,200
にんじん (3)	141	1,700	756	878	31,900	28,100	…	…	…
ごぼう (4)	…	…	…	791	13,600	12,600	154	2,570	2,440
れんこん (5)	…	…	…	1,710	25,500	22,200	…	…	…
ばれいしょ (6)	978	16,000	2,190	1,640	49,500	42,600	…	…	…
さといも (7)	248	2,060	845	250	2,950	1,570	495	8,120	5,270
やまのいも (8)	…	…	…	112	2,610	2,180	…	…	…
はくさい (9)	516	16,300	5,570	3,380	250,300	232,200	394	18,900	14,700
こまつな (10)	…	…	…	1,350	24,800	23,100	…	…	…
キャベツ (11)	…	…	…	2,370	109,400	103,500	…	…	…
ちんげんさい (12)	35	574	379	495	11,700	10,600	…	…	…
ほうれんそう (13)	294	2,920	1,950	1,350	17,800	16,000	604	6,160	5,220
ふき (14)	16	87	74	…	…	…	…	…	…
みつば (15)	39	527	465	166	1,740	1,590	…	…	…
しゅんぎく (16)	74	881	687	126	2,420	1,930	51	1,200	1,020
みずな (17)	…	…	…	1,020	21,200	19,200	…	…	…
セルリー (18)	…	…	…	…	…	…	…	…	…
アスパラガス (19)	338	1,380	1,190	…	…	…	106	1,630	1,480
カリフラワー (20)	25	219	111	108	2,520	2,370	…	…	…
ブロッコリー (21)	441	3,760	3,270	214	1,960	1,640	159	1,610	1,380
レタス (22)	…	…	…	3,420	87,000	83,700	172	4,750	4,360
ねぎ (23)	662	10,500	6,630	1,990	52,200	45,600	655	12,200	9,810
にら (24)	150	2,520	2,090	201	7,680	6,910	324	8,970	8,500
たまねぎ (25)	166	3,340	1,920	176	5,950	4,130	248	11,400	10,000
にんにく (26)	45	286	34	…	…	…	…	…	…
きゅうり (27)	678	39,300	35,400	479	25,600	22,100	242	10,800	9,170
かぼちゃ (28)	305	2,190	902	427	6,410	5,200	…	…	…
なす (29)	257	4,050	2,260	427	18,100	15,900	314	12,200	11,000
トマト (30)	354	23,500	20,900	894	47,600	45,100	300	31,700	29,900
ピーマン (31)	84	2,910	2,500	542	33,400	31,500	…	…	…
スイートコーン (32)	542	2,830	1,100	1,320	14,900	11,500	572	6,120	4,660
さやいんげん (33)	459	3,320	2,210	165	1,670	1,000	88	584	309
さやえんどう (34)	244	1,040	804	61	513	233	…	…	…
グリーンピース (35)	26	101	84	…	…	…	…	…	…
そらまめ (36)	…	…	…	122	1,270	1,090	…	…	…
えだまめ (37)	263	960	316	…	…	…	…	…	…
しょうが (38)	…	…	…	127	3,260	2,540	…	…	…
いちご (39)	107	2,330	2,060	240	9,220	8,720	509	24,400	22,900
メロン (40)	…	…	…	1,210	36,500	34,200	…	…	…
すいか (41)	…	…	…	385	15,900	14,200	…	…	…

群馬			埼玉			千葉			
作付面積	収穫量	出荷量	作付面積	収穫量	出荷量	作付面積	収穫量	出荷量	
ha	t	t	ha	t	t	ha	t	t	
781	32,800	23,200	513	24,200	19,400	2,570	147,500	136,900	(1)
…	…	…	400	16,000	13,400	882	29,400	27,900	(2)
…	…	…	446	16,700	14,500	2,900	112,200	104,900	(3)
401	7,460	6,730	…	…	…	353	6,350	5,630	(4)
…	…	…	…	…	…	…	…	…	(5)
…	…	…	…	…	…	1,140	29,800	24,900	(6)
263	3,370	1,540	759	18,700	14,300	986	14,800	12,200	(7)
453	5,120	3,940	…	…	…	474	5,310	3,900	(8)
464	29,500	22,700	486	24,600	19,000	222	7,230	5,340	(9)
534	6,620	5,930	808	14,300	12,400	324	5,350	4,400	(10)
4,340	292,000	251,700	433	18,400	14,800	2,730	119,900	112,300	(11)
134	2,090	1,860	102	2,350	2,070	74	1,140	917	(12)
1,990	21,500	19,500	1,820	22,800	19,000	1,710	18,500	17,000	(13)
82	918	739	…	…	…	…	…	…	(14)
…	…	…	48	1,340	1,240	150	2,550	2,440	(15)
116	2,170	1,830	67	1,040	795	156	2,710	2,380	(16)
60	822	712	120	1,540	1,380	…	…	…	(17)
…	…	…	…	…	…	19	859	800	(18)
…	…	…	…	…	…	…	…	…	(19)
26	452	399	84	1,660	1,460	35	490	445	(20)
615	6,270	5,420	1,200	16,000	13,700	335	2,830	2,430	(21)
1,350	54,500	51,600	151	3,650	3,090	462	7,580	6,840	(22)
966	18,400	14,100	2,150	52,400	43,900	2,020	52,300	47,500	(23)
155	2,650	2,420	…	…	…	111	2,350	2,040	(24)
193	8,140	7,410	146	4,750	3,320	174	6,060	3,650	(25)
…	…	…	…	…	…	…	…	…	(26)
791	53,900	48,400	592	45,500	41,300	433	31,200	28,300	(27)
…	…	…	…	…	…	150	2,660	1,920	(28)
525	27,400	23,500	252	8,830	7,030	285	6,580	4,750	(29)
306	21,100	19,600	183	14,600	12,800	686	32,500	29,200	(30)
…	…	…	…	…	…	80	1,890	1,350	(31)
1,180	12,400	10,200	591	7,980	6,640	1,680	17,100	14,100	(32)
173	1,230	802	112	624	333	431	5,900	4,260	(33)
…	…	…	…	…	…	112	517	255	(34)
…	…	…	…	…	…	…	…	…	(35)
…	…	…	…	…	…	331	2,380	1,660	(36)
1,110	7,370	6,420	638	5,570	4,410	750	5,670	4,800	(37)
…	…	…	…	…	…	297	5,050	2,830	(38)
97	2,740	2,580	96	3,000	2,690	218	6,630	6,260	(39)
…	…	…	…	…	…	308	7,880	7,570	(40)
…	…	…	…	…	…	974	37,500	34,600	(41)

4　令和３年産都道府県別・品目別の作付面積、収穫量及び出荷量（続き）

品目	東京			神奈川			新潟		
	作付面積	収穫量	出荷量	作付面積	収穫量	出荷量	作付面積	収穫量	出荷量
	ha	t	t	ha	t	t	ha	t	t
だいこん (1)	208	8,380	7,730	1,070	74,100	67,800	1,310	49,000	36,400
かぶ (2)	76	1,780	1,710	99	2,300	2,170	136	3,010	2,450
にんじん (3)	101	2,850	2,620	…	…	…	243	6,040	5,060
ごぼう (4)	…	…	…	…	…	…	…	…	…
れんこん (5)	…	…	…	…	…	…	…	…	…
ばれいしょ (6)	…	…	…	…	…	…	…	…	…
さといも (7)	207	2,860	2,670	391	5,200	3,650	558	5,160	3,160
やまのいも (8)	…	…	…	…	…	…	…	…	…
はくさい (9)	…	…	…	…	…	…	343	7,940	4,240
こまつな (10)	457	8,360	7,900	402	6,710	6,440	118	1,150	678
キャベツ (11)	199	6,490	5,950	1,460	67,400	64,400	…	…	…
ちんげんさい (12)	…	…	…	…	…	…	…	…	…
ほうれんそう (13)	348	4,140	3,790	661	7,870	7,300	…	…	…
ふき (14)	…	…	…	…	…	…	18	80	59
みつば (15)	…	…	…	…	…	…	…	…	…
しゅんぎく (16)	…	…	…	…	…	…	29	270	185
みずな (17)	…	…	…	…	…	…	…	…	…
セルリー (18)	…	…	…	…	…	…	…	…	…
アスパラガス (19)	…	…	…	…	…	…	200	550	505
カリフラワー (20)	29	574	568	39	640	601	90	1,110	939
ブロッコリー (21)	168	1,900	1,800	111	1,410	1,270	…	…	…
レタス (22)	…	…	…	121	3,040	2,830	…	…	…
ねぎ (23)	…	…	…	402	8,240	7,250	618	9,010	6,640
にら (24)	…	…	…	…	…	…	…	…	…
たまねぎ (25)	…	…	…	…	…	…	…	…	…
にんにく (26)	…	…	…	…	…	…	…	…	…
きゅうり (27)	…	…	…	253	10,800	10,300	399	8,390	5,250
かぼちゃ (28)	…	…	…	220	3,980	3,390	301	1,850	1,250
なす (29)	…	…	…	151	3,620	3,250	489	5,310	2,540
トマト (30)	…	…	…	248	12,500	12,100	362	8,560	5,810
ピーマン (31)	…	…	…	…	…	…	65	628	331
スイートコーン (32)	…	…	…	…	…	…	…	…	…
さやいんげん (33)	…	…	…	83	529	374	…	…	…
さやえんどう (34)	…	…	…	…	…	…	60	271	43
グリーンピース (35)	…	…	…	…	…	…	…	…	…
そらまめ (36)	…	…	…	…	…	…	51	348	210
えだまめ (37)	…	…	…	335	3,090	2,630	1,590	4,690	2,970
しょうが (38)	…	…	…	…	…	…	…	…	…
いちご (39)	…	…	…	…	…	…	83	1,550	1,420
メロン (40)	…	…	…	…	…	…	…	…	…
すいか (41)	…	…	…	278	9,060	8,600	505	17,800	15,600

富山			石川			福井			
作付面積	収穫量	出荷量	作付面積	収穫量	出荷量	作付面積	収穫量	出荷量	
ha	t	t	ha	t	t	ha	t	t	
147	3,720	2,990	214	8,580	6,710	233	5,200	4,640	(1)
69	1,340	1,140	…	…	…	…	…	…	(2)
…	…	…	37	557	478	41	758	677	(3)
…	…	…	…	…	…	…	…	…	(4)
…	…	…	…	…	…	…	…	…	(5)
…	…	…	…	…	…	…	…	…	(6)
103	1,230	760	…	…	…	209	2,650	1,390	(7)
…	…	…	…	…	…	…	…	…	(8)
79	1,610	1,020	…	…	…	…	…	…	(9)
…	…	…	101	1,180	1,060	…	…	…	(10)
125	1,870	1,740	…	…	…	124	3,250	2,910	(11)
…	…	…	…	…	…	…	…	…	(12)
48	472	332	…	…	…	73	730	582	(13)
…	…	…	…	…	…	…	…	…	(14)
…	…	…	…	…	…	…	…	…	(15)
…	…	…	…	…	…	…	…	…	(16)
…	…	…	…	…	…	…	…	…	(17)
…	…	…	…	…	…	…	…	…	(18)
…	…	…	…	…	…	…	…	…	(19)
…	…	…	…	…	…	…	…	…	(20)
…	…	…	293	1,770	1,630	74	625	463	(21)
…	…	…	…	…	…	…	…	…	(22)
170	2,380	1,920	94	941	698	133	2,040	1,840	(23)
…	…	…	…	…	…	…	…	…	(24)
189	7,710	7,020	…	…	…	…	…	…	(25)
…	…	…	…	…	…	…	…	…	(26)
58	1,230	498	55	1,780	1,440	…	…	…	(27)
…	…	…	201	2,010	1,710	…	…	…	(28)
166	1,980	389	…	…	…	90	1,150	474	(29)
69	1,760	1,160	98	3,290	2,640	75	2,230	1,980	(30)
…	…	…	…	…	…	…	…	…	(31)
…	…	…	…	…	…	…	…	…	(32)
…	…	…	…	…	…	…	…	…	(33)
…	…	…	…	…	…	…	…	…	(34)
…	…	…	…	…	…	…	…	…	(35)
…	…	…	…	…	…	…	…	…	(36)
49	144	114	…	…	…		…	…	(37)
…	…	…	…	…	…	…	…	…	(38)
…	…	…	…	…	…	…	…	…	(39)
…	…	…	22	286	201	31	564	483	(40)
…	…	…	280	12,700	11,300	150	4,680	4,180	(41)

4　令和３年産都道府県別・品目別の作付面積、収穫量及び出荷量（続き）

品目	山梨			長野			岐阜		
	作付面積	収穫量	出荷量	作付面積	収穫量	出荷量	作付面積	収穫量	出荷量
	ha	t	t	ha	t	t	ha	t	t
だいこん (1)	…	…	…	648	16,300	8,140	530	19,200	14,500
かぶ (2)	…	…	…	…	…	…	140	3,090	2,360
にんじん (3)	…	…	…	…	…	…	174	6,700	5,550
ごぼう (4)	…	…	…	…	…	…	…	…	…
れんこん (5)	…	…	…	…	…	…	…	…	…
ばれいしょ (6)	…	…	…	861	16,000	1,410	…	…	…
さといも (7)	…	…	…	…	…	…	302	3,380	1,200
やまのいも (8)	42	605	462	271	6,480	4,940	…	…	…
はくさい (9)	…	…	…	2,850	228,000	202,500	219	8,280	4,280
こまつな (10)	…	…	…	…	…	…	145	2,330	2,040
キャベツ (11)	114	3,360	2,960	1,560	72,500	67,400	238	6,340	4,670
ちんげんさい (12)	…	…	…	76	1,670	1,550	…	…	…
ほうれんそう (13)	…	…	…	389	3,290	2,320	1,200	11,800	10,500
ふき (14)	…	…	…	21	162	70	…	…	…
みつば (15)	…	…	…	…	…	…	…	…	…
しゅんぎく (16)	…	…	…	31	350	242	22	431	381
みずな (17)	…	…	…	…	…	…	…	…	…
セルリー (18)	…	…	…	233	12,600	12,400	…	…	…
アスパラガス (19)	…	…	…	655	1,420	1,260	…	…	…
カリフラワー (20)	…	…	…	93	1,960	1,770	…	…	…
ブロッコリー (21)	…	…	…	1,090	11,300	10,900	…	…	…
レタス (22)	…	…	…	5,440	178,800	173,900	…	…	…
ねぎ (23)	…	…	…	736	16,500	10,700	198	1,670	880
にら (24)	…	…	…	…	…	…	…	…	…
たまねぎ (25)	…	…	…	167	4,880	2,900	106	2,680	1,450
にんにく (26)	…	…	…	…	…	…	…	…	…
きゅうり (27)	121	4,730	3,830	355	13,900	10,400	161	5,730	4,080
かぼちゃ (28)	…	…	…	566	6,960	5,360	…	…	…
なす (29)	128	5,950	5,090	222	3,770	833	152	4,000	2,080
トマト (30)	113	6,830	6,350	336	14,300	11,900	303	26,100	23,900
ピーマン (31)	…	…	…	99	2,180	1,500	37	533	342
スイートコーン (32)	728	8,950	7,610	1,060	7,710	5,540	…	…	…
さやいんげん (33)	95	464	369	220	770	396	84	693	384
さやえんどう (34)	…	…	…	79	311	69	…	…	…
グリーンピース (35)	…	…	…	…	…	…	22	147	55
そらまめ (36)	…	…	…	…	…	…	…	…	…
えだまめ (37)	…	…	…	…	…	…	229	1,190	939
しょうが (38)	…	…	…	…	…	…	…	…	…
いちご (39)	…	…	…	84	1,940	1,730	114	3,160	2,520
メロン (40)	…	…	…	…	…	…	…	…	…
すいか (41)	…	…	…	304	15,000	13,900	…	…	…

静岡			愛知			三重			
作付面積	収穫量	出荷量	作付面積	収穫量	出荷量	作付面積	収穫量	出荷量	
ha	t	t	ha	t	t	ha	t	t	
460	18, 700	15, 300	556	24, 500	21, 200	…	…	…	(1)
…	…	…	95	2, 450	1, 770	89	970	672	(2)
100	3, 040	2, 260	387	21, 400	19, 600	74	1, 200	604	(3)
…	…	…	…	…	…	…	…	…	(4)
…	…	…	220	2, 730	2, 570	…	…	…	(5)
515	14, 600	12, 400	…	…	…	190	2, 350	1, 410	(6)
256	3, 740	2, 410	284	4, 520	3, 140	186	1, 930	743	(7)
…	…	…	…	…	…	…	…	…	(8)
…	…	…	391	21, 900	19, 300	199	8, 340	6, 110	(9)
152	2, 400	2, 150	…	…	…	…	…	…	(10)
500	19, 800	17, 200	5, 440	267, 200	252, 200	412	11, 200	8, 890	(11)
293	7, 330	6, 940	124	3, 010	2, 840	…	…	…	(12)
314	3, 890	3, 280	420	4, 620	4, 080	…	…	…	(13)
7	54	40	63	3, 480	3, 270	…	…	…	(14)
79	1, 290	1, 210	90	1, 970	1, 850	…	…	…	(15)
…	…	…	30	573	412	…	…	…	(16)
…	…	…	…	…	…	…	…	…	(17)
89	5, 760	5, 520	40	2, 650	2, 520	…	…	…	(18)
…	…	…	…	…	…	…	…	…	(19)
33	479	376	120	2, 240	2, 010	…	…	…	(20)
246	2, 830	2, 630	945	14, 600	13, 600	95	710	421	(21)
896	25, 000	24, 000	318	5, 300	4, 850	…	…	…	(22)
483	9, 780	8, 520	396	7, 440	5, 590	240	4, 160	2, 600	(23)
…	…	…	…	…	…	…	…	…	(24)
321	12, 100	11, 000	500	26, 900	24, 700	117	3, 050	1, 720	(25)
…	…	…	…	…	…	…	…	…	(26)
…	…	…	151	13, 200	11, 500	105	1, 740	1, 020	(27)
…	…	…	…	…	…	153	1, 940	786	(28)
…	…	…	244	13, 300	11, 700	146	1, 490	925	(29)
248	13, 800	12, 700	494	49, 200	46, 600	169	9, 670	8, 320	(30)
…	…	…	42	693	389	47	493	203	(31)
444	4, 320	2, 710	571	6, 620	5, 330	…	…	…	(32)
…	…	…	…	…	…	…	…	…	(33)
80	608	436	124	1, 380	1, 170	72	414	140	(34)
…	…	…	…	…	…	…	…	…	(35)
29	233	117	…	…	…	…	…	…	(36)
…	…	…	…	…	…	…	…	…	(37)
86	1, 630	1, 380	48	720	488	…	…	…	(38)
292	10, 500	9, 820	254	11, 000	10, 400	70	1, 930	1, 800	(39)
247	6, 470	6, 270	371	9, 610	9, 040	…	…	…	(40)
165	4, 830	3, 810	397	16, 700	15, 100	…	…	…	(41)

4　令和３年産都道府県別・品目別の作付面積、収穫量及び出荷量（続き）

品目		滋賀			京都			大阪	
	作付面積	収穫量	出荷量	作付面積	収穫量	出荷量	作付面積	収穫量	出荷量
	ha	t	t	ha	t	t	ha	t	t
だいこん (1)	116	3,550	1,960	…	…	…	…	…	…
かぶ (2)	172	4,370	3,720	142	5,170	4,590	…	…	…
にんじん (3)	…	…	…	…	…	…	…	…	…
ごぼう (4)	…	…	…	…	…	…	…	…	…
れんこん (5)	…	…	…	…	…	…	…	…	…
ばれいしょ (6)	…	…	…	…	…	…	…	…	…
さといも (7)	…	…	…	…	…	…	48	830	721
やまのいも (8)	…	…	…	…	…	…	…	…	…
はくさい (9)	131	4,070	3,030	…	…	…	…	…	…
こまつな (10)	…	…	…	193	3,760	3,460	191	3,720	3,450
キャベツ (11)	329	9,950	8,760	253	7,110	5,750	232	9,600	8,880
ちんげんさい (12)	…	…	…	…	…	…	…	…	…
ほうれんそう (13)	103	1,190	778	341	5,250	4,520	…	…	…
ふき (14)	…	…	…	11	54	48	11	791	744
みつば (15)	…	…	…	…	…	…	26	575	558
しゅんぎく (16)	37	503	418	32	458	366	184	3,390	3,220
みずな (17)	100	1,430	1,290	145	2,190	2,000	45	1,000	942
セルリー (18)	…	…	…	…	…	…	…	…	…
アスパラガス (19)	…	…	…	…	…	…	…	…	…
カリフラワー (20)	…	…	…	…	…	…	9	200	186
ブロッコリー (21)	…	…	…	43	306	217	32	464	432
レタス (22)	…	…	…	…	…	…	22	448	421
ねぎ (23)	…	…	…	317	8,180	7,150	254	6,120	5,790
にら (24)	…	…	…	…	…	…	…	…	…
たまねぎ (25)	…	…	…	…	…	…	104	3,640	3,280
にんにく (26)	…	…	…	…	…	…	…	…	…
きゅうり (27)	114	3,240	2,220	127	3,950	3,300	45	1,710	1,590
かぼちゃ (28)	…	…	…	…	…	…	…	…	…
なす (29)	140	2,160	847	164	7,150	6,160	97	6,380	6,260
トマト (30)	110	3,140	2,250	137	4,520	3,540	…	…	…
ピーマン (31)	…	…	…	91	2,010	1,650	…	…	…
スイートコーン (32)	…	…	…	…	…	…	…	…	…
さやいんげん (33)	…	…	…	…	…	…	…	…	…
さやえんどう (34)	…	…	…	60	272	164	…	…	…
グリーンピース (35)	14	78	40	14	86	65	33	188	104
そらまめ (36)	…	…	…	…	…	…	35	172	111
えだまめ (37)	…	…	…	…	…	…	130	1,120	1,020
しょうが (38)	…	…	…	…	…	…	…	…	…
いちご (39)	…	…	…	…	…	…	…	…	…
メロン (40)	…	…	…	…	…	…	…	…	…
すいか (41)	67	1,010	491	…	…	…	…	…	…

兵	庫		奈	良		和	歌	山	
作付面積	収穫量	出荷量	作付面積	収穫量	出荷量	作付面積	収穫量	出荷量	
ha	t	t	ha	t	t	ha	t	t	
357	11,100	5,690	91	3,120	1,870	128	8,490	7,260	(1)
…	…	…	…	…	…	…	…	…	(2)
121	3,360	2,680	…	…	…	52	2,010	1,820	(3)
…	…	…	…	…	…	…	…	…	(4)
31	363	350	…	…	…	…	…	…	(5)
…	…	…	…	…	…	…	…	…	(6)
160	1,890	416	…	…	…	…	…	…	(7)
…	…	…	…	…	…	…	…	…	(8)
430	22,600	17,800	…	…	…	145	9,130	8,230	(9)
122	1,840	1,620	57	923	803	52	920	845	(10)
750	26,200	22,100	…	…	…	197	7,270	6,480	(11)
50	770	675	…	…	…	…	…	…	(12)
270	3,290	2,030	287	3,470	2,910	75	840	717	(13)
…	…	…	…	…	…	3	20	13	(14)
…	…	…	…	…	…	…	…	…	(15)
103	1,230	908	28	353	290	17	303	266	(16)
108	1,560	1,360	30	426	411	…	…	…	(17)
…	…	…	…	…	…	…	…	…	(18)
…	…	…	…	…	…	…	…	…	(19)
…	…	…	…	…	…	…	…	…	(20)
220	2,070	1,740	…	…	…	106	964	846	(21)
1,180	25,900	24,700	27	525	373	…	…	…	(22)
311	4,330	2,780	136	2,980	2,390	…	…	…	(23)
5	165	137	…	…	…	…	…	…	(24)
1,650	100,200	91,400	…	…	…	107	4,860	3,940	(25)
…	…	…	…	…	…	…	…	…	(26)
170	3,560	1,560	63	1,940	1,520	56	2,510	2,160	(27)
…	…	…	…	…	…	15	213	168	(28)
177	3,330	1,060	88	4,740	4,130	…	…	…	(29)
254	8,310	6,440	68	3,510	3,070	92	3,640	3,340	(30)
99	2,370	1,650	…	…	…	27	1,100	995	(31)
114	852	435	…	…	…	…	…	…	(32)
…	…	…	…	…	…	…	…	…	(33)
85	455	119	…	…	…	59	785	707	(34)
20	129	52	20	117	57	192	2,420	2,140	(35)
40	265	75	…	…	…	33	240	183	(36)
335	1,650	1,140	…	…	…	…	…	…	(37)
…	…	…	…	…	…	…	…	…	(38)
148	1,520	1,020	99	2,340	2,130	…	…	…	(39)
…	…	…	…	…	…	…	…	…	(40)
230	3,400	738	79	1,980	1,070	83	2,320	1,880	(41)

4　令和３年産都道府県別・品目別の作付面積、収穫量及び出荷量（続き）

品目	鳥取			島根			岡山		
	作付面積	収穫量	出荷量	作付面積	収穫量	出荷量	作付面積	収穫量	出荷量
	ha	t	t	ha	t	t	ha	t	t
だいこん (1)	…	…	…	…	…	…	247	9,500	6,680
かぶ (2)	…	…	…	58	1,160	800	…	…	…
にんじん (3)	68	2,070	1,800	…	…	…	57	945	714
ごぼう (4)	…	…	…	…	…	…	…	…	…
れんこん (5)	…	…	…	…	…	…	99	1,210	1,090
ばれいしょ (6)	…	…	…	…	…	…	189	2,170	527
さといも (7)	…	…	…	…	…	…	…	…	…
やまのいも (8)	55	1,440	1,220	…	…	…	9	69	53
はくさい (9)	101	3,240	1,700	…	…	…	252	13,700	11,100
こまつな (10)	44	471	430	…	…	…	…	…	…
キャベツ (11)	170	4,550	2,440	262	5,900	4,600	311	11,700	10,400
ちんげんさい (12)	24	437	409	…	…	…	…	…	…
ほうれんそう (13)	131	1,210	850	…	…	…	…	…	…
ふき (14)	…	…	…	…	…	…	…	…	…
みつば (15)	…	…	…	…	…	…	…	…	…
しゅんぎく (16)	…	…	…	…	…	…	…	…	…
みずな (17)	…	…	…	…	…	…	…	…	…
セルリー (18)	…	…	…	…	…	…	…	…	…
アスパラガス (19)	…	…	…	27	238	202	59	343	297
カリフラワー (20)	…	…	…	…	…	…	9	144	122
ブロッコリー (21)	796	6,730	6,280	141	883	800	149	1,310	1,150
レタス (22)	…	…	…	…	…	…	81	1,620	1,420
ねぎ (23)	606	11,500	10,600	150	2,050	1,500	152	2,120	1,650
にら (24)	…	…	…	…	…	…	…	…	…
たまねぎ (25)	…	…	…	121	2,900	1,800	130	4,620	3,470
にんにく (26)	…	…	…	…	…	…	…	…	…
きゅうり (27)	…	…	…	123	3,320	1,840	75	2,730	2,140
かぼちゃ (28)	…	…	…	…	…	…	113	1,620	1,260
なす (29)	…	…	…	131	1,820	646	124	5,100	4,220
トマト (30)	102	3,840	2,650	102	4,330	3,730	102	5,330	4,630
ピーマン (31)	47	757	405	73	805	467	29	549	409
スイートコーン (32)	76	638	240	…	…	…	…	…	…
さやいんげん (33)	…	…	…	…	…	…	…	…	…
さやえんどう (34)	…	…	…	…	…	…	46	232	123
グリーンピース (35)	…	…	…	…	…	…	…	…	…
そらまめ (36)	52	286	59	…	…	…	…	…	…
えだまめ (37)	…	…	…	…	…	…	…	…	…
しょうが (38)	…	…	…	…	…	…	10	254	205
いちご (39)	…	…	…	…	…	…	…	…	…
メロン (40)	52	983	845	…	…	…	11	144	116
すいか (41)	368	16,700	15,500	…	…	…	52	879	535

広島			山口			徳島			
作付面積	収穫量	出荷量	作付面積	収穫量	出荷量	作付面積	収穫量	出荷量	
ha	t	t	ha	t	t	ha	t	t	
447	10, 300	5, 540	389	9, 690	7, 010	345	23, 300	20, 600	(1)
…	…	…	…	…	…	60	1, 810	1, 610	(2)
…	…	…	…	…	…	937	49, 900	45, 700	(3)
…	…	…	…	…	…	…	…	…	(4)
…	…	…	203	2, 000	1, 800	520	4, 850	3, 960	(5)
516	7, 150	2, 530	…	…	…	…	…	…	(6)
…	…	…	…	…	…	…	…	…	(7)
…	…	…	…	…	…	…	…	…	(8)
234	5, 470	1, 380	200	4, 530	2, 860	79	3, 360	2, 950	(9)
123	1, 650	1, 420	22	191	128	95	1, 240	1, 040	(10)
458	10, 200	7, 580	300	7, 310	6, 270	144	6, 640	5, 760	(11)
…	…	…	…	…	…	37	370	327	(12)
392	4, 510	3, 540	198	1, 600	1, 280	374	2, 780	2, 490	(13)
10	124	107	…	…	…	21	311	252	(14)
…	…	…	…	…	…	…	…	…	(15)
64	1, 040	773	22	249	158	…	…	…	(16)
46	791	462	…	…	…	…	…	…	(17)
…	…	…	…	…	…	…	…	…	(18)
113	970	788	…	…	…	…	…	…	(19)
…	…	…	…	…	…	84	1, 920	1, 760	(20)
36	300	244	109	707	650	974	11, 600	10, 800	(21)
…	…	…	…	…	…	277	5, 900	5, 380	(22)
475	8, 250	6, 930	…	…	…	253	3, 170	2, 730	(23)
…	…	…	…	…	…	…	…	…	(24)
…	…	…	178	5, 070	3, 700	…	…	…	(25)
…	…	…	…	…	…	16	129	99	(26)
157	3, 970	3, 020	128	3, 430	2, 540	63	6, 900	6, 050	(27)
170	1, 990	1, 000	94	642	413	…	…	…	(28)
148	3, 490	2, 470	127	2, 130	1, 500	91	6, 220	5, 430	(29)
188	10, 400	9, 280	125	4, 040	3, 290	84	5, 100	4, 420	(30)
74	1, 200	780	31	470	317	26	443	321	(31)
…	…	…	…	…	…	207	1, 900	1, 510	(32)
100	561	239	…	…	…	…	…	…	(33)
94	644	360	…	…	…	48	264	204	(34)
…	…	…	…	…	…	…	…	…	(35)
…	…	…	…	…	…	41	270	130	(36)
…	…	…		…	…	245	1, 210	1, 020	(37)
…	…	…	…	…	…	9	260	219	(38)
…	…	…	100	2, 270	1, 880	…	…	…	(39)
…	…	…	…	…	…	…	…	…	(40)
…	…	…	84	1, 500	1, 000	…	…	…	(41)

4　令和３年産都道府県別・品目別の作付面積、収穫量及び出荷量（続き）

品目		香川			愛媛			高知		
		作付面積	収穫量	出荷量	作付面積	収穫量	出荷量	作付面積	収穫量	出荷量
		ha	t	t	ha	t	t	ha	t	t
だいこん	(1)	152	8,150	7,110	…	…	…	…	…	…
かぶ	(2)	…	…	…	…	…	…	…	…	…
にんじん	(3)	114	3,100	2,780	…	…	…	…	…	…
ごぼう	(4)	…	…	…	…	…	…	…	…	…
れんこん	(5)	…	…	…	…	…	…	…	…	…
ばれいしょ	(6)	…	…	…	…	…	…	…	…	…
さといも	(7)	…	…	…	428	9,590	7,340	…	…	…
やまのいも	(8)	…	…	…	…	…	…	…	…	…
はくさい	(9)	…	…	…	119	4,150	3,210	…	…	…
こまつな	(10)	36	389	345	…	…	…	…	…	…
キャベツ	(11)	240	10,500	9,410	390	12,900	11,200	…	…	…
ちんげんさい	(12)	…	…	…	…	…	…	…	…	…
ほうれんそう	(13)	…	…	…	155	1,380	1,030	…	…	…
ふき	(14)	…	…	…	16	105	68	…	…	…
みつば	(15)	…	…	…	…	…	…	…	…	…
しゅんぎく	(16)	…	…	…	22	266	186	…	…	…
みずな	(17)	…	…	…	…	…	…	…	…	…
セルリー	(18)	10	924	840	…	…	…	…	…	…
アスパラガス	(19)	87	1,000	945	46	501	435	…	…	…
カリフラワー	(20)	…	…	…	…	…	…	…	…	…
ブロッコリー	(21)	1,330	13,400	12,700	140	1,030	816	59	655	623
レタス	(22)	707	14,800	13,500	108	1,880	1,690	…	…	…
ねぎ	(23)	266	3,450	2,840	152	2,120	1,580	238	2,580	2,340
にら	(24)	…	…	…	…	…	…	248	14,300	13,800
たまねぎ	(25)	179	7,880	7,000	300	9,510	7,460	…	…	…
にんにく	(26)	99	751	591	…	…	…	…	…	…
きゅうり	(27)	100	4,270	3,480	223	8,800	7,720	147	25,500	24,200
かぼちゃ	(28)	40	496	218	101	1,080	830	…	…	…
なす	(29)	71	2,020	1,510	147	3,740	2,740	314	39,300	37,400
トマト	(30)	68	2,950	2,640	144	6,640	5,560	74	7,230	6,780
ピーマン	(31)	…	…	…	62	1,590	1,210	117	13,000	12,300
スイートコーン	(32)	267	2,580	1,930	…	…	…	…	…	…
さやいんげん	(33)	16	113	37	80	324	156	20	428	411
さやえんどう	(34)	…	…	…	75	276	130	…	…	…
グリーンピース	(35)	…	…	…	…	…	…	…	…	…
そらまめ	(36)	79	390	157	110	655	488	…	…	…
えだまめ	(37)	55	223	148	88	390	236	…	…	…
しょうが	(38)	…	…	…	…	…	…	432	19,900	16,100
いちご	(39)	85	3,340	3,150	…	…	…	…	…	…
メロン	(40)	…	…	…	…	…	…	…	…	…
すいか	(41)	…	…	…	190	3,670	2,600	…	…	…

福岡			佐賀			長崎			
作付面積	収穫量	出荷量	作付面積	収穫量	出荷量	作付面積	収穫量	出荷量	
ha	t	t	ha	t	t	ha	t	t	
311	14,000	11,700	…	…	…	663	45,700	40,200	(1)
102	3,710	3,270	…	…	…	…	…	…	(2)
…	…	…	…	…	…	816	33,000	30,400	(3)
…	…	…	…	…	…	…	…	…	(4)
…	…	…	454	6,450	4,710	…	…	…	(5)
…	…	…	137	2,940	1,930	3,190	81,800	71,400	(6)
217	1,550	875	…	…	…	…	…	…	(7)
…	…	…	…	…	…	…	…	…	(8)
…	…	…	…	…	…	353	20,700	19,000	(9)
614	10,400	10,100	…	…	…	66	719	640	(10)
679	21,300	19,100	257	7,840	6,670	437	11,400	9,730	(11)
96	1,440	1,340	…	…	…	…	…	…	(12)
806	10,100	9,200	114	860	624	173	1,540	1,250	(13)
8	499	470	…	…	…	…	…	…	(14)
19	260	248	…	…	…	…	…	…	(15)
172	2,390	2,140	…	…	…	…	…	…	(16)
215	3,180	3,000	…	…	…	…	…	…	(17)
46	3,460	3,290	…	…	…	…	…	…	(18)
88	1,900	1,750	120	2,520	2,350	108	1,840	1,760	(19)
52	920	827	…	…	…	…	…	…	(20)
516	3,850	3,520	79	655	491	999	9,900	9,160	(21)
928	15,200	14,500	80	1,550	1,330	940	35,000	31,700	(22)
533	6,460	5,900	261	2,460	1,940	170	2,740	2,400	(23)
19	897	770	…	…	…	27	456	412	(24)
143	4,450	2,560	2,100	100,800	93,600	803	32,600	29,500	(25)
…	…	…	…	…	…	…	…	…	(26)
168	9,910	9,020	153	14,800	13,700	132	6,840	6,130	(27)
…	…	…	71	838	595	431	4,960	4,170	(28)
230	17,800	16,300	59	3,540	2,930	78	1,750	1,410	(29)
203	19,800	18,200	65	3,470	3,000	184	12,400	11,500	(30)
…	…	…	…	…	…	…	…	…	(31)
…	…	…	…	…	…	…	…	…	(32)
91	649	438	…	…	…	113	541	451	(33)
49	269	149	…	…	…	51	525	426	(34)
21	160	94	…	…	…	…	…	…	(35)
51	388	279	…	…	…	41	410	342	(36)
…	…	…	…	…	…	…	…	…	(37)
…	…	…	…	…	…	65	1,200	810	(38)
428	16,600	15,800	160	7,380	6,860	266	10,700	10,300	(39)
…	…	…	…	…	…	…	…	…	(40)
100	2,520	1,920	…	…	…	242	8,490	7,370	(41)

4　令和3年産都道府県別・品目別の作付面積、収穫量及び出荷量（続き）

品目		熊本			大分			宮崎	
	作付面積	収穫量	出荷量	作付面積	収穫量	出荷量	作付面積	収穫量	出荷量
	ha	t	t	ha	t	t	ha	t	t
だいこん (1)	819	23,100	19,300	362	11,800	8,320	1,730	70,200	63,200
かぶ (2)	…	…	…	…	…	…	…	…	…
にんじん (3)	644	20,000	17,800	136	3,660	2,860	473	14,600	13,100
ごぼう (4)	266	3,190	2,710	…	…	…	557	9,860	8,970
れんこん (5)	186	2,050	1,460	…	…	…	…	…	…
ばれいしょ (6)	575	13,800	10,300	…	…	…	446	11,400	10,600
さといも (7)	474	4,790	3,350	258	2,240	1,340	884	13,700	11,400
やまのいも (8)	…	…	…	…	…	…	…	…	…
はくさい (9)	403	16,800	14,700	410	23,500	20,700	320	14,800	13,500
こまつな (10)	…	…	…	…	…	…	…	…	…
キャベツ (11)	1,330	43,000	39,600	506	16,800	15,400	609	22,500	20,700
ちんげんさい (12)	39	780	717	36	540	480	…	…	…
ほうれんそう (13)	482	4,650	4,130	…	…	…	865	13,100	11,800
ふき (14)	…	…	…	…	…	…	…	…	…
みつば (15)	…	…	…	63	945	932	…	…	…
しゅんぎく (16)	22	220	182	…	…	…	…	…	…
みずな (17)	…	…	…	…	…	…	…	…	…
セルリー (18)	…	…	…	…	…	…	…	…	…
アスパラガス (19)	100	2,360	2,210	13	104	96	…	…	…
カリフラワー (20)	115	2,530	2,200	…	…	…	…	…	…
ブロッコリー (21)	680	7,000	6,200	40	444	339	…	…	…
レタス (22)	593	16,800	15,800	114	2,150	1,840	…	…	…
ねぎ (23)	261	4,490	3,570	983	16,300	14,900	143	2,300	1,960
にら (24)	43	1,260	1,180	59	3,100	3,000	95	3,740	3,470
たまねぎ (25)	319	13,400	11,400	…	…	…	57	1,530	1,340
にんにく (26)	40	255	192	49	202	161	58	213	201
きゅうり (27)	286	15,900	14,600	133	2,600	2,110	604	63,700	60,100
かぼちゃ (28)	149	1,940	1,570	115	1,460	1,010	…	…	…
なす (29)	406	33,300	30,700	111	1,790	1,230	53	2,290	2,050
トマト (30)	1,270	132,500	128,100	185	10,200	9,350	210	16,600	15,500
ピーマン (31)	87	3,450	3,180	126	7,610	7,240	294	26,800	25,200
スイートコーン (32)	…	…	…	…	…	…	336	3,560	3,360
さやいんげん (33)	86	774	580	…	…	…	…	…	…
さやえんどう (34)	48	845	773	47	468	334	…	…	…
グリーンピース (35)	22	235	220	…	…	…	…	…	…
そらまめ (36)	31	375	301	…	…	…	…	…	…
えだまめ (37)	…	…	…	…	…	…	267	1,220	1,080
しょうが (38)	172	5,230	4,240	…	…	…	81	2,650	2,350
いちご (39)	298	12,100	11,500	…	…	…	72	2,750	2,570
メロン (40)	849	25,400	24,000	…	…	…	…	…	…
すいか (41)	1,280	49,300	46,400	164	5,810	4,580	…	…	…

鹿児島			沖縄			
作付面積	収穫量	出荷量	作付面積	収穫量	出荷量	
ha	t	t	ha	t	t	
1, 970	92, 500	82, 900	…	…	…	(1)
…	…	…	…	…	…	(2)
624	21, 500	19, 000	136	2, 640	2, 240	(3)
578	6, 820	6, 430	…	…	…	(4)
…	…	…	…	…	…	(5)
4, 510	91, 000	84, 500	…	…	…	(6)
493	7, 250	6, 080	8	46	39	(7)
…	…	…	…	…	…	(8)
401	23, 900	20, 600	…	…	…	(9)
…	…	…	…	…	…	(10)
1, 860	68, 600	62, 300	…	…	…	(11)
…	…	…	68	945	799	(12)
…	…	…	…	…	…	(13)
…	…	…	…	…	…	(14)
…	…	…	…	…	…	(15)
…	…	…	…	…	…	(16)
38	574	506	…	…	…	(17)
…	…	…	…	…	…	(18)
…	…	…	…	…	…	(19)
…	…	…	…	…	…	(20)
395	3, 880	3, 320	…	…	…	(21)
232	6, 300	5, 460	245	4, 550	3, 970	(22)
459	6, 790	5, 940	…	…	…	(23)
…	…	…	…	…	…	(24)
…	…	…	…	…	…	(25)
45	343	240	…	…	…	(26)
148	10, 900	9, 690	…	…	…	(27)
655	7, 140	6, 190	401	3, 540	3, 140	(28)
72	2, 470	1, 720	…	…	…	(29)
104	5, 270	4, 490	58	3, 310	2, 910	(30)
138	13, 300	12, 600	41	2, 710	2, 370	(31)
…	…	…	…	…	…	(32)
222	2, 070	1, 780	165	1, 910	1, 770	(33)
426	4, 940	4, 120	…	…	…	(34)
81	753	649	…	…	…	(35)
246	3, 300	2, 910	…	…	…	(36)
…	…	…	…	…	…	(37)
78	2, 050	1, 850	…	…	…	(38)
…	…	…	…	…	…	(39)
…	…	…	…	…	…	(40)
89	2, 470	1, 930	…	…	…	(41)

5　令和３年産都道府県別の用途別出荷量

(1)　だいこん　　　　　　　　　　　　　　　　(2)　にんじん

単位：t

全国農業地域・都道府県		(1) だいこん 出荷量計	生食向	加工向	業務用向	(2) にんじん 出荷量計	生食向
全　　　国	(1)	1,033,000	762,900	253,700	16,400	572,400	490,300
(全国農業地域)							
北　海　道	(2)	134,800	107,400	18,800	8,590	188,000	149,300
都　府　県	(3)	…	…	…	…	…	…
東　　　北	(4)	152,900	115,900	32,700	4,280	…	…
北　　　陸	(5)	50,700	25,500	25,200	44	…	…
関東・東山	(6)	…	…	…	…	…	…
東　　　海	(7)	…	…	…	…	28,000	26,800
近　　　畿	(8)	…	…	…	…	…	…
中　　　国	(9)	…	…	…	…	…	…
四　　　国	(10)	…	…	…	…	…	…
九　　　州	(11)	…	…	…	…	…	…
沖　　　縄	(12)	…	…	…	…	2,240	2,210
(都道府県)							
北　海　道	(13)	134,800	107,400	18,800	8,590	188,000	149,300
青　　　森	(14)	104,200	76,600	23,600	4,020	39,900	35,700
岩　　　手	(15)	19,800	16,100	3,590	100	1,630	1,590
宮　　　城	(16)	3,850	3,080	768	−	…	…
秋　　　田	(17)	8,130	5,240	2,880	12	…	…
山　　　形	(18)	8,360	6,540	1,670	146	…	…
福　　　島	(19)	8,580	8,400	179	−	756	744
茨　　　城	(20)	45,500	19,000	26,500	−	28,100	22,400
栃　　　木	(21)	7,610	5,540	2,070	−	…	…
群　　　馬	(22)	23,200	15,800	6,900	459	…	…
埼　　　玉	(23)	19,400	15,700	3,410	274	14,500	14,300
千　　　葉	(24)	136,900	126,900	8,610	1,440	104,900	95,200
東　　　京	(25)	7,730	7,700	29	−	2,620	2,620
神　奈　川	(26)	67,800	64,700	3,150	−	…	…
新　　　潟	(27)	36,400	13,600	22,800	35	5,060	2,930
富　　　山	(28)	2,990	2,970	10	9	…	…
石　　　川	(29)	6,710	6,610	99	−	478	474
福　　　井	(30)	4,640	2,300	2,340	−	677	677
山　　　梨	(31)	…	…	…	…	…	…
長　　　野	(32)	8,140	5,250	2,890	2	…	…
岐　　　阜	(33)	14,500	12,800	1,700	50	5,550	5,460
静　　　岡	(34)	15,300	12,000	3,290	−	2,260	2,260
愛　　　知	(35)	21,200	19,500	1,670	−	19,600	18,500
三　　　重	(36)	…	…	…	…	604	574
滋　　　賀	(37)	1,960	1,570	384	7	…	…
京　　　都	(38)	…	…	…	…	…	…
大　　　阪	(39)	…	…	…	…	…	…
兵　　　庫	(40)	5,690	5,630	62	3	2,680	2,680
奈　　　良	(41)	1,870	1,830	24	15	…	…
和　歌　山	(42)	7,260	6,920	340	2	1,820	1,800
鳥　　　取	(43)	…	…	…	…	1,800	1,730
島　　　根	(44)	…	…	…	…	…	…
岡　　　山	(45)	6,680	5,730	925	28	714	679
広　　　島	(46)	5,540	5,200	334	2	…	…
山　　　口	(47)	7,010	6,470	536	−	…	…
徳　　　島	(48)	20,600	19,800	797	1	45,700	44,800
香　　　川	(49)	7,110	7,110	−	−	2,780	2,770
愛　　　媛	(50)	…	…	…	…	…	…
高　　　知	(51)	…	…	…	…	…	…
福　　　岡	(52)	11,700	11,200	421	84	…	…
佐　　　賀	(53)	…	…	…	…	…	…
長　　　崎	(54)	40,200	35,700	4,480	−	30,400	28,400
熊　　　本	(55)	19,300	18,500	794	−	17,800	16,900
大　　　分	(56)	8,320	8,070	133	122	2,860	2,550
宮　　　崎	(57)	63,200	7,030	55,600	574	13,100	4,620
鹿　児　島	(58)	82,900	41,700	40,800	427	19,000	13,200
沖　　　縄	(59)	…	…	…	…	2,240	2,210
関東農政局	(60)	…	…	…	…	…	…
東海農政局	(61)	…	…	…	…	25,800	24,600
中国四国農政局	(62)	…	…	…	…	…	…

(3) ばれいしょ（じゃがいも）

単位：t　　　　単位：t

加工向	業務用向	出荷量計	生食向	加工向	業務用向	
77,900	**4,190**	**1,823,000**	**571,000**	**1,252,000**	**…**	(1)
35,900	2,770	1,502,000	319,000	1,183,000	…	(2)
…	…	…	…	…	…	(3)
…	…	…	…	…	…	(4)
…	…	…	…	…	…	(5)
…	…	…	…	…	…	(6)
1,210	20	…	…	…	…	(7)
…	…	…	…	…	…	(8)
…	…	…	…	…	…	(9)
…	…	…	…	…	…	(10)
…	…	…	…	…	…	(11)
18	8	…	…	…	…	(12)
35,900	2,770	1,502,000	319,000	1,183,000	…	(13)
3,940	234	11,700	8,350	3,350	…	(14)
38	-	…	…	…	…	(15)
…	…	1,980	800	1,180	…	(16)
…	…	…	…	…	…	(17)
…	…	…	…	…	…	(18)
12	-	2,190	2,190	-	…	(19)
5,560	187	42,600	19,000	23,600	…	(20)
…	…	…	…	…	…	(21)
…	…	…	…	…	…	(22)
131	20	…	…	…	…	(23)
9,730	-	24,900	18,900	5,980	…	(24)
-	-	…	…	…	…	(25)
…	…	…	…	…	…	(26)
2,040	95	…	…	…	…	(27)
…	…	…	…	…	…	(28)
4	-	…	…	…	…	(29)
-	-	…	…	…	…	(30)
…	…	…	…	…	…	(31)
…	…	1,410	1,400	13	…	(32)
86	3	…	…	…	…	(33)
-	-	12,400	12,000	382	…	(34)
1,100	7	…	…	…	…	(35)
20	10	1,410	1,050	360	…	(36)
…	…	…	…	…	…	(37)
…	…	…	…	…	…	(38)
…	…	…	…	…	…	(39)
2	1	…	…	…	…	(40)
…	…	…	…	…	…	(41)
13	3	…	…	…	…	(42)
70	-	…	…	…	…	(43)
…	…	…	…	…	…	(44)
25	10	527	527	-	…	(45)
…	…	2,530	2,220	311	…	(46)
…	…	…	…	…	…	(47)
893	-	…	…	…	…	(48)
7	-	…	…	…	…	(49)
…	…	…	…	…	…	(50)
…	…	…	…	…	…	(51)
…	…	…	…	…	…	(52)
…	…	1,930	745	1,180	…	(53)
1,820	174	71,400	69,200	2,190	…	(54)
856	-	10,300	6,520	3,780	…	(55)
315	-	…	…		…	(56)
8,330	147	10,600	2,570	8,050	…	(57)
5,670	121	84,500	68,100	16,400	…	(58)
18	8	…	…	…	…	(59)
…	…	…	…	…	…	(60)
1,210	20	…	…	…	…	(61)
…	…	…	…	…	…	(62)

5 令和３年産都道府県別の用途別出荷量（続き）

(4) さといも　　(5) はくさい

単位：t

全国農業地域・都道府県		(4) さといも 出荷量計	(4) さといも 生食向	(4) さといも 加工向	(4) さといも 業務用向	(5) はくさい 出荷量計	(5) はくさい 生食向
全国	(1)	**96,100**	**91,100**	**4,810**	**160**	**744,800**	**684,800**
(全国農業地域)							
北海道	(2)	…	…	…	…	21,500	18,600
都府県	(3)	…	…	…	…	…	…
東北	(4)	…	…	…	…	21,400	19,700
北陸	(5)	…	…	…	…	…	…
関東・東山	(6)	…	…	…	…	…	…
東海	(7)	7,490	7,490	3	1	…	…
近畿	(8)	…	…	…	…	…	…
中国	(9)	…	…	…	…	…	…
四国	(10)	…	…	…	…	…	…
九州	(11)	…	…	…	…	…	…
沖縄	(12)	39	32	−	7	…	…
(都道府県)							
北海道	(13)	…	…	…	…	21,500	18,600
青森	(14)	…	…	…	…	3,660	3,610
岩手	(15)	394	394	−	−	4,060	3,720
宮城	(16)	…	…	…	…	3,340	2,860
秋田	(17)	…	…	…	…	2,360	2,230
山形	(18)	890	790	98	2	2,440	1,890
福島	(19)	845	845	−	−	5,570	5,470
茨城	(20)	1,570	1,520	47	−	232,200	226,700
栃木	(21)	5,270	5,270	−	−	14,700	13,200
群馬	(22)	1,540	1,540	−	−	22,700	20,500
埼玉	(23)	14,300	14,200	1	56	19,000	16,500
千葉	(24)	12,200	12,200	10	−	5,340	5,340
東京	(25)	2,670	2,670	−	−	…	…
神奈川	(26)	3,650	3,650	−	−	…	…
新潟	(27)	3,160	3,150	10	1	4,240	4,220
富山	(28)	760	739	10	11	1,020	980
石川	(29)	…	…	…	…	…	…
福井	(30)	1,390	1,270	125	−	…	…
山梨	(31)	…	…	…	…	…	…
長野	(32)	…	…	…	…	202,500	176,400
岐阜	(33)	1,200	1,200	−	−	4,280	4,170
静岡	(34)	2,410	2,410	3	−	…	…
愛知	(35)	3,140	3,140	−	−	19,300	18,600
三重	(36)	743	742	−	1	6,110	4,210
滋賀	(37)	…	…	…	…	3,030	2,380
京都	(38)	…	…	…	…	…	…
大阪	(39)	721	713	8	−	…	…
兵庫	(40)	416	416	−	0	17,800	17,700
奈良	(41)	…	…	…	…	…	…
和歌山	(42)	…	…	…	…	8,230	7,880
鳥取	(43)	…	…	…	…	1,700	1,700
島根	(44)	…	…	…	…	…	…
岡山	(45)	…	…	…	…	11,100	8,900
広島	(46)	…	…	…	…	1,380	1,380
山口	(47)	…	…	…	…	2,860	2,860
徳島	(48)	…	…	…	…	2,950	2,570
香川	(49)	…	…	…	…	…	…
愛媛	(50)	7,340	7,020	324	−	3,210	3,210
高知	(51)	…	…	…	…	…	…
福岡	(52)	875	875	−	−	…	…
佐賀	(53)	…	…	…	…	…	…
長崎	(54)	…	…	…	…	19,000	18,600
熊本	(55)	3,350	3,330	17	−	14,700	14,600
大分	(56)	1,340	1,310	32	−	20,700	19,900
宮崎	(57)	11,400	7,460	3,900	44	13,500	10,200
鹿児島	(58)	6,080	6,030	40	7	20,600	16,200
沖縄	(59)	39	32	−	7	…	…
関東農政局	(60)	…	…	…	…	…	…
東海農政局	(61)	5,080	5,080	−	1	29,700	26,900
中国四国農政局	(62)	…	…	…	…	…	…

(6) キャベツ

単位：t　　　　　　　　　　　　単位：t

加工向	業務用向	出荷量計	生食向	加工向	業務用向	
48,900	**11,100**	**1,330,000**	**1,076,000**	**175,600**	**78,000**	(1)
2,880	28	55,900	29,500	26,200	184	(2)
…	…	…	…	…	…	(3)
1,140	511	…	…	…	…	(4)
…	…	…	…	…	…	(5)
…	…	…	…	…	…	(6)
…	…	283,000	228,800	29,700	24,500	(7)
…	…	…	…	…	…	(8)
…	…	31,300	21,500	8,620	1,170	(9)
…	…	…	…	…	…	(10)
…	…	173,500	136,100	32,500	4,910	(11)
…	…	…	…	…	…	(12)
2,880	28	55,900	29,500	26,200	184	(13)
55	-	15,000	10,200	4,720	78	(14)
339	-	26,200	23,200	2,400	631	(15)
476	-	4,870	3,880	990	-	(16)
50	83	5,070	3,970	1,100	-	(17)
215	331	…	…	…	…	(18)
-	97	…	…	…	…	(19)
5,530	-	103,500	85,200	17,300	958	(20)
1,540	-	…	…	…	…	(21)
1,540	622	251,700	195,200	17,600	38,900	(22)
2,490	11	14,800	11,500	2,940	353	(23)
-	-	112,300	109,800	2,480	-	(24)
…	…	5,950	5,950	-	-	(25)
…	…	64,400	64,100	337	4	(26)
10	10	…	…	…	…	(27)
26	14	1,740	580	951	209	(28)
…	…	…	…	…	…	(29)
…	…	2,910	290	2,620	-	(30)
…	…	2,960	2,070	459	434	(31)
16,900	9,180	67,400	57,100	5,310	4,980	(32)
111	-	4,670	4,670	-	-	(33)
…	…	17,200	8,820	6,670	1,710	(34)
535	203	252,200	208,600	21,600	22,000	(35)
1,900	1	8,890	6,660	1,400	830	(36)
571	82	8,760	2,220	6,400	138	(37)
…	…	5,750	5,180	563	7	(38)
…	…	8,880	8,440	316	120	(39)
80	0	22,100	19,600	2,500	5	(40)
…	…	…	…	…	…	(41)
341	14	6,480	6,470	-	10	(42)
-	-	2,440	2,440	-	-	(43)
…	…	4,600	2,320	2,260	22	(44)
2,140	59	10,400	5,960	4,390	48	(45)
-	2	7,580	5,270	1,370	939	(46)
-	-	6,270	5,510	599	165	(47)
382	-	5,760	3,400	2,360	2	(48)
…	…	9,410	5,820	3,590	-	(49)
-	-	11,200	7,920	3,280	-	(50)
…	…	…	…	…	…	(51)
…	…	19,100	17,200	815	1,100	(52)
…	…	6,670	4,050	1,800	822	(53)
240	130	9,730	6,700	2,920	110	(54)
30	70	39,600	32,000	6,070	1,570	(55)
764	-	15,400	10,300	5,040	28	(56)
3,300	-	20,700	14,900	5,790	-	(57)
4,360	-	62,300	50,900	10,100	1,280	(58)
…	…	…	…	…	…	(59)
…	…	…	…	…	…	(60)
2,550	204	265,800	220,000	23,000	22,800	(61)
…	…	…	…	…	…	(62)

5 令和３年産都道府県別の用途別出荷量（続き）

(7) ほうれんそう　　(8) レタス

単位：t

全国農業地域・都道府県		(7) 出荷量計	(7) 生食向	(7) 加工向	(7) 業務用向	(8) 出荷量計	(8) 生食向
全国	(1)	179,700	165,500	13,000	1,190	516,400	444,200
(全国農業地域)							
北海道	(2)	3,920	3,480	441	−	14,100	12,500
都府県	(3)	…	…	…	…	…	…
東北	(4)	…	…	…	…	…	…
北陸	(5)	…	…	…	…	…	…
関東・東山	(6)	…	…	…	…	…	…
東海	(7)	…	…	…	…	…	…
近畿	(8)	…	…	…	…	…	…
中国	(9)	…	…	…	…	…	…
四国	(10)	…	…	…	…	…	…
九州	(11)	…	…	…	…	…	…
沖縄	(12)	…	…	…	…	3,970	3,680
(都道府県)							
北海道	(13)	3,920	3,480	441	−	14,100	12,500
青森	(14)	…	…	…	…	1,790	1,490
岩手	(15)	2,530	2,530	2	−	9,190	7,840
宮城	(16)	1,770	1,770	−	0	…	…
秋田	(17)	892	892	−	−	…	…
山形	(18)	…	…	…	…	…	…
福島	(19)	1,950	1,830	8	108	…	…
茨城	(20)	16,000	15,400	579	−	83,700	78,900
栃木	(21)	5,220	5,160	60	−	4,360	4,330
群馬	(22)	19,500	19,400	57	24	51,600	33,200
埼玉	(23)	19,000	18,900	−	63	3,090	2,840
千葉	(24)	17,000	16,700	271	−	6,840	6,520
東京	(25)	3,790	3,790	−	−	…	…
神奈川	(26)	7,300	7,300	−	−	2,830	2,830
新潟	(27)	…	…	…	…	…	…
富山	(28)	332	331	−	1	…	…
石川	(29)	…	…	…	…	…	…
福井	(30)	582	582	−	−	…	…
山梨	(31)	…	…	…	…	…	…
長野	(32)	2,320	2,280	41	3	173,900	152,500
岐阜	(33)	10,500	10,400	8	92	…	…
静岡	(34)	3,280	2,870	−	408	24,000	19,700
愛知	(35)	4,080	4,080	−	−	4,850	4,850
三重	(36)	…	…	…	…	…	…
滋賀	(37)	778	756	7	15	…	…
京都	(38)	4,520	4,450	0	71	…	…
大阪	(39)	…	…	…	…	421	415
兵庫	(40)	2,030	2,030	0	0	24,700	24,700
奈良	(41)	2,910	2,910	1	1	373	373
和歌山	(42)	717	715	2	−	…	…
鳥取	(43)	850	850	−	−	…	…
島根	(44)	…	…	…	…	…	…
岡山	(45)	…	…	…	…	1,420	1,400
広島	(46)	3,540	3,530	−	10	…	…
山口	(47)	1,280	1,280	−	−	…	…
徳島	(48)	2,490	2,430	60	−	5,380	4,930
香川	(49)	…	…	…	…	13,500	13,000
愛媛	(50)	1,030	1,030	0	−	1,690	1,680
高知	(51)	…	…	…	…	…	…
福岡	(52)	9,200	9,020	97	81	14,500	14,300
佐賀	(53)	624	624	−	−	1,330	1,160
長崎	(54)	1,250	1,200	46	−	31,700	26,200
熊本	(55)	4,130	3,340	792	−	15,800	7,680
大分	(56)	…	…	…	…	1,840	1,760
宮崎	(57)	11,800	1,440	10,200	161	…	…
鹿児島	(58)	…	…	…	…	5,460	4,080
沖縄	(59)	…	…	…	…	3,970	3,680
関東農政局	(60)	…	…	…	…	…	…
東海農政局	(61)	…	…	…	…	…	…
中国四国農政局	(62)	…	…	…	…	…	…

(9)　ねぎ

単位：t　　　　単位：t

加工向	業務用向	出荷量計	生食向	加工向	業務用向	
40,900	**31,300**	**364,700**	**343,900**	**13,300**	**7,550**	(1)
1,380	219	20,400	20,000	189	171	(2)
…	…	…	…	…	…	(3)
…	…	46,300	44,600	1,080	658	(4)
…	…	11,100	10,900	169	33	(5)
…	…	…	…	…	…	(6)
…	…	17,600	16,400	242	934	(7)
…	…	…	…	…	…	(8)
…	…	…	…	…	…	(9)
…	…	9,490	7,370	1,960	160	(10)
…	…	36,600	35,200	776	583	(11)
149	142	…	…	…	…	(12)
1,380	219	20,400	20,000	189	171	(13)
81	216	9,230	8,940	257	36	(14)
256	1,090	5,310	5,260	3	43	(15)
…	…	7,200	6,730	249	223	(16)
…	…	11,700	10,900	505	250	(17)
…	…	6,270	6,200	15	56	(18)
…	…	6,630	6,530	51	50	(19)
3,120	1,690	45,600	41,800	1,850	1,940	(20)
30	-	9,810	9,570	236	-	(21)
9,390	9,050	14,100	13,600	391	107	(22)
210	45	43,900	43,400	431	68	(23)
325	-	47,500	47,300	68	103	(24)
…	…	…	…	…	…	(25)
-	-	7,250	7,250	-	-	(26)
…	…	6,640	6,470	146	27	(27)
…	…	1,920	1,890	23	6	(28)
…	…	698	698	-	-	(29)
…	…	1,840	1,840	-	-	(30)
…	…	…	…	…	…	(31)
10,800	10,600	10,700	10,000	28	625	(32)
…	…	880	880	-	-	(33)
2,870	1,430	8,520	7,400	192	924	(34)
-	-	5,590	5,590	-	-	(35)
…	…	2,600	2,540	50	10	(36)
…	…	…	…	…	…	(37)
…	…	7,150	5,390	1,020	742	(38)
6	-	5,790	3,240	2,550	-	(39)
40	10	2,780	2,410	371	1	(40)
-	-	2,390	1,680	578	136	(41)
…	…	…	…	…	…	(42)
…	…	10,600	10,400	134	20	(43)
…	…	1,500	1,500	3	1	(44)
8	11	1,650	1,500	140	6	(45)
…	…	6,930	6,610	271	45	(46)
…	…	…	…	…	…	(47)
417	30	2,730	1,120	1,600	11	(48)
214	261	2,840	2,370	332	140	(49)
0	12	1,580	1,560	16	-	(50)
…	…	2,340	2,320	14	9	(51)
41	164	5,900	5,900	2	2	(52)
107	59	1,940	1,930	5	2	(53)
4,940	580	2,400	2,350	50	-	(54)
6,170	2,950	3,570	3,570	-	-	(55)
75	10	14,900	14,000	315	573	(56)
…	…	1,960	1,900	63	-	(57)
544	841	5,940	5,590	341	6	(58)
149	142	…	…	…	…	(59)
…	…	…	…	…	…	(60)
…	…	9,070	9,010	50	10	(61)
…	…	…	…	…	…	(62)

5 令和3年産都道府県別の用途別出荷量（続き）

(10) たまねぎ　　(11) きゅうり

単位：t

全国農業地域・都道府県		(10) たまねぎ 出荷量計	生食向	加工向	業務用向	(11) きゅうり 出荷量計	生食向
全国	(1)	**992,900**	**807,000**	**169,100**	**16,800**	**478,800**	**472,900**
(全国農業地域)							
北海道	(2)	627,700	478,900	137,100	11,700	15,100	14,700
都府県	(3)	…	…	…	…	…	…
東北	(4)	…	…	…	…	77,900	76,000
北陸	(5)	…	…	…	…	…	…
関東・東山	(6)	…	…	…	…	…	…
東海	(7)	38,900	36,000	2,410	482	…	…
近畿	(8)	…	…	…	…	12,400	12,200
中国	(9)	…	…	…	…	…	…
四国	(10)	…	…	…	…	41,500	41,400
九州	(11)	…	…	…	…	115,400	114,500
沖縄	(12)	…	…	…	…	…	…
(都道府県)							
北海道	(13)	627,700	478,900	137,100	11,700	15,100	14,700
青森	(14)	…	…	…	…	5,220	5,120
岩手	(15)	…	…	…	…	10,600	10,400
宮城	(16)	…	…	…	…	11,000	10,900
秋田	(17)	…	…	…	…	6,070	6,070
山形	(18)	…	…	…	…	9,610	9,410
福島	(19)	1,920	1,600	6	317	35,400	34,000
茨城	(20)	4,130	2,410	1,580	138	22,100	21,600
栃木	(21)	10,000	9,330	484	190	9,170	9,170
群馬	(22)	7,410	5,380	2,030	−	48,400	47,900
埼玉	(23)	3,320	2,830	349	140	41,300	41,100
千葉	(24)	3,650	3,560	87	−	28,300	28,300
東京	(25)	…	…	…	…	…	…
神奈川	(26)	…	…	…	…	10,300	10,300
新潟	(27)	…	…	…	…	5,250	5,010
富山	(28)	7,020	4,510	2,500	6	498	498
石川	(29)	…	…	…	…	1,440	1,440
福井	(30)	…	…	…	…	…	…
山梨	(31)	…	…	…	…	3,830	3,830
長野	(32)	2,900	2,140	237	519	10,400	9,870
岐阜	(33)	1,450	1,280	161	13	4,080	4,080
静岡	(34)	11,000	10,800	137	46	…	…
愛知	(35)	24,700	22,300	1,970	406	11,500	11,400
三重	(36)	1,720	1,570	137	17	1,020	1,020
滋賀	(37)	…	…	…	…	2,220	2,220
京都	(38)	…	…	…	…	3,300	3,130
大阪	(39)	3,280	3,140	120	25	1,590	1,590
兵庫	(40)	91,400	84,600	6,650	145	1,560	1,530
奈良	(41)	…	…	…	…	1,520	1,500
和歌山	(42)	3,940	3,410	504	27	2,160	2,150
鳥取	(43)	…	…	…	…	…	…
島根	(44)	1,800	1,480	257	64	1,840	1,840
岡山	(45)	3,470	1,280	2,190	1	2,140	2,130
広島	(46)	…	…	…	…	3,020	3,020
山口	(47)	3,700	3,690	9	−	2,540	2,540
徳島	(48)	…	…	…	…	6,050	6,050
香川	(49)	7,000	6,130	850	21	3,480	3,480
愛媛	(50)	7,460	3,660	3,660	144	7,720	7,620
高知	(51)	…	…	…	…	24,200	24,200
福岡	(52)	2,560	2,560	−	−	9,020	8,980
佐賀	(53)	93,600	88,600	3,700	1,310	13,700	13,700
長崎	(54)	29,500	26,600	2,090	773	6,130	5,450
熊本	(55)	11,400	11,200	233	−	14,600	14,600
大分	(56)	…	…	…	…	2,110	2,110
宮崎	(57)	1,340	1,170	94	74	60,100	60,000
鹿児島	(58)	…	…	…	…	9,690	9,690
沖縄	(59)	…	…	…	…	…	…
関東農政局	(60)	…	…	…	…	…	…
東海農政局	(61)	27,900	25,200	2,270	436	16,600	16,500
中国四国農政局	(62)	…	…	…	…	…	…

(12) なす

単位：t　　　　単位：t

加工向	業務用向	出荷量計	生食向	加工向	業務用向	
4,690	**1,170**	**237,800**	**235,000**	**2,520**	**239**	(1)
138	251	…	…	…	…	(2)
…	…	…	…	…	…	(3)
1,900	22	…	…	…	…	(4)
…	…	…	…	…	…	(5)
…	…	…	…	…	…	(6)
…	…	…	…	…	…	(7)
204	43	…	…	…	…	(8)
…	…	…	…	…	…	(9)
106	-	47,100	47,000	51	-	(10)
780	119	56,300	56,200	109	5	(11)
…	…	…	…	…	…	(12)
138	251	…	…	…	…	(13)
105	-	…	…	…	…	(14)
180	-	1,870	1,870	-	-	(15)
63	-	1,380	1,370	9	3	(16)
-	-	2,170	2,120	51	-	(17)
201	-	3,100	2,820	283	-	(18)
1,350	22	2,260	2,260	3	-	(19)
50	428	15,900	15,700	54	104	(20)
-	-	11,000	10,700	346	-	(21)
459	10	23,500	23,300	166	-	(22)
197	14	7,030	6,910	120	4	(23)
-	-	4,750	4,750	-	-	(24)
…	…	…	…	…	…	(25)
-	-	3,250	3,250	-	-	(26)
236	-	2,540	2,140	353	47	(27)
-	-	389	387	2	-	(28)
-	-	…	…	…	…	(29)
…	…	474	474	-	-	(30)
-	-	5,090	5,080	6	-	(31)
272	259	833	833	-	-	(32)
-	-	2,080	2,080	-	-	(33)
…	…	…	…	…	…	(34)
93	-	11,700	11,700	15	-	(35)
-	-	925	925	-	-	(36)
-	2	847	809	33	5	(37)
169	4	6,160	5,860	295	3	(38)
2	2	6,260	5,870	380	6	(39)
21	7	1,060	1,060	1	1	(40)
0	25	4,130	4,020	59	55	(41)
12	3	…	…	…	…	(42)
…	…	…	…	…	…	(43)
-	-	646	641	5	-	(44)
8	2	4,220	4,120	99	1	(45)
-	-	2,470	2,470	-	-	(46)
-	-	1,500	1,500	-	-	(47)
-	-	5,430	5,380	51	-	(48)
5	-	1,510	1,510	-	-	(49)
101	-	2,740	2,740	-	-	(50)
-	-	37,400	37,400	-	-	(51)
37	7	16,300	16,200	55	-	(52)
-	-	2,930	2,930	-	-	(53)
684	-	1,410	1,410	-	-	(54)
50	-	30,700	30,600	53	5	(55)
-	-	1,230	1,230	-		(56)
9	112	2,050	2,050	-	-	(57)
-	-	1,720	1,720	1	-	(58)
…	…	…	…	…	…	(59)
…	…	…	…	…	…	(60)
93	-	14,700	14,700	15	-	(61)
…	…	…	…	…	…	(62)

5 令和3年産都道府県別の用途別出荷量（続き）

(13) トマト　　　(14) ピーマン

単位：t

全国農業地域・都道府県	(13) トマト				(14) ピーマン	
	出荷量計	生食向	加工向	業務用向	出荷量計	生食向
全　国 (1)	**659,900**	**629,100**	**27,800**	**3,000**	**132,200**	**131,900**
（全国農業地域）						
北海道 (2)	60,300	57,100	2,860	330	5,480	5,300
都府県 (3)	…	…	…	…	…	…
東北 (4)	69,900	66,700	3,170	36	…	…
北陸 (5)	11,600	11,300	313	13	…	…
関東・東山 (6)	…	…	…	…	…	…
東海 (7)	91,500	90,300	1,110	121	…	…
近畿 (8)	…	…	…	…	…	…
中国 (9)	23,600	23,400	164	12	2,380	2,380
四国 (10)	19,400	19,100	20	302	…	…
九州 (11)	190,100	188,400	142	1,570	…	…
沖縄 (12)	2,910	2,900	6	3	2,370	2,350
（都道府県）						
北海道 (13)	60,300	57,100	2,860	330	5,480	5,300
青森 (14)	17,000	16,300	665	-	3,630	3,630
岩手 (15)	7,930	7,180	753	-	7,640	7,640
宮城 (16)	9,600	9,000	601	-	2,090	2,090
秋田 (17)	5,870	5,710	160	-	…	…
山形 (18)	8,550	8,110	425	13	660	659
福島 (19)	20,900	20,300	566	23	2,500	2,500
茨城 (20)	45,100	32,700	12,400	17	31,500	31,400
栃木 (21)	29,900	29,100	731	44	…	…
群馬 (22)	19,600	18,700	788	152	…	…
埼玉 (23)	12,800	12,800	4	23	…	…
千葉 (24)	29,200	29,200	-	-	1,350	1,350
東京 (25)	…	…	…	…	…	…
神奈川 (26)	12,100	12,100	-	-	…	…
新潟 (27)	5,810	5,580	218	12	331	329
富山 (28)	1,160	1,120	36	1	…	…
石川 (29)	2,640	2,610	28	-	…	…
福井 (30)	1,980	1,950	31	-	…	…
山梨 (31)	6,350	6,310	42	-	…	…
長野 (32)	11,900	5,940	5,960	-	1,500	1,500
岐阜 (33)	23,900	23,200	664	59	342	342
静岡 (34)	12,700	12,600	102	22	…	…
愛知 (35)	46,600	46,200	344	40	389	389
三重 (36)	8,320	8,320	-	-	203	203
滋賀 (37)	2,250	2,150	12	91	…	…
京都 (38)	3,540	3,500	8	35	1,650	1,640
大阪 (39)	…	…	…	…	…	…
兵庫 (40)	6,440	6,390	14	37	1,650	1,650
奈良 (41)	3,070	3,020	32	21	…	…
和歌山 (42)	3,340	3,310	21	-	995	995
鳥取 (43)	2,650	2,630	10	10	405	405
島根 (44)	3,730	3,710	24	-	467	467
岡山 (45)	4,630	4,620	12	2	409	409
広島 (46)	9,280	9,200	85	-	780	780
山口 (47)	3,290	3,260	33	-	317	317
徳島 (48)	4,420	4,110	7	302	321	319
香川 (49)	2,640	2,640	-	-	…	…
愛媛 (50)	5,560	5,550	13	-	1,210	1,210
高知 (51)	6,780	6,780	-	-	12,300	12,300
福岡 (52)	18,200	16,900	47	1,230	…	…
佐賀 (53)	3,000	3,000	-	-	…	…
長崎 (54)	11,500	11,400	10	128	…	…
熊本 (55)	128,100	128,100	36	-	3,180	3,180
大分 (56)	9,350	9,290	42	17	7,240	7,240
宮崎 (57)	15,500	15,300	7	178	25,200	25,200
鹿児島 (58)	4,490	4,480	-	15	12,600	12,600
沖縄 (59)	2,910	2,900	6	3	2,370	2,350
関東農政局 (60)	…	…	…	…	…	…
東海農政局 (61)	78,800	77,700	1,010	99	934	934
中国四国農政局 (62)	43,000	42,500	184	314	…	…

単位：t

加工向	業務用向	
52	**244**	(1)
22	156	(2)
…	…	(3)
…	…	(4)
…	…	(5)
…	…	(6)
…	…	(7)
…	…	(8)
-	-	(9)
…	…	(10)
…	…	(11)
14	2	(12)
22	156	(13)
3	-	(14)
-	-	(15)
-	-	(16)
…	…	(17)
1	-	(18)
-	-	(19)
-	80	(20)
…	…	(21)
…	…	(22)
…	…	(23)
-	-	(24)
…	…	(25)
…	…	(26)
2	-	(27)
…	…	(28)
…	…	(29)
…	…	(30)
…	…	(31)
-	-	(32)
-	-	(33)
…	…	(34)
-	-	(35)
-	-	(36)
…	…	(37)
4	5	(38)
…	…	(39)
0	0	(40)
…	…	(41)
-	-	(42)
-	-	(43)
-	-	(44)
-	-	(45)
-	-	(46)
-	-	(47)
2	-	(48)
…	…	(49)
-	-	(50)
-	-	(51)
…	…	(52)
…	…	(53)
…	…	(54)
-	-	(55)
-	1	(56)
-	-	(57)
-	-	(58)
14	2	(59)
…	…	(60)
-	-	(61)
…	…	(62)

6 令和３年産市町村別の作付面積、収穫量及び出荷量

(1) だいこん

ア 春だいこん

主要産地 市町村	作付面積	収穫量	出荷量
	ha	t	t
北海道			
七飯町	98	5,460	5,230
青森県			
三沢市	34	1,700	1,550
栃木県			
小山市	9	441	397
下野市	4	224	214
野木町	1	46	43
埼玉県			
川越市	18	970	892
所沢市	11	571	462
狭山市	14	1,330	1,180
三芳町	9	480	446
千葉県			
銚子市	444	25,200	24,700
東金市	1	33	26
旭市	64	3,630	3,350
市原市	72	5,650	5,370
山武市	4	188	151
大網白里市	1	33	30
九十九里町	1	33	30
芝山町	1	56	49
横芝光町	1	33	30
愛知県			
江南市	23	1,130	1,080
愛西市	42	2,010	1,910
山口県			
萩市	36	1,170	963
香川県			
坂出市	46	3,640	3,580
長崎県			
島原市	141	12,000	11,300
雲仙市	46	4,370	4,150
熊本県			
大津町	14	322	258
南小国町	5	153	135
小国町	38	1,090	989

イ 夏だいこん

主要産地 市町村	作付面積	収穫量	出荷量
	ha	t	t
北海道			
函館市	14	700	657
旭川市	3	78	53
帯広市	389	14,200	13,700
網走市	–	–	–
千歳市	43	1,720	1,610
富良野市	4	130	109
恵庭市	85	4,840	4,520
北広島市	27	1,170	1,100
七飯町	8	320	295
厚沢部町	4	167	138
乙部町	–	–	–
今金町	21	1,260	1,210
ニセコ町	5	205	194
真狩村	159	9,550	9,080
留寿都村	268	16,000	15,200
喜茂別町	3	171	163
京極町	3	149	142
倶知安町	4	191	182
東神楽町	2	57	49
上川町	74	3,320	3,080
南富良野町	17	560	539
芽室町	43	2,370	2,270
大樹町	44	2,470	2,370
広尾町	x	x	x
幕別町	190	8,630	8,280
豊頃町	11	589	565
浦幌町	41	1,870	1,800
釧路町	100	5,250	5,000
標茶町	119	6,820	6,500
鶴居村	x	x	x
中標津町	81	3,830	3,640
青森県			
黒石市	38	1,550	1,410
三沢市	79	2,870	2,410
むつ市	64	2,800	2,650
平川市	54	2,880	2,660
東北町	116	5,170	4,900
六ヶ所村	161	7,910	7,490
おいらせ町	174	8,020	7,560
東通村	21	932	881
五戸町	20	722	656
新郷村	31	1,180	1,040
岩手県			
盛岡市	7	213	122
宮古市	15	299	212
八幡平市	35	1,200	1,140
滝沢市	66	2,880	2,770
雫石町	30	1,330	1,230
葛巻町	34	1,040	926
岩手町	91	2,950	2,840
岩泉町	2	56	45
田野畑村	10	228	177
栃木県			
日光市	5	98	86
那須塩原市	29	638	570
塩谷町	3	60	39

注：1　野菜指定産地（令和３年５月７日農林水産省告示第737号）が含まれている市町村並びにばれいしょの北海道については全市町村を対象に調査を行った（以下（14）まで同じ。）。
　　2　ばれいしょは季節別に調査を実施していることから、品目計と季節別に掲載した。
　　3　秋植えばれいしょのうち北海道、青森県及び千葉県は、当該市町村において作付けがなかったことから掲載していない。

ウ　秋冬だいこん

主要産地 市町村	作付 面積	収穫量	出荷量
	ha	t	t
群馬県			
沼田市	88	4,070	3,740
片品村	124	5,050	4,390
長野県			
諏訪市	3	71	61
茅野市	27	587	550
岐阜県			
高山市	11	429	362
飛騨市	2	75	48
郡上市	119	5,890	5,540
兵庫県			
養父市	7	142	122
香美町	0	5	1
新温泉町	16	1,090	1,030
岡山県			
真庭市	35	1,360	1,210
広島県			
庄原市	40	695	563
山口県			
萩市	27	456	371
熊本県			
南小国町	10	217	202
小国町	36	713	602
北海道			
函館市	34	1,630	1,510
千歳市	14	689	638
恵庭市	33	1,820	1,690
北広島市	14	672	620
七飯町	10	470	431
厚沢部町	14	686	631
今金町	7	343	325
せたな町	1	58	49
青森県			
おいらせ町	159	7,080	6,500
福島県			
南相馬市	12	341	280
浪江町	-	-	-
千葉県			
銚子市	502	37,100	33,500
成田市	45	2,390	2,120
旭市	75	5,700	5,080
市原市	100	8,220	7,650
袖ケ浦市	81	4,410	4,050
八街市	32	1,540	1,430
富里市	34	1,700	1,580
香取市	25	1,450	1,280
多古町	19	1,180	1,010
神奈川県			
横須賀市	16	1,310	1,200
三浦市	679	60,100	54,800
新潟県			
新潟市	477	25,700	23,700
石川県			
金沢市	62	3,580	3,200
羽咋市	28	948	772
かほく市	12	408	313
内灘町	15	897	816
志賀町	6	124	41
福井県			
福井市	18	381	159
あわら市	52	1,560	1,460
坂井市	57	1,510	1,390
岐阜県			
岐阜市	34	958	705
静岡県			
御前崎市	23	1,010	813
牧之原市	34	1,570	1,270
吉田町	1	42	33
滋賀県			
高島市	11	344	221

6 令和３年産市町村別の作付面積、収穫量及び出荷量（続き）

(1) だいこん（続き）
ウ 秋冬だいこん（続き）

主要産地市町村	作付面積	収穫量	出荷量
	ha	t	t
兵庫県			
たつの市	58	1,860	1,600
奈良県			
桜井市	8	400	313
宇陀市	12	400	288
御杖村	1	22	1
和歌山県			
和歌山市	64	5,640	5,320
岡山県			
真庭市	35	1,350	988
広島県			
庄原市	36	771	524
山口県			
萩市	65	1,810	1,610
徳島県			
徳島市	8	502	481
鳴門市	180	13,700	12,600
吉野川市	27	1,510	1,300
阿波市	32	1,890	1,550
松茂町	25	1,800	1,670
北島町	2	115	98
板野町	5	325	276
香川県			
坂出市	45	2,520	2,420
福岡県			
福岡市	51	4,400	4,000
糸島市	16	904	731
長崎県			
島原市	182	14,900	13,300
雲仙市	69	6,230	5,060
熊本県			
大津町	14	423	310
南小国町	8	305	279
小国町	48	1,540	1,400
鹿児島県			
大崎町	290	13,600	11,800

(2) にんじん
ア 春夏にんじん

主要産地市町村	作付面積	収穫量	出荷量
	ha	t	t
北海道			
七飯町	140	5,040	4,780
青森県			
三沢市	210	7,500	7,090
七戸町	1	28	22
六戸町	128	4,600	4,360
東北町	26	897	848
六ヶ所村	6	192	154
おいらせ町	222	8,570	8,160
埼玉県			
熊谷市	55	2,070	1,960
深谷市	32	1,170	1,100
千葉県			
千葉市	25	1,000	940
船橋市	89	3,560	3,420
成田市	60	2,580	2,480
東金市	3	108	90
習志野市	15	600	570
八千代市	26	1,120	1,070
八街市	46	2,210	2,120
富里市	35	1,540	1,460
香取市	25	1,050	1,020
山武市	26	1,150	1,120
神崎町	2	84	76
多古町	25	1,050	1,020
芝山町	14	620	606
新潟県			
新潟市	19	349	322
新発田市	1	13	12
胎内市	7	218	213
聖籠町	1	9	7
岐阜県			
各務原市	59	2,940	2,840
静岡県			
掛川市	28	990	845
兵庫県			
たつの市	49	2,280	2,200
徳島県			
徳島市	67	3,150	2,830
鳴門市	3	91	83
阿南市	19	737	655
吉野川市	96	4,440	4,060
阿波市	13	449	404
美馬市	6	120	115
石井町	21	1,050	923
藍住町	301	17,500	16,000
板野町	330	18,400	17,200
上板町	62	3,540	3,230
つるぎ町	1	25	15

イ　秋にんじん

主要産地 市町村	作付 面積	収穫量	出荷量
	ha	t	t
長崎県			
島原市	237	10,500	9,790
雲仙市	29	1,390	1,160
南島原市	2	36	28
熊本県			
大津町	8	239	213
菊陽町	103	3,420	3,030
沖縄県			
糸満市	21	457	399
北海道			
函館市	67	2,080	2,000
帯広市	198	7,520	7,020
北見市	52	2,880	2,670
岩見沢市	27	925	895
網走市	18	1,160	1,070
美唄市	1	31	30
江別市	41	1,630	1,490
千歳市	4	103	91
富良野市	149	5,700	5,320
恵庭市	34	1,340	1,230
北広島市	17	679	622
石狩市	43	1,350	1,240
北斗市	18	540	515
七飯町	5	150	126
今金町	35	1,580	1,520
せたな町	-	-	-
ニセコ町	34	1,890	1,770
真狩村	172	9,130	8,560
留寿都村	71	3,980	3,730
京極町	154	6,670	6,260
倶知安町	37	1,670	1,570
上富良野町	19	450	410
中富良野町	90	3,670	3,440
南富良野町	404	18,200	17,000
美幌町	414	24,200	22,600
斜里町	446	27,900	25,600
清里町	18	797	733
小清水町	149	6,270	5,800
訓子府町	x	x	x
置戸町	-	-	-
大空町	77	4,350	4,130
豊浦町	27	940	878
洞爺湖町	54	1,650	1,540
音更町	532	19,200	17,900
新得町	40	1,090	1,020
芽室町	126	4,350	4,060
幕別町	483	20,800	19,400
足寄町	13	598	558
青森県			
黒石市	13	400	320
平川市	70	2,470	2,310
七戸町	1	13	11
東北町	12	403	377
六ヶ所村	12	343	309

6　令和３年産市町村別の作付面積、収穫量及び出荷量（続き）

(2)　にんじん（続き）

ウ　冬にんじん

主要産地市町村	作付面積	収穫量	出荷量
	ha	t	t
青森県			
おいらせ町	59	1,860	1,770
茨城県			
水戸市	22	831	716
鉾田市	312	11,000	9,210
茨城町	47	1,710	1,470
城里町	1	35	30
埼玉県			
川越市	18	742	631
所沢市	73	2,920	2,220
狭山市	18	731	541
入間市	2	73	37
朝霞市	46	1,820	1,590
志木市	1	55	44
和光市	13	475	432
新座市	36	1,350	1,210
富士見市	5	177	122
ふじみ野市	4	182	160
三芳町	20	728	604
千葉県			
千葉市	83	2,990	2,780
成田市	87	3,050	2,830
東金市	13	390	351
八街市	540	20,000	18,600
富里市	690	31,100	29,500
香取市	98	3,430	3,210
山武市	281	8,990	8,270
神崎町	3	105	95
多古町	77	2,700	2,560
芝山町	245	7,840	7,210
横芝光町	18	603	555
新潟県			
新潟市	45	884	625
新発田市	3	59	18
胎内市	43	1,320	1,230
聖籠町	3	55	16
石川県			
小松市	19	273	246
岐阜県			
各務原市	44	1,400	1,130
愛知県			
碧南市	174	11,800	11,200
西尾市	31	1,580	1,380
愛西市	24	1,050	974
鳥取県			
米子市	34	1,200	1,100
境港市	2	42	39
香川県			
坂出市	72	2,060	1,930
長崎県			
島原市	194	8,440	8,060
諫早市	243	9,250	8,450
大村市	24	959	903
雲仙市	35	1,530	1,310
南島原市	3	108	79
熊本県			
大津町	66	1,970	1,620
菊陽町	152	4,470	3,750
鹿児島県			
枕崎市	18	614	503
指宿市	29	885	755
南さつま市	9	275	246
志布志市	145	6,330	5,760
南九州市	153	5,030	4,470
沖縄県			
糸満市	37	670	569
うるま市	11	160	136

(3) ばれいしょ（じゃがいも）
ア 計

主要産地 市町村	作付面積	収穫量	出荷量
	ha	t	t
北海道			
札幌市	x	x	x
函館市	310	8,370	7,600
小樽市	4	97	77
旭川市	152	4,330	4,060
室蘭市	x	x	x
釧路市	x	x	x
帯広市	3,390	114,100	101,100
北見市	1,780	54,600	45,100
夕張市	2	41	27
岩見沢市	54	1,370	835
網走市	2,110	82,700	78,500
留萌市	0	3	0
苫小牧市	x	x	x
稚内市	2	34	27
美唄市	5	114	80
芦別市	37	710	177
江別市	86	2,830	2,470
赤平市	0	4	0
紋別市	–	–	–
士別市	176	3,320	2,980
名寄市	143	4,510	3,920
三笠市	2	46	40
根室市	–	–	–
千歳市	143	5,100	2,030
滝川市	1	16	7
砂川市	0	10	2
歌志内市	0	0	–
深川市	38	692	143
富良野市	160	3,970	3,710
登別市	–	–	–
恵庭市	232	8,450	7,000
伊達市	47	1,500	1,220
北広島市	51	1,720	1,340
石狩市	111	3,360	2,940
北斗市	28	728	639
当別町	56	1,640	1,420
新篠津村	x	x	x
松前町	1	18	12
福島町	1	18	12
知内町	1	20	14
木古内町	1	20	14
七飯町	18	450	405
鹿部町	–	–	–
森町	191	5,730	5,220
八雲町	42	1,180	756
長万部町	0	8	4
江差町	43	1,120	993
上ノ国町	15	360	320
厚沢部町	375	11,600	4,750
乙部町	34	850	778
奥尻町	1	9	2
今金町	415	12,000	9,340
せたな町	160	4,640	3,670
島牧村	1	11	3
寿都町	x	x	x
黒松内町	89	3,060	1,350
蘭越町	62	1,830	1,450
ニセコ町	227	6,820	6,190
真狩村	502	15,500	13,700
留寿都村	438	14,500	13,800
北海道（続き）			
喜茂別町	260	7,630	6,200
京極町	652	19,600	16,700
倶知安町	1,180	33,000	27,900
共和町	259	7,440	6,550
岩内町	2	53	43
泊村	x	x	x
神恵内村	–	–	–
積丹町	6	138	120
古平町	x	x	x
仁木町	0	6	4
余市町	2	31	26
赤井川村	23	707	620
南幌町	3	72	55
奈井江町	0	4	0
上砂川町	0	0	–
由仁町	164	6,040	2,090
長沼町	92	3,050	2,010
栗山町	185	6,030	168
月形町	2	45	32
浦臼町	8	147	131
新十津川町	x	x	x
妹背牛町	0	7	0
秩父別町	x	x	x
雨竜町	0	7	0
北竜町	0	7	0
沼田町	4	96	89
鷹栖町	1	14	2
東神楽町	5	116	95
当麻町	2	41	24
比布町	1	11	1
愛別町	0	4	–
上川町	29	822	778
東川町	x	x	x
美瑛町	736	19,800	17,400
上富良野町	362	10,100	8,070
中富良野町	111	3,120	2,770
南富良野町	221	6,500	4,500
占冠村	0	9	2
和寒町	7	190	169
剣淵町	170	5,070	4,470
下川町	0	4	–
美深町	25	608	540
音威子府村	x	x	x
中川町	x	x	x
幌加内町	11	222	202
増毛町	x	x	x
小平町	0	6	2
苫前町	x	x	x
羽幌町	0	4	0
初山別村	x	x	x
遠別町	12	209	201
天塩町	x	x	x
猿払村	–	–	–
浜頓別町	–	–	–
中頓別町	x	x	x
枝幸町	x	x	x
豊富町	–	–	–
礼文町	–	–	–
利尻町	–	–	–
利尻富士町	–	–	–

6　令和３年産市町村別の作付面積、収穫量及び出荷量（続き）

(3)　ばれいしょ（じゃがいも）（続き）

ア　計（続き）

主要産地 市町村	作付面積	収穫量	出荷量
	ha	t	t
北海道（続き）			
幌延町	0	0	-
美幌町	1,270	45,100	41,400
津別町	548	19,100	17,400
斜里町	2,630	105,900	97,900
清里町	1,770	74,700	72,300
小清水町	2,140	97,000	93,900
訓子府町	710	27,600	22,000
置戸町	317	12,700	9,550
佐呂間町	x	x	x
遠軽町	63	2,020	1,870
湧別町	47	1,250	1,130
滝上町	1	11	11
興部町	-	-	-
西興部村	-	-	-
雄武町	x	x	x
大空町	1,850	70,600	61,500
豊浦町	34	1,090	984
壮瞥町	29	889	807
白老町	-	-	-
厚真町	61	2,060	1,760
洞爺湖町	199	6,500	6,270
安平町	23	992	960
むかわ町	85	2,950	2,640
日高町	26	1,160	1,100
平取町	x	x	x
新冠町	x	x	x
浦河町	2	20	5
様似町	x	x	x
えりも町	x	x	x
新ひだか町	1	6	2
音更町	2,070	71,400	64,500
士幌町	2,060	78,800	70,900
上士幌町	712	30,900	28,700
鹿追町	976	34,700	29,400
新得町	156	6,250	5,140
清水町	908	25,700	22,900
芽室町	2,970	105,300	96,200
中札内村	1,010	42,700	39,400
更別村	1,870	75,200	71,500
大樹町	310	12,300	8,480
広尾町	x	x	x
幕別町	2,410	86,100	79,700
池田町	310	10,000	9,360
豊頃町	893	32,100	29,700
本別町	543	19,900	18,400
足寄町	170	6,680	6,660
陸別町	x	x	x
浦幌町	703	27,400	26,200
釧路町	-	-	-
厚岸町	-	-	-
浜中町	-	-	-
標茶町	-	-	-
弟子屈町	400	14,400	13,700
鶴居村	-	-	-
白糠町	x	x	x
別海町	-	-	-
中標津町	354	13,700	10,600
標津町	23	810	764
羅臼町	-	-	-

主要産地 市町村	作付面積	収穫量	出荷量
	ha	t	t
青森県			
五所川原市	13	142	85
三沢市	83	2,080	1,800
中泊町	3	30	22
野辺地町	4	97	75
七戸町	2	39	31
六戸町	5	107	87
横浜町	124	3,980	3,750
東北町	88	2,390	2,180
六ヶ所村	17	422	299
千葉県			
山武市	8	204	162
九十九里町	1	26	16
芝山町	43	1,100	932
横芝光町	5	128	81
静岡県			
浜松市	262	7,670	6,840
三島市	25	621	552
湖西市	36	883	776
三重県			
四日市市	24	196	131
広島県			
竹原市	64	612	83
東広島市	126	2,230	841
佐賀県			
唐津市	18	385	270
玄海町	5	78	26
長崎県			
諫早市	599	17,500	15,700
大村市	16	332	289
平戸市	40	953	587
五島市	18	300	236
雲仙市	1,360	34,000	29,600
南島原市	922	24,600	22,000
熊本県			
八代市	107	2,870	2,520
天草市	24	322	241
氷川町	23	464	416
苓北町	5	60	42
鹿児島県			
西之表市	99	2,200	2,080
いちき串木野市	18	205	157
長島町	1,130	29,900	27,500
錦江町	42	1,370	1,330
南大隅町	109	2,980	2,870
中種子町	18	363	332
南種子町	14	127	109
天城町	226	2,390	2,270
和泊町	641	8,040	7,640
知名町	595	7,410	7,040

イ 春植えばれいしょ

主要産地市町村	作付面積	収穫量	出荷量
	ha	t	t
北海道			
札幌市	x	x	x
函館市	310	8,370	7,600
小樽市	4	97	77
旭川市	152	4,330	4,060
室蘭市	x	x	x
釧路市	x	x	x
帯広市	3,390	114,100	101,100
北見市	1,780	54,600	45,100
夕張市	2	41	27
岩見沢市	54	1,370	835
網走市	2,110	82,700	78,500
留萌市	0	3	0
苫小牧市	x	x	x
稚内市	2	34	27
美唄市	5	114	80
芦別市	37	710	177
江別市	86	2,830	2,470
赤平市	0	4	0
紋別市	-	-	-
士別市	176	3,320	2,980
名寄市	143	4,510	3,920
三笠市	2	46	40
根室市	-	-	-
千歳市	143	5,100	2,030
滝川市	1	16	7
砂川市	0	10	2
歌志内市	0	0	-
深川市	38	692	143
富良野市	160	3,970	3,710
登別市	-	-	-
恵庭市	232	8,450	7,000
伊達市	47	1,500	1,220
北広島市	51	1,720	1,340
石狩市	111	3,360	2,940
北斗市	28	728	639
当別町	56	1,640	1,420
新篠津村	x	x	x
松前町	1	18	12
福島町	1	18	12
知内町	1	20	14
木古内町	1	20	14
七飯町	18	450	405
鹿部町	-	-	-
森町	191	5,730	5,220
八雲町	42	1,180	756
長万部町	0	8	4
江差町	43	1,120	993
上ノ国町	15	360	320
厚沢部町	375	11,600	4,750
乙部町	34	850	778
奥尻町	1	9	2
今金町	415	12,000	9,340
せたな町	160	4,640	3,670
島牧村	1	11	3
寿都町	x	x	x
黒松内町	89	3,060	1,350
蘭越町	62	1,830	1,450
ニセコ町	227	6,820	6,190
真狩村	502	15,500	13,700
留寿都村	438	14,500	13,800
北海道（続き）			
喜茂別町	260	7,630	6,200
京極町	652	19,600	16,700
倶知安町	1,180	33,000	27,900
共和町	259	7,440	6,550
岩内町	2	53	43
泊村	x	x	x
神恵内村	-	-	-
積丹町	6	138	120
古平町	x	x	x
仁木町	0	6	4
余市町	2	31	26
赤井川村	23	707	620
南幌町	3	72	55
奈井江町	0	4	0
上砂川町	0	0	-
由仁町	164	6,040	2,090
長沼町	92	3,050	2,010
栗山町	185	6,030	168
月形町	2	45	32
浦臼町	8	147	131
新十津川町	x	x	x
妹背牛町	0	7	0
秩父別町	x	x	x
雨竜町	0	7	0
北竜町	0	7	0
沼田町	4	96	89
鷹栖町	1	14	2
東神楽町	5	116	95
当麻町	2	41	24
比布町	1	11	1
愛別町	0	4	-
上川町	29	822	778
東川町	x	x	x
美瑛町	736	19,800	17,400
上富良野町	362	10,100	8,070
中富良野町	111	3,120	2,770
南富良野町	221	6,500	4,500
占冠村	0	9	2
和寒町	7	190	169
剣淵町	170	5,070	4,470
下川町	0	4	-
美深町	25	608	540
音威子府村	x	x	x
中川町	x	x	x
幌加内町	11	222	202
増毛町	x	x	x
小平町	0	6	2
苫前町	x	x	x
羽幌町	0	4	0
初山別村	x	x	x
遠別町	12	209	201
天塩町	x	x	x
猿払村	-	-	-
浜頓別町	-	-	-
中頓別町	x	x	x
枝幸町	x	x	x
豊富町	-	-	-
礼文町	-	-	-
利尻町	-	-	-
利尻富士町	-	-	-

6 令和３年産市町村別の作付面積、収穫量及び出荷量（続き）

(3) ばれいしょ（じゃがいも）（続き）

イ 春植えばれいしょ（続き）

主要産地 市町村	作付面積	収穫量	出荷量
	ha	t	t
北海道（続き）			
幌延町	0	0	−
美幌町	1,270	45,100	41,400
津別町	548	19,100	17,400
斜里町	2,630	105,900	97,900
清里町	1,770	74,700	72,300
小清水町	2,140	97,000	93,900
訓子府町	710	27,600	22,000
置戸町	317	12,700	9,550
佐呂間町	x	x	x
遠軽町	63	2,020	1,870
湧別町	47	1,250	1,130
滝上町	1	11	11
興部町	−	−	−
西興部村	−	−	−
雄武町	x	x	x
大空町	1,850	70,600	61,500
豊浦町	34	1,090	984
壮瞥町	29	889	807
白老町	−	−	−
厚真町	61	2,060	1,760
洞爺湖町	199	6,500	6,270
安平町	23	992	960
むかわ町	85	2,950	2,640
日高町	26	1,160	1,100
平取町	x	x	x
新冠町	x	x	x
浦河町	2	20	5
様似町	x	x	x
えりも町	x	x	x
新ひだか町	1	6	2
音更町	2,070	71,400	64,500
士幌町	2,060	78,800	70,900
上士幌町	712	30,900	28,700
鹿追町	976	34,700	29,400
新得町	156	6,250	5,140
清水町	908	25,700	22,900
芽室町	2,970	105,300	96,200
中札内村	1,010	42,700	39,400
更別村	1,870	75,200	71,500
大樹町	310	12,300	8,480
広尾町	x	x	x
幕別町	2,410	86,100	79,700
池田町	310	10,000	9,360
豊頃町	893	32,100	29,700
本別町	543	19,900	18,400
足寄町	170	6,680	6,660
陸別町	x	x	x
浦幌町	703	27,400	26,200
釧路町	−	−	−
厚岸町	−	−	−
浜中町	−	−	−
標茶町	−	−	−
弟子屈町	400	14,400	13,700
鶴居村	−	−	−
白糠町	x	x	x
別海町	−	−	−
中標津町	354	13,700	10,600
標津町	23	810	764
羅臼町	−	−	−
青森県			
五所川原市	13	142	85
三沢市	83	2,080	1,800
中泊町	3	30	22
野辺地町	4	97	75
七戸町	2	39	31
六戸町	5	107	87
横浜町	124	3,980	3,750
東北町	88	2,390	2,180
六ヶ所村	17	422	299
千葉県			
山武市	8	204	162
九十九里町	1	26	16
芝山町	43	1,100	932
横芝光町	5	128	81
静岡県			
浜松市	248	7,420	6,630
三島市	x	x	x
湖西市	x	x	x
三重県			
四日市市	22	184	127
広島県			
竹原市	30	301	37
東広島市	75	1,680	616
佐賀県			
唐津市	12	275	198
玄海町	3	53	16
長崎県			
諫早市	481	15,600	14,000
大村市	12	283	250
平戸市	31	859	549
五島市	15	260	208
雲仙市	1,000	27,500	23,900
南島原市	672	20,300	18,100
熊本県			
八代市	103	2,830	2,490
天草市	17	255	207
氷川町	21	452	407
苓北町	3	46	33
鹿児島県			
西之表市	99	2,190	2,080
いちき串木野市	16	176	137
長島町	660	20,500	19,100
錦江町	40	1,300	1,270
南大隅町	104	2,900	2,800
中種子町	17	353	328
南種子町	13	116	104
天城町	226	2,390	2,270
和泊町	641	8,040	7,640
知名町	595	7,410	7,040

ウ 秋植えばれいしょ

主要産地 市町村	作付 面積	収穫量	出荷量
	ha	t	t
静岡県			
浜松市	14	245	214
三島市	x	x	x
湖西市	x	x	x
三重県			
四日市市	2	12	4
広島県			
竹原市	34	311	46
東広島市	51	547	225
佐賀県			
唐津市	6	110	72
玄海町	2	25	10
長崎県			
諫早市	118	1,920	1,730
大村市	4	49	39
平戸市	9	94	38
五島市	3	40	28
雲仙市	359	6,490	5,700
南島原市	250	4,280	3,900
熊本県			
八代市	4	37	26
天草市	7	67	34
氷川町	2	12	9
苓北町	2	14	9
鹿児島県			
西之表市	0	7	3
いちき串木野市	2	29	20
長島町	469	9,380	8,440
錦江町	2	66	57
南大隅町	5	75	74
中種子町	1	10	4
南種子町	1	11	5
天城町	-	-	-
和泊町	-	-	-
知名町	-	-	-

(4) さといも

秋冬さといも

主要産地 市町村	作付 面積	収穫量	出荷量
	ha	t	t
岩手県			
北上市	43	277	179
埼玉県			
川越市	71	2,060	1,440
所沢市	138	4,240	3,300
飯能市	4	79	45
狭山市	118	3,720	3,120
入間市	19	523	340
富士見市	4	110	67
日高市	12	334	180
ふじみ野市	7	195	125
三芳町	28	823	560
新潟県			
新潟市	96	1,040	662
五泉市	105	1,210	1,080
富山県			
滑川市	4	29	10
砺波市	10	79	30
南砺市	28	332	226
上市町	12	166	120
立山町	4	64	54
福井県			
大野市	99	1,330	710
勝山市	36	507	258
岐阜県			
関市	23	283	170
美濃市	5	59	29
各務原市	17	196	122
静岡県			
磐田市	36	515	408
大阪府			
貝塚市	1	8	7
泉佐野市	7	117	102
泉南市	7	124	108
阪南市	1	14	12
熊取町	3	44	38
熊本県			
西原村	33	393	328
山都町	45	540	428
宮崎県			
小林市	82	951	816
高原町	13	115	65

6　令和３年産市町村別の作付面積、収穫量及び出荷量（続き）

(5)　はくさい

ア　春はくさい

主要産地市町村	作付面積	収穫量	出荷量
	ha	t	t
茨城県			
結城市	98	7,660	7,360
坂東市	97	7,380	7,120
八千代町	219	16,600	16,000
長野県			
松本市	7	361	321
小諸市	52	3,430	3,130
塩尻市	8	438	403
佐久市	67	4,580	4,190
小海町	39	3,060	2,810
川上村	24	1,980	1,820
南牧村	75	6,610	6,090
南相木村	3	214	195
北相木村	0	7	5
佐久穂町	5	382	348
軽井沢町	5	315	285
御代田町	7	476	423
立科町	0	25	18
山形村	1	40	35
朝日村	13	653	616
筑北村	3	160	147
愛知県			
一宮市	13	911	865
稲沢市	4	235	220
長崎県			
島原市	153	12,500	11,800
南島原市	13	565	515

イ　夏はくさい

主要産地市町村	作付面積	収穫量	出荷量
	ha	t	t
北海道			
北見市	18	872	823
岩見沢市	109	2,120	2,010
美唄市	2	28	25
幕別町	47	2,430	2,270
群馬県			
長野原町	68	5,520	5,020
嬬恋村	18	1,410	1,220
昭和村	10	541	492
長野県			
松本市	4	199	93
上田市	66	3,660	3,350
小諸市	28	1,700	1,450
塩尻市	12	697	620
佐久市	118	7,820	7,050
東御市	7	339	298
小海町	225	18,700	16,700
川上村	474	41,900	38,300
南牧村	543	48,200	42,700
南相木村	90	7,240	6,440
北相木村	20	1,510	1,390
佐久穂町	42	2,980	2,640
軽井沢町	2	100	86
御代田町	3	170	133
立科町	1	63	58
長和町	2	106	92
上松町	-	-	-
木祖村	32	2,130	1,890
木曽町	37	2,390	2,140
麻績村	1	28	16
山形村	1	72	60
朝日村	11	640	593
筑北村	5	261	225

ウ　秋冬はくさい

主要産地市町村	作付面積	収穫量	出荷量
	ha	t	t
北海道			
岩見沢市	62	1,450	1,360
美唄市	1	27	24
宮城県			
色麻町	5	118	63
加美町	19	625	423
茨城県			
古河市	262	18,800	17,300
結城市	550	39,300	36,000
下妻市	104	8,080	7,410
常総市	181	14,200	13,000
坂東市	151	10,700	9,810
八千代町	663	51,700	47,400
群馬県			
伊勢崎市	55	2,790	2,230
館林市	16	1,470	1,210
長野原町	64	3,000	2,560
嬬恋村	4	146	98
玉村町	3	129	108
板倉町	4	338	273
明和町	2	171	135
千代田町	9	888	818
大泉町	2	184	155
邑楽町	47	4,710	4,260
愛知県			
豊橋市	132	8,100	7,550
一宮市	13	628	547
豊川市	21	964	835
豊田市	29	1,590	1,330
江南市	11	336	235
稲沢市	23	1,120	1,010
みよし市	8	624	566
三重県			
四日市市	29	1,460	1,210
鈴鹿市	27	1,490	1,210
菰野町	5	197	118
滋賀県			
近江八幡市	14	531	331
東近江市	45	1,710	1,480
兵庫県			
洲本市	16	800	678
南あわじ市	209	15,300	13,300
淡路市	3	105	41
和歌山県			
和歌山市	81	6,050	5,660
岩出市	9	608	554
岡山県			
岡山市	31	1,760	1,560
玉野市	1	22	14
瀬戸内市	79	5,860	5,100
吉備中央町	4	162	136
山口県			
萩市	22	499	458
阿武町	6	139	121
愛媛県			
大洲市	39	2,100	1,800
大分県			
日田市	87	6,840	6,220
鹿児島県			
曽於市	142	13,200	11,800

6 令和3年産市町村別の作付面積、収穫量及び出荷量（続き）

(6) キャベツ

ア 春キャベツ

主要産地 市町村	作付 面積	収穫量	出荷量
	ha	t	t
宮城県			
登米市	32	444	348
千葉県			
銚子市	942	43,300	41,600
野田市	24	1,180	1,120
旭市	65	2,990	2,750
神奈川県			
横浜市	75	2,830	2,720
横須賀市	145	7,200	6,930
藤沢市	21	846	815
三浦市	571	29,100	28,000
葉山町	1	27	26
長野県			
松本市	9	434	377
小諸市	9	518	480
塩尻市	22	1,190	1,120
佐久市	7	399	365
軽井沢町	4	232	214
御代田町	9	466	429
山形村	2	111	103
朝日村	33	1,820	1,720
愛知県			
稲沢市	23	631	595
田原市	569	31,800	30,300
三重県			
津市	72	1,780	1,450
四日市市	30	750	640
松阪市	1	19	3
鈴鹿市	20	630	598
亀山市	1	14	2
いなべ市	4	80	50
菰野町	5	120	90
大阪府			
貝塚市	1	25	24
泉佐野市	11	409	397
泉南市	4	131	117
阪南市	2	56	51
熊取町	3	114	105
田尻町	1	17	16
兵庫県			
神戸市	46	1,440	1,300
明石市	25	820	754
豊岡市	15	359	240
加古川市	4	112	82
南あわじ市	132	5,490	5,220
稲美町	10	320	286
香美町	1	15	2
新温泉町	1	18	3
和歌山県			
和歌山市	58	2,220	2,040
紀の川市	3	89	81
岩出市	3	91	83
山口県			
下関市	22	539	469
香川県			
三豊市	49	2,770	2,670
福岡県			
北九州市	54	974	918
宗像市	5	124	115
福津市	16	411	380
糸島市	50	1,660	1,550
芦屋町	4	157	145
遠賀町	1	13	10
熊本県			
熊本市	54	1,700	1,330
鹿児島県			
曽於市	41	1,880	1,810

イ 夏秋キャベツ

主要産地 市町村	作付 面積	収穫量	出荷量
	ha	t	t
北海道			
岩見沢市	26	773	748
江別市	20	905	835
千歳市	29	1,410	1,300
恵庭市	69	3,610	3,340
伊達市	69	2,700	2,520
北広島市	12	622	574
厚沢部町	13	613	586
南幌町	48	2,430	2,350
美幌町	34	1,510	1,490
むかわ町	53	1,900	1,780
鹿追町	77	5,460	5,300
芽室町	98	7,210	7,000
幕別町	69	2,590	2,510
青森県			
黒石市	9	459	421
三沢市	32	1,060	937
平川市	19	817	731
おいらせ町	100	3,570	3,280
岩手県			
盛岡市	21	492	393
二戸市	2	63	35
八幡平市	74	2,880	2,750
滝沢市	5	135	103
雫石町	16	419	336
葛巻町	15	504	477
岩手町	413	17,000	16,200
一戸町	86	2,600	2,360
宮城県			
登米市	43	1,000	877
群馬県			
中之条町	4	226	206
長野原町	287	16,600	12,600
嬬恋村	3,210	237,400	207,700
草津町	40	2,450	2,020
昭和村	147	7,470	6,800
神奈川県			
横浜市	20	543	521
山梨県			
富士吉田市	1	26	21
鳴沢村	42	1,270	1,120
長野県			
長野市	30	915	630
松本市	13	437	305
上田市	10	425	363
小諸市	84	3,710	3,430
茅野市	60	2,310	2,180
塩尻市	86	3,840	3,570
佐久市	161	7,290	6,760
東御市	8	333	297
小海町	70	3,700	3,450
川上村	79	4,300	4,100
南牧村	311	17,400	16,600
長野県（続き）			
北相木村	2	99	91
佐久穂町	26	1,300	1,200
軽井沢町	116	5,180	4,820
御代田町	96	4,280	3,990
立科町	1	22	11
長和町	4	168	147
富士見町	34	1,180	1,120
原村	45	1,570	1,490
麻績村	1	31	14
山形村	3	110	84
朝日村	97	4,690	4,400
筑北村	9	359	315
信濃町	17	629	569
飯綱町	5	158	125
鳥取県			
倉吉市	19	456	383
北栄町	3	30	25
熊本県			
阿蘇市	124	3,600	3,380
高森町	53	1,700	1,580
山都町	146	4,150	3,850

6 令和３年産市町村別の作付面積、収穫量及び出荷量（続き）

(6) キャベツ（続き）

ウ 冬キャベツ

主要産地 市町村	作付面積	収穫量	出荷量
	ha	t	t
北海道			
和寒町	57	3,140	2,880
剣淵町	12	569	522
千葉県			
銚子市	895	42,100	40,400
野田市	62	2,880	2,740
旭市	86	3,700	3,530
神奈川県			
横浜市	60	2,170	2,040
横須賀市	192	9,770	9,200
三浦市	190	9,280	8,740
葉山町	1	46	43
福井県			
あわら市	26	691	665
坂井市	11	286	184
静岡県			
浜松市	114	4,910	4,660
磐田市	76	3,030	2,660
袋井市	14	505	389
湖西市	102	4,350	4,100
愛知県			
豊橋市	1,630	79,600	75,000
半田市	2	56	44
豊川市	53	2,630	2,290
常滑市	34	1,790	1,360
稲沢市	24	725	566
東海市	3	84	49
大府市	46	2,050	1,540
知多市	9	162	131
田原市	2,120	108,600	103,600
阿久比町	5	189	115
東浦町	6	169	140
南知多町	51	2,020	1,900
美浜町	4	106	65
武豊町	4	92	62
三重県			
津市	96	2,300	1,820
四日市市	25	603	506
松阪市	4	101	64
鈴鹿市	18	824	717
亀山市	1	44	35
いなべ市	10	231	100
東員町	1	24	16
菰野町	10	214	90
滋賀県			
近江八幡市	63	2,330	2,090
高島市	18	340	149
東近江市	99	3,710	3,480
大阪府			
貝塚市	8	333	306
泉佐野市	120	5,320	4,890
泉南市	15	665	611
阪南市	6	243	223
大阪府（続き）			
熊取町	5	191	176
田尻町	2	69	63
兵庫県			
神戸市	100	3,600	3,270
明石市	32	1,020	973
加古川市	23	575	546
南あわじ市	128	4,990	4,690
稲美町	26	832	765
和歌山県			
和歌山市	87	3,310	2,990
紀の川市	4	127	108
岩出市	4	161	151
鳥取県			
倉吉市	32	1,060	728
琴浦町	2	54	35
北栄町	12	365	184
島根県			
松江市	43	1,200	1,150
出雲市	20	650	570
岡山県			
岡山市	42	1,410	1,260
玉野市	3	89	76
瀬戸内市	48	1,950	1,740
山口県			
下関市	29	745	641
宇部市	21	586	505
山口市	44	1,470	1,270
山陽小野田市	2	51	43
福岡県			
北九州市	126	3,770	3,560
福岡市	26	911	834
宗像市	5	124	114
福津市	19	436	400
糸島市	51	2,160	2,020
芦屋町	11	374	353
岡垣町	1	27	25
遠賀町	4	123	116
佐賀県			
白石町	92	3,020	2,690
熊本県			
八代市	186	5,540	4,610
山都町	23	787	740
氷川町	61	1,920	1,630
鹿児島県			
大崎町	82	3,780	3,600

(7) ほうれんそう

主要産地市町村	作付面積	収穫量	出荷量
	ha	t	t
北海道			
富良野市	27	242	210
北斗市	37	407	388
知内町	10	110	102
七飯町	35	455	437
上富良野町	x	x	x
中富良野町	2	23	20
厚真町	14	100	95
安平町	7	67	65
むかわ町	30	274	264
音更町	16	228	216
岩手県			
盛岡市	18	85	58
久慈市	93	491	441
八幡平市	166	916	772
滝沢市	10	54	43
雫石町	11	50	35
葛巻町	15	75	65
岩手町	20	91	61
普代村	12	61	51
野田村	13	66	54
洋野町	66	310	254
宮城県			
大崎市	29	231	115
富谷市	1	3	1
大和町	6	26	11
大郷町	10	45	23
大衡村	3	17	8
涌谷町	21	183	121
美里町	7	58	37
秋田県			
大仙市	16	88	69
仙北市	16	85	60
美郷町	4	20	6
福島県			
会津若松市	17	146	91
磐梯町	21	228	210
飯舘村	-	-	-
栃木県			
日光市	110	1,330	1,280
小山市	9	93	59
那須塩原市	120	1,380	1,330
下野市	122	1,260	1,080
上三川町	15	156	112
野木町	4	41	32
塩谷町	7	71	65
那須町	29	299	294
群馬県			
前橋市	158	1,510	1,400
高崎市	43	438	333
桐生市	18	191	155
伊勢崎市	297	2,550	2,370
太田市	527	6,190	5,640
渋川市	146	1,320	1,230
みどり市	111	1,180	1,050
群馬県（続き）			
昭和村	466	5,730	5,550
玉村町	2	17	16
埼玉県			
川越市	193	2,660	2,320
所沢市	165	2,330	1,910
狭山市	128	1,810	1,500
富士見市	36	486	380
ふじみ野市	56	790	610
三芳町	83	1,150	920
福井県			
福井市	33	342	235
岐阜県			
高山市	921	9,120	8,710
飛騨市	86	774	684
郡上市	17	92	47
愛知県			
一宮市	17	192	130
稲沢市	33	389	332
清須市	15	148	90
北名古屋市	1	11	4
滋賀県			
草津市	22	264	200
兵庫県			
神戸市	50	725	650
奈良県			
奈良市	16	229	183
大和高田市	5	83	66
天理市	52	848	788
橿原市	5	83	60
桜井市	14	207	171
葛城市	5	77	59
宇陀市	52	473	409
山添村	4	30	23
川西町	4	54	46
三宅町	1	16	12
田原本町	12	187	154
曽爾村	36	266	242
御杖村	32	243	214
和歌山県			
和歌山市	29	322	296
鳥取県			
倉吉市	8	89	62
湯梨浜町	13	119	84
琴浦町	6	59	41
北栄町	38	379	266
広島県			
府中市	3	16	11
三次市	15	197	154

6　令和３年産市町村別の作付面積、収穫量及び出荷量（続き）

(7)　ほうれんそう（続き）

主要産地市町村	作付面積	収穫量	出荷量
	ha	t	t
広島県（続き）			
庄原市	66	415	274
徳島県			
徳島市	208	1,540	1,450
吉野川市	13	90	55
阿波市	19	164	125
美馬市	7	51	19
佐那河内村	1	5	4
石井町	95	675	609
北島町	2	18	16
藍住町	4	28	27
上板町	14	106	93
愛媛県			
西条市	29	242	160
福岡県			
久留米市	437	5,190	4,950
佐賀県			
佐賀市	46	354	302
神埼市	18	123	95
熊本県			
阿蘇市	3	21	19
南小国町	35	209	198
小国町	51	310	294
産山村	24	156	150
高森町	x	x	x
山都町	15	167	155

(8)　レタス

ア　春レタス

主要産地市町村	作付面積	収穫量	出荷量
	ha	t	t
岩手県			
盛岡市	6	181	160
花巻市	12	219	165
紫波町	1	24	19
矢巾町	4	95	79
茨城県			
古河市	180	4,790	4,660
結城市	195	5,400	5,250
坂東市	446	11,800	11,500
境町	179	4,760	4,630
栃木県			
小山市	32	800	777
下野市	4	100	98
野木町	5	125	115
群馬県			
沼田市	57	2,430	2,310
昭和村	168	7,070	6,720
長野県			
松本市	26	950	902
上田市	15	494	471
飯田市	4	97	66
小諸市	53	1,880	1,830
塩尻市	173	6,870	6,720
佐久市	32	1,060	1,030
東御市	6	191	180
佐久穂町	2	78	75
軽井沢町	7	235	230
御代田町	51	1,630	1,590
立科町	1	31	28
青木村	1	13	8
松川町	1	17	8
高森町	4	90	66
阿智村	1	15	8
下條村	2	39	32
泰阜村	1	17	12
喬木村	2	36	25
豊丘村	1	21	10
山形村	6	201	194
朝日村	63	2,590	2,530
兵庫県			
南あわじ市	287	6,830	6,560
岡山県			
岡山市	21	332	280
瀬戸内市	2	26	21
徳島県			
阿波市	39	917	866
美馬市	6	107	82
板野町	1	13	11
上板町	1	30	26
香川県			
丸亀市	5	78	60
善通寺市	5	80	64

イ　夏秋レタス

主要産地 市町村	作付面積	収穫量	出荷量
	ha	t	t
香川県（続き）			
観音寺市	68	1,700	1,600
三豊市	9	95	34
琴平町	1	17	2
福岡県			
久留米市	110	1,920	1,810
小郡市	8	142	133
大刀洗町	52	896	851
沖縄県			
糸満市	29	620	538
豊見城市	3	45	39
南城市	5	78	66
八重瀬町	6	109	95
北海道			
伊達市	47	1,050	979
幕別町	55	1,690	1,560
青森県			
黒石市	23	598	563
平川市	12	334	311
岩手県			
盛岡市	7	136	113
八幡平市	2	44	30
滝沢市	2	33	23
雫石町	5	89	69
葛巻町	1	20	12
岩手町	62	1,640	1,520
紫波町	2	38	21
矢巾町	3	51	34
一戸町	265	6,630	6,380
茨城県			
古河市	128	3,570	3,470
結城市	110	2,860	2,780
坂東市	308	8,850	8,600
境町	70	1,800	1,750
群馬県			
沼田市	202	8,870	8,420
長野原町	41	1,260	990
嬬恋村	9	182	170
片品村	35	1,520	1,470
昭和村	627	26,800	25,900
長野県			
松本市	44	913	818
上田市	357	12,100	11,700
小諸市	241	6,090	5,900
茅野市	6	165	160
塩尻市	502	10,600	10,000
佐久市	111	2,780	2,680
東御市	16	504	479
小海町	57	1,600	1,540
川上村	2,150	82,100	80,700
南牧村	603	21,900	21,300
南相木村	26	840	803
北相木村	9	285	277
佐久穂町	22	581	554
軽井沢町	42	1,160	1,120
御代田町	399	10,000	9,790
立科町	8	235	223
長和町	3	98	91
富士見町	61	1,960	1,950
原村	10	325	323
山形村	14	308	287
朝日村	229	5,500	5,240
大分県			
竹田市	26	316	296

6 令和3年産市町村別の作付面積、収穫量及び出荷量（続き）

(8) レタス（続き）

ウ 冬レタス

主要産地 市町村	作付 面積	収穫量	出荷量
	ha	t	t
茨城県			
古河市	200	5,130	4,860
結城市	123	3,200	3,110
筑西市	28	701	681
坂東市	452	11,200	10,600
境町	175	4,650	4,400
栃木県			
小山市	44	1,400	1,350
真岡市	10	295	270
下野市	6	182	172
上三川町	2	53	50
茂木町	1	9	9
芳賀町	1	16	15
野木町	7	213	203
埼玉県			
本庄市	32	822	725
千葉県			
館山市	29	505	471
木更津市	21	363	327
旭市	82	1,530	1,480
君津市	13	196	177
袖ケ浦市	46	768	668
静岡県			
浜松市	70	1,790	1,670
三島市	33	1,070	1,010
島田市	128	3,460	3,310
磐田市	17	470	438
焼津市	21	536	506
掛川市	33	937	843
藤枝市	35	1,050	1,010
袋井市	8	226	211
御前崎市	7	198	180
菊川市	130	3,690	3,540
牧之原市	120	3,480	3,460
函南町	x	x	x
吉田町	76	2,280	2,190
森町	105	3,070	2,940
愛知県			
東海市	2	26	14
知多市	15	256	218
田原市	84	1,560	1,330
兵庫県			
洲本市	22	473	416
南あわじ市	778	16,800	16,200
淡路市	9	180	150
岡山県			
岡山市	25	320	287
瀬戸内市	1	11	4
徳島県			
阿波市	186	4,090	3,830
美馬市	13	174	156
板野町	3	63	58
上板町	9	177	162

主要産地 市町村	作付 面積	収穫量	出荷量
	ha	t	t
香川県			
高松市	12	251	215
丸亀市	16	376	325
坂出市	40	1,340	1,240
善通寺市	45	855	754
観音寺市	420	8,310	8,160
さぬき市	5	88	35
東かがわ市	17	338	210
三豊市	40	800	571
三木町	3	70	25
琴平町	5	75	41
多度津町	1	15	2
まんのう町	1	15	4
愛媛県			
伊予市	22	370	241
松前町	16	352	324
福岡県			
久留米市	313	5,250	5,080
柳川市	18	269	256
八女市	58	1,050	1,010
筑後市	3	30	28
行橋市	1	18	16
豊前市	12	188	160
小郡市	77	1,190	1,150
大刀洗町	50	787	762
広川町	2	27	25
みやこ町	1	15	14
吉富町	x	x	x
上毛町	2	34	29
築上町	25	385	330
佐賀県			
白石町	28	566	487
長崎県			
島原市	141	4,140	3,840
諫早市	113	4,270	3,970
雲仙市	337	14,300	12,600
熊本県			
八代市	176	6,280	5,910
上天草市	43	1,230	1,130
天草市	33	752	710
氷川町	3	97	83
苓北町	114	2,960	2,790
沖縄県			
糸満市	103	1,850	1,640
豊見城市	4	74	65
南城市	19	436	375
八重瀬町	21	429	380

(9) ねぎ

ア　春ねぎ

主要産地 市町村	作付 面積	収穫量	出荷量
	ha	t	t
茨城県			
坂東市	216	8,790	8,260
群馬県			
太田市	16	313	277
千葉県			
東金市	3	90	79
旭市	8	288	268
匝瑳市	6	216	200
山武市	54	1,620	1,540
大網白里市	6	186	177
九十九里町	2	60	46
芝山町	2	60	49
横芝光町	22	616	573
三重県			
伊勢市	22	370	277
玉城町	2	23	15
鳥取県			
米子市	40	1,040	969
境港市	20	630	612
日吉津村	1	16	15
大山町	9	202	188
南部町	2	35	33
伯耆町	3	48	45
広島県			
安芸高田市	50	900	801
徳島県			
徳島市	23	278	257
佐那河内村	2	14	13
香川県			
高松市	5	58	42
丸亀市	7	85	72
坂出市	1	9	6
善通寺市	12	173	157
観音寺市	19	285	255
さぬき市	10	119	83
東かがわ市	11	110	81
三豊市	3	42	32
多度津町	2	28	27
まんのう町	1	10	9
高知県			
高知市	4	33	28
南国市	9	113	95
土佐市	8	75	67
香南市	5	65	59
香美市	49	393	371
福岡県			
朝倉市	76	923	876
佐賀県			
唐津市	31	369	328

イ　夏ねぎ

主要産地 市町村	作付 面積	収穫量	出荷量
	ha	t	t
北海道			
北斗市	52	1,870	1,800
七飯町	76	2,980	2,880
八雲町	1	25	23
厚沢部町	3	99	96
南幌町	29	768	745
長沼町	26	691	665
青森県			
八戸市	10	329	277
五所川原市	3	57	36
十和田市	46	1,470	1,380
つがる市	33	809	751
中泊町	1	18	13
七戸町	3	75	65
東北町	7	150	117
三戸町	5	160	135
五戸町	9	294	254
田子町	1	32	28
南部町	7	228	198
階上町	11	364	343
新郷村	2	49	40
岩手県			
盛岡市	9	176	156
花巻市	25	275	223
北上市	11	122	102
遠野市	2	32	22
八幡平市	15	316	280
滝沢市	6	121	63
雫石町	12	239	215
岩手町	2	36	20
紫波町	3	40	30
矢巾町	9	201	182
山形県			
新庄市	14	408	362
金山町	1	17	11
最上町	5	177	155
舟形町	7	206	198
真室川町	6	170	152
大蔵村	4	137	130
鮭川村	3	98	89
戸沢村	2	73	63
茨城県			
坂東市	266	5,570	5,200
境町	50	1,480	1,380
埼玉県			
吉川市	21	494	454
新潟県			
新潟市	46	682	566
富山県			
富山市	8	95	70
高岡市	2	25	14
氷見市	7	91	81
滑川市	1	13	9

6　令和３年産市町村別の作付面積、収穫量及び出荷量（続き）

(9)　ねぎ（続き）

イ　夏ねぎ（続き）

主要産地 市町村	作付 面積	収穫量	出荷量
	ha	t	t
富山県（続き）			
黒部市	6	93	86
砺波市	2	20	14
南砺市	4	37	29
射水市	3	46	41
舟橋村	1	7	6
上市町	2	23	19
立山町	4	41	35
入善町	2	21	16
長野県			
松本市	40	1,270	1,180
塩尻市	5	133	95
麻績村	1	16	5
山形村	20	557	530
朝日村	1	41	33
筑北村	1	26	5
三重県			
伊勢市	24	207	166
玉城町	2	16	12
鳥取県			
米子市	78	819	753
境港市	30	589	554
日吉津村	1	11	10
大山町	12	201	191
南部町	3	18	17
伯耆町	12	132	124
日南町	2	22	21
日野町	1	8	6
江府町	3	30	28
広島県			
安芸高田市	56	813	715
北広島町	1	14	11
香川県			
高松市	7	76	48
丸亀市	7	88	55
坂出市	1	16	14
善通寺市	8	95	79
観音寺市	33	434	386
さぬき市	5	72	67
東かがわ市	5	67	51
三豊市	3	35	28
多度津町	1	11	8
まんのう町	2	18	5
福岡県			
朝倉市	70	717	684

ウ　秋冬ねぎ

主要産地 市町村	作付 面積	収穫量	出荷量
	ha	t	t
北海道			
北斗市	46	1,610	1,590
七飯町	61	2,440	2,350
八雲町	8	488	465
厚沢部町	6	168	152
青森県			
八戸市	9	268	241
五所川原市	5	102	53
十和田市	52	1,600	1,490
つがる市	31	775	671
深浦町	3	70	57
中泊町	1	23	17
七戸町	4	95	83
東北町	3	66	58
三戸町	9	291	268
五戸町	10	285	251
田子町	3	86	73
南部町	14	462	434
階上町	7	237	211
新郷村	2	67	60
岩手県			
盛岡市	35	605	508
花巻市	31	497	418
北上市	11	172	153
遠野市	4	65	47
八幡平市	10	171	132
滝沢市	11	203	152
雫石町	29	438	361
岩手町	10	167	125
宮城県			
石巻市	35	514	354
東松島市	31	555	453
色麻町	14	226	173
加美町	25	423	321
秋田県			
能代市	110	3,590	3,120
大館市	15	327	210
鹿角市	12	350	268
由利本荘市	6	108	35
北秋田市	7	200	143
にかほ市	19	304	213
小坂町	1	17	8
山形県			
鶴岡市	39	730	425
酒田市	43	589	425
新庄市	18	361	304
金山町	3	48	21
最上町	8	191	135
舟形町	9	297	278
真室川町	9	220	192
大蔵村	5	135	115
鮭川村	4	121	93
戸沢村	4	116	88
三川町	8	148	107
庄内町	9	153	78
遊佐町	7	97	49

主要産地 市町村	作付 面積	収穫量	出荷量
	ha	t	t
福島県			
いわき市	43	821	672
茨城県			
坂東市	135	3,530	3,390
栃木県			
大田原市	80	1,980	1,880
那須塩原市	24	555	483
那須町	9	215	205
群馬県			
太田市	168	3,270	2,510
渋川市	42	737	567
富岡市	46	825	706
下仁田町	31	330	277
南牧村	2	15	6
甘楽町	21	241	182
埼玉県			
熊谷市	223	5,530	4,650
千葉県			
茂原市	43	882	793
東金市	13	299	275
旭市	21	487	406
匝瑳市	37	1,040	937
山武市	190	4,750	4,370
大網白里市	15	368	338
九十九里町	7	168	155
芝山町	4	96	88
横芝光町	115	2,530	2,330
新潟県			
新潟市	137	2,890	2,500
新発田市	25	370	282
村上市	21	398	349
胎内市	18	254	203
聖籠町	4	54	35
関川村	1	14	10
富山県			
富山市	22	298	216
高岡市	8	103	65
氷見市	9	116	88
滑川市	4	52	42
黒部市	12	186	172
砺波市	10	156	136
南砺市	7	95	64
射水市	10	156	144
舟橋村	1	16	15
上市町	6	83	72
立山町	10	148	133
入善町	6	85	71
朝日町	3	46	39
長野県			
松本市	63	1,860	1,470
伊那市	43	1,040	823
長野県（続き）			
駒ヶ根市	13	331	245
塩尻市	11	269	149
辰野町	5	103	46
箕輪町	9	211	125
飯島町	12	298	231
南箕輪村	14	360	326
中川村	7	187	147
宮田村	4	96	82
麻績村	1	30	14
山形村	25	835	765
朝日村	5	132	116
筑北村	2	61	23
岐阜県			
岐阜市	9	101	30
岐南町	10	131	48
笠松町	1	16	9
静岡県			
磐田市	58	1,060	864
袋井市	10	176	153
愛知県			
一宮市	17	325	132
江南市	12	305	183
岩倉市	2	40	20
三重県			
伊勢市	42	617	420
玉城町	2	29	19
南伊勢町	2	21	15
兵庫県			
朝来市	28	143	128
奈良県			
大和高田市	10	248	224
御所市	4	79	52
葛城市	22	607	560
鳥取県			
鳥取市	40	579	422
米子市	79	1,380	1,330
倉吉市	32	653	646
境港市	43	989	940
岩美町	5	61	43
若桜町	2	24	20
智頭町	1	17	13
八頭町	13	283	191
湯梨浜町	1	13	8
琴浦町	16	380	365
北栄町	21	500	462
日吉津村	1	23	21
大山町	34	748	713
南部町	7	90	85
伯耆町	18	459	438
日南町	5	113	108
日野町	2	29	23
江府町	3	52	46

6　令和３年産市町村別の作付面積、収穫量及び出荷量（続き）

(9)　ねぎ（続き）

ウ　秋冬ねぎ（続き）

主要産地 市町村	作付 面積	収穫量	出荷量
	ha	t	t
広島県			
安芸高田市	92	1,870	1,360
北広島町	6	117	70
徳島県			
徳島市	40	580	500
佐那河内村	3	29	21
香川県			
高松市	10	152	147
丸亀市	9	125	113
坂出市	3	31	18
善通寺市	20	273	236
観音寺市	23	371	280
さぬき市	16	179	165
東かがわ市	17	173	148
三豊市	5	59	52
多度津町	4	41	37
まんのう町	1	21	17
高知県			
高知市	4	61	54
南国市	22	235	213
土佐市	8	148	134
香南市	5	107	101
香美市	52	720	685
福岡県			
朝倉市	107	1,520	1,430
佐賀県			
唐津市	47	616	517
鹿児島県			
伊佐市	29	435	408
湧水町	8	128	121

(10)　たまねぎ

主要産地 市町村	作付 面積	収穫量	出荷量
	ha	t	t
北海道			
札幌市	289	14,000	13,500
旭川市	4	137	114
帯広市	146	5,850	5,490
北見市	3,860	172,200	163,800
岩見沢市	1,160	54,200	49,700
美唄市	36	1,780	1,630
江別市	61	3,000	2,880
士別市	147	5,230	4,880
名寄市	41	1,780	1,650
三笠市	172	7,990	7,330
滝川市	35	1,250	1,140
砂川市	106	3,210	2,980
深川市	x	x	x
富良野市	1,440	62,700	58,700
新篠津村	115	5,740	5,520
南幌町	29	1,310	1,200
由仁町	158	7,030	6,440
長沼町	264	12,400	11,400
栗山町	355	15,700	14,400
新十津川町	19	614	566
妹背牛町	x	x	x
雨竜町	x	x	x
美瑛町	142	3,670	3,450
上富良野町	41	1,520	1,400
中富良野町	850	41,700	39,000
南富良野町	12	454	423
美幌町	1,010	41,700	39,800
津別町	410	15,700	14,800
斜里町	81	4,540	4,290
清里町	64	2,580	2,460
小清水町	184	5,370	5,080
訓子府町	1,430	76,900	73,000
置戸町	174	9,600	9,110
湧別町	549	30,700	29,100
大空町	235	11,200	10,600
音更町	89	3,960	3,710
芽室町	97	4,330	4,060
幕別町	253	15,100	14,200
池田町	44	1,470	1,380
福島県			
南相馬市	17	361	224
広野町	0	3	2
楢葉町	5	82	76
富岡町	7	182	175
大熊町	1	5	4
浪江町	9	250	238
栃木県			
宇都宮市	12	546	377
真岡市	48	2,230	2,080
下野市	46	2,250	2,160
上三川町	21	1,520	1,210
芳賀町	10	560	535
群馬県			
富岡市	26	1,410	1,290
下仁田町	1	21	16
甘楽町	6	315	274

主要産地 市町村	作付 面積	収穫量	出荷量
	ha	t	t
埼玉県			
本庄市	20	744	624
千葉県			
長生村	3	124	109
白子町	27	1,120	1,020
富山県			
砺波市	116	5,090	4,850
南砺市	49	2,100	1,970
長野県			
長野市	37	934	459
松本市	7	233	68
千曲市	14	347	205
安曇野市	34	1,320	1,080
岐阜県			
大垣市	4	120	45
海津市	6	208	99
養老町	3	100	21
揖斐川町	2	31	7
大野町	4	100	39
池田町	2	35	17
静岡県			
浜松市	236	10,100	9,410
湖西市	9	351	324
愛知県			
碧南市	124	11,000	10,500
西尾市	34	1,630	1,510
常滑市	7	331	306
東海市	68	2,900	2,740
大府市	52	2,330	2,200
知多市	33	1,330	1,250
阿久比町	2	100	90
東浦町	2	86	76
南知多町	24	1,180	1,120
美浜町	5	209	188
武豊町	2	68	60
大阪府			
岸和田市	10	397	358
貝塚市	7	288	259
泉佐野市	42	1,730	1,560
泉南市	17	694	625
阪南市	4	156	141
熊取町	3	111	100
田尻町	2	54	49
兵庫県			
洲本市	111	6,770	5,890
南あわじ市	1,300	81,900	77,500
淡路市	52	3,020	2,500
和歌山県			
紀の川市	75	4,000	3,590
岩出市	2	94	73

主要産地 市町村	作付 面積	収穫量	出荷量
	ha	t	t
島根県			
出雲市	26	819	730
岡山県			
岡山市	24	912	700
玉野市	3	107	75
瀬戸内市	3	100	74
吉備中央町	2	66	46
山口県			
山口市	32	957	667
萩市	23	706	492
防府市	20	456	318
阿武町	2	57	40
香川県			
高松市	7	140	131
丸亀市	5	175	135
坂出市	4	120	82
善通寺市	9	347	246
観音寺市	107	5,500	5,170
さぬき市	8	296	180
三豊市	22	704	627
三木町	3	102	57
綾川町	3	132	96
琴平町	2	41	29
多度津町	1	36	25
まんのう町	4	116	98
愛媛県			
松山市	34	826	526
西条市	68	2,280	1,780
伊予市	9	295	177
東温市	15	522	313
松前町	3	98	78
砥部町	3	91	71
福岡県			
久留米市	33	1,250	964
佐賀県			
佐賀市	107	3,220	3,100
唐津市	219	9,440	9,020
鳥栖市	10	288	268
多久市	7	319	290
伊万里市	36	1,780	1,710
武雄市	25	1,300	1,170
鹿島市	211	11,000	10,500
小城市	21	693	459
嬉野市	4	180	167
神埼市	14	412	309
吉野ヶ里町	1	31	15
基山町	2	65	44
上峰町	4	122	108
みやき町	10	283	214
玄海町	29	1,190	1,090
有田町	9	297	290
大町町	5	177	156
江北町	77	3,650	2,980
白石町	1,260	64,200	59,700

6　令和3年産市町村別の作付面積、収穫量及び出荷量（続き）

(10)　たまねぎ（続き）

主要産地 市町村	作付 面積	収穫量	出荷量
	ha	t	t
佐賀県（続き）			
太良町	51	2,180	2,010
長崎県			
諫早市	229	7,690	7,010
平戸市	25	758	684
雲仙市	131	5,650	5,420
南島原市	259	12,600	12,000
熊本県			
水俣市	44	1,760	1,600
芦北町	15	540	479
津奈木町	11	423	388

(11)　きゅうり

ア　冬春きゅうり

主要産地 市町村	作付 面積	収穫量	出荷量
	ha	t	t
宮城県			
石巻市	8	839	751
岩沼市	6	577	514
登米市	32	2,180	2,030
東松島市	7	717	615
亘理町	1	91	80
山形県			
山形市	15	1,220	1,160
福島県			
福島市	20	1,970	1,870
白河市	2	135	122
須賀川市	19	1,370	1,290
二本松市	6	467	441
伊達市	17	1,160	1,100
本宮市	2	112	105
桑折町	1	59	55
国見町	1	47	44
大玉村	1	54	50
鏡石町	6	410	384
天栄村	0	18	17
泉崎村	1	100	91
矢吹町	4	269	251
玉川村	1	39	34
浅川町	0	24	23
茨城県			
下妻市	4	333	313
常総市	11	906	852
筑西市	40	4,760	4,480
桜川市	8	803	755
栃木県			
小山市	9	1,310	1,260
下野市	10	1,540	1,480
野木町	1	150	135
群馬県			
前橋市	53	5,360	4,930
高崎市	14	1,410	1,330
桐生市	12	1,750	1,650
伊勢崎市	37	3,530	3,300
太田市	11	1,070	979
館林市	53	6,450	6,050
富岡市	5	517	492
みどり市	5	572	563
甘楽町	5	645	626
玉村町	3	296	266
板倉町	68	9,110	8,570
明和町	6	680	622
邑楽町	1	74	66
埼玉県			
熊谷市	14	1,560	1,430
行田市	1	61	55
加須市	27	3,430	3,090
本庄市	36	4,820	4,500
羽生市	10	1,290	1,200
鴻巣市	8	901	819
深谷市	84	10,200	9,450

主要産地 市町村	作付面積	収穫量	出荷量
	ha	t	t
埼玉県（続き）			
美里町	7	868	808
神川町	5	565	521
上里町	9	1,090	1,000
千葉県			
東金市	1	80	74
旭市	102	12,800	12,300
匝瑳市	6	770	739
山武市	1	80	76
大網白里市	5	400	380
九十九里町	12	959	925
神奈川県			
平塚市	9	789	769
大磯町	3	285	278
新潟県			
新潟市	23	1,390	1,280
山梨県			
南アルプス市	9	613	590
中央市	8	509	461
岐阜県			
海津市	11	1,660	1,560
愛知県			
岡崎市	1	97	87
碧南市	5	1,090	1,030
刈谷市	1	222	210
安城市	13	2,870	2,730
西尾市	16	3,390	3,220
和歌山県			
御坊市	1	74	69
美浜町	6	521	497
日高町	1	55	51
印南町	1	79	72
徳島県			
徳島市	2	460	432
小松島市	7	1,230	1,140
阿南市	9	1,830	1,730
勝浦町	-	-	-
海陽町	8	1,280	1,180
香川県			
観音寺市	5	264	213
三豊市	5	267	214
愛媛県			
今治市	3	274	193
西条市	8	783	698
大洲市	3	235	195
西予市	7	479	431
内子町	2	116	108
高知県			
高知市	53	11,600	11,100
高知県（続き）			
室戸市	1	231	220
南国市	4	432	410
土佐市	10	1,950	1,890
須崎市	25	5,300	5,010
宿毛市	x	x	x
土佐清水市	5	954	920
四万十市	1	216	200
香南市	7	767	730
いの町	1	170	160
中土佐町	2	420	410
四万十町	1	336	320
黒潮町	13	2,290	2,080
福岡県			
久留米市	7	1,030	976
朝倉市	4	599	564
糸島市	11	1,770	1,680
筑前町	5	938	890
佐賀県			
佐賀市	12	1,840	1,760
唐津市	12	1,320	1,250
伊万里市	12	1,580	1,520
武雄市	7	1,170	1,120
鹿島市	1	185	176
小城市	4	604	580
嬉野市	3	483	459
有田町	1	69	66
大町町	1	149	140
江北町	1	173	157
長崎県			
南島原市	13	1,230	1,150
熊本県			
熊本市	34	3,510	3,380
山鹿市	7	333	318
宇土市	8	731	648
宇城市	6	530	477
宮崎県			
宮崎市	260	31,300	30,000
都城市	22	4,210	4,000
日南市	5	608	582
日向市	5	491	442
串間市	11	1,950	1,870
西都市	60	3,940	3,350
三股町	4	478	464
国富町	55	5,480	5,090
綾町	31	4,160	3,950
川南町	5	637	605
都農町	4	537	505
門川町	1	55	49
美郷町	1	36	23
鹿児島県			
鹿屋市	2	516	493
東串良町	24	5,250	5,000
肝付町	5	886	839

6 令和３年産市町村別の作付面積、収穫量及び出荷量（続き）

(11) きゅうり（続き）

イ 夏秋きゅうり

主要産地 市町村	作付 面積	収穫量	出荷量
	ha	t	t
北海道			
北斗市	15	930	886
鷹栖町	13	1,360	1,270
青森県			
八戸市	7	401	357
十和田市	10	412	338
三戸町	3	137	112
五戸町	8	390	292
田子町	4	190	157
南部町	6	318	280
階上町	1	30	14
新郷村	4	199	181
岩手県			
盛岡市	22	1,300	1,070
大船渡市	1	56	29
花巻市	15	736	622
北上市	7	296	199
遠野市	4	166	111
一関市	30	1,220	861
陸前高田市	4	168	138
二戸市	25	2,220	2,050
八幡平市	5	261	195
奥州市	26	1,300	1,030
滝沢市	3	160	115
雫石町	11	636	571
葛巻町	1	63	43
岩手町	3	138	87
紫波町	17	980	826
矢巾町	6	366	308
金ケ崎町	5	240	203
平泉町	2	38	10
住田町	3	184	152
軽米町	1	50	35
一戸町	2	145	109
宮城県			
白石市	6	97	61
角田市	6	104	49
登米市	65	2,440	1,870
栗原市	44	844	435
蔵王町	14	294	197
大河原町	1	21	8
村田町	4	76	48
柴田町	4	63	38
丸森町	4	70	40
秋田県			
横手市	58	1,770	1,220
湯沢市	25	1,100	960
鹿角市	23	1,700	1,530
大仙市	17	381	158
小坂町	1	38	28
美郷町	17	451	270
羽後町	12	515	434
東成瀬村	1	18	10
山形県			
山形市	78	2,740	2,180

主要産地 市町村	作付 面積	収穫量	出荷量
	ha	t	t
山形県（続き）			
鶴岡市	23	492	290
新庄市	6	161	108
上山市	9	132	33
山辺町	3	71	31
中山町	3	94	62
金山町	3	140	108
最上町	4	173	139
舟形町	3	203	179
真室川町	4	155	132
大蔵村	2	150	115
鮭川村	5	406	336
戸沢村	1	66	50
福島県			
福島市	53	2,000	1,770
会津若松市	14	659	513
郡山市	28	1,160	928
白河市	10	723	655
須賀川市	83	5,270	4,930
喜多方市	22	1,790	1,610
相馬市	3	77	56
二本松市	77	3,850	3,500
南相馬市	5	158	130
伊達市	93	6,410	6,010
本宮市	11	313	239
桑折町	6	179	144
国見町	6	257	219
川俣町	4	125	82
大玉村	6	283	239
鏡石町	20	1,220	1,130
天栄村	9	690	640
下郷町	3	54	10
南会津町	5	72	18
北塩原村	5	482	447
西会津町	5	255	215
会津坂下町	12	778	686
湯川村	2	82	58
柳津町	3	83	63
三島町	1	7	0
会津美里町	21	1,200	1,080
西郷村	1	10	0
泉崎村	5	432	399
中島村	2	150	136
矢吹町	14	820	768
棚倉町	3	111	85
矢祭町	4	158	138
塙町	5	448	412
鮫川村	1	9	0
石川町	3	103	68
玉川村	7	319	283
平田村	2	38	18
浅川町	2	92	69
古殿町	1	23	11
三春町	3	148	132
新地町	1	46	34
飯舘村	0	1	0
茨城県			
下妻市	6	213	205

主要産地 市町村	作付 面積	収穫量	出荷量
	ha	t	t
茨城県（続き）			
常総市	15	564	544
栃木県			
小山市	22	720	611
下野市	19	680	546
野木町	7	230	204
群馬県			
前橋市	75	3,950	3,400
高崎市	31	970	631
桐生市	19	900	785
伊勢崎市	69	3,660	3,300
太田市	35	1,030	898
館林市	52	2,100	1,800
富岡市	10	390	317
みどり市	22	855	742
甘楽町	10	365	346
玉村町	5	264	238
板倉町	67	2,770	2,480
明和町	14	491	441
邑楽町	3	65	37
埼玉県			
行田市	1	46	42
加須市	17	868	756
本庄市	44	2,500	2,250
羽生市	6	322	277
鴻巣市	4	192	167
深谷市	97	5,330	4,790
美里町	6	334	297
神川町	5	244	215
上里町	8	422	376
千葉県			
茂原市	2	43	32
一宮町	4	86	52
睦沢町	0	10	8
長生村	2	47	25
白子町	2	47	36
長柄町	0	7	4
長南町	0	7	5
神奈川県			
平塚市	14	403	374
大磯町	4	116	108
新潟県			
新潟市	79	1,730	1,270
山梨県			
甲府市	6	214	182
韮崎市	1	25	13
南アルプス市	19	742	615
北杜市	7	151	90
甲斐市	3	90	75
笛吹市	6	159	98
長野県			
長野市	42	911	450
松本市	29	1,110	863
上田市	17	498	303
飯田市	29	1,970	1,750
須坂市	3	70	26
伊那市	16	394	243
駒ヶ根市	3	88	30
中野市	15	663	564
飯山市	16	760	663
塩尻市	8	256	173
東御市	6	138	66
安曇野市	10	304	127
青木村	2	43	22
長和町	2	33	9
飯島町	6	169	119
南箕輪村	1	21	9
中川村	4	104	79
松川町	4	197	128
高森町	9	585	526
阿智村	4	287	256
下條村	4	241	221
泰阜村	1	35	26
喬木村	8	527	494
豊丘村	3	118	80
山形村	2	52	36
朝日村	1	29	12
小布施町	3	68	46
高山村	2	41	21
山ノ内町	1	26	2
木島平村	7	268	239
野沢温泉村	2	104	91
小川村	1	18	4
飯綱町	3	56	13
栄村	1	54	41
岐阜県			
海津市	12	626	590
養老町	2	38	16
輪之内町	2	50	37
大阪府			
富田林市	17	797	737
太子町	1	49	45
河南町	3	120	111
千早赤阪村	1	42	39
奈良県			
桜井市	7	268	201
五條市	7	185	140
御所市	2	46	35
宇陀市	6	91	69
高取町	2	49	37
明日香村	3	83	63
和歌山県			
橋本市	2	78	69
紀の川市	12	619	596
かつらぎ町	3	133	109

6 令和３年産市町村別の作付面積、収穫量及び出荷量（続き）

(11) きゅうり（続き）

イ 夏秋きゅうり（続き）

主要産地 市町村	作付 面積	収穫量	出荷量
	ha	t	t
香川県			
高松市	15	555	474
観音寺市	16	752	546
三豊市	13	520	416
三木町	6	228	207
綾川町	4	192	133
まんのう町	3	93	69
愛媛県			
松山市	19	519	423
今治市	33	766	675
宇和島市	9	237	202
新居浜市	4	99	72
西条市	30	1,120	827
大洲市	19	801	770
伊予市	8	199	167
西予市	21	833	700
砥部町	2	75	63
内子町	15	451	354
松野町	2	53	39
鬼北町	6	135	119
福岡県			
糸島市	11	889	833
佐賀県			
唐津市	21	1,730	1,550
伊万里市	17	1,240	1,110
武雄市	9	697	627
鹿島市	2	107	98
嬉野市	4	288	262
有田町	1	47	46
大町町	2	107	89
江北町	2	99	81
白石町	5	392	353
熊本県			
熊本市	38	1,300	1,230
人吉市	1	43	39
山鹿市	8	247	232
菊池市	2	54	52
上天草市	7	232	199
阿蘇市	3	216	190
天草市	8	405	295
合志市	12	294	248
美里町	1	67	54
南小国町	9	464	418
小国町	5	285	257
益城町	3	85	57
山都町	13	570	450
錦町	4	134	110
多良木町	15	741	688
湯前町	5	161	100
水上村	2	68	58
相良村	2	66	56
山江村	1	28	20
あさぎり町	17	837	746
大分県			
竹田市	11	138	98
宮崎県			
宮崎市	11	463	444
都城市	7	332	304
小林市	9	305	286
西都市	11	179	163
えびの市	2	54	50
三股町	1	36	33
高原町	1	19	18
国富町	2	111	105
綾町	13	349	320
高千穂町	9	672	617
日之影町	1	51	45
五ヶ瀬町	3	189	174

(12) なす
ア 冬春なす

主要産地 市町村	作付面積	収穫量	出荷量
	ha	t	t
栃木県			
真岡市	7	1,070	999
益子町	1	85	80
茂木町	0	25	23
市貝町	0	40	38
芳賀町	0	27	25
群馬県			
桐生市	7	410	364
伊勢崎市	37	2,300	2,040
太田市	13	883	839
みどり市	24	1,380	1,290
玉村町	6	349	310
埼玉県			
加須市	5	278	261
羽生市	1	45	40
鴻巣市	2	112	105
愛知県			
豊橋市	18	1,940	1,840
岡崎市	6	942	894
一宮市	9	1,320	1,250
碧南市	3	467	443
安城市	1	67	62
西尾市	2	198	187
稲沢市	3	223	208
弥富市	3	203	192
幸田町	4	529	501
大阪府			
岸和田市	6	496	488
貝塚市	3	232	228
泉佐野市	8	626	615
富田林市	18	1,450	1,420
泉南市	1	84	83
阪南市	1	81	80
熊取町	1	77	76
田尻町	1	42	41
太子町	2	123	121
河南町	6	489	481
千早赤阪村	1	81	80
奈良県			
大和高田市	1	58	56
大和郡山市	2	148	142
天理市	1	74	71
桜井市	1	76	72
葛城市	1	65	62
斑鳩町	1	63	57
田原本町	1	79	76
高取町	1	63	60
広陵町	6	471	458
岡山県			
岡山市	16	1,820	1,660
玉野市	4	412	371
徳島県			
吉野川市	6	546	498
阿波市	6	537	490
徳島県（続き）			
板野町	0	37	34
高知県			
高知市	4	438	430
室戸市	13	2,150	2,050
安芸市	148	20,000	19,100
南国市	3	210	200
土佐市	x	x	x
宿毛市	x	x	x
土佐清水市	x	x	x
四万十市	1	63	60
香南市	11	1,420	1,340
東洋町	2	180	165
奈半利町	5	706	670
田野町	9	995	940
安田町	22	3,090	2,880
北川村	1	72	70
芸西村	60	7,920	7,600
大月町	5	570	550
黒潮町	x	x	x
福岡県			
柳川市	22	3,030	2,890
八女市	15	1,850	1,760
筑後市	7	929	885
大川市	x	x	x
みやま市	52	7,660	7,300
大木町	x	x	x
佐賀県			
佐賀市	6	1,040	988
多久市	1	105	102
小城市	3	529	503
神埼市	1	145	136
熊本県			
熊本市	127	19,200	17,900
荒尾市	x	x	x
玉名市	15	2,430	2,360
山鹿市	2	164	147
宇土市	2	343	326
宇城市	12	1,740	1,620
南関町	1	150	146
和水町	4	404	388
宮崎県			
宮崎市	19	1,220	1,150

6　令和３年産市町村別の作付面積、収穫量及び出荷量（続き）

(12)　なす（続き）

ア　夏秋なす

主要産地 市町村	作付 面積	収穫量	出荷量
	ha	t	t
岩手県			
一関市	37	1,460	996
平泉町	2	54	29
宮城県			
大崎市	31	528	313
福島県			
郡山市	6	154	92
須賀川市	12	406	373
二本松市	19	364	217
田村市	7	114	75
伊達市	13	185	80
本宮市	5	80	34
大玉村	2	27	7
鏡石町	1	13	7
天栄村	2	50	43
中島村	2	74	64
矢吹町	2	78	66
石川町	1	56	47
玉川村	1	38	34
三春町	3	79	72
小野町	1	23	9
栃木県			
栃木市	13	650	455
小山市	13	455	390
真岡市	40	1,660	1,300
大田原市	24	1,180	1,120
那須塩原市	14	770	706
下野市	14	574	533
益子町	8	268	205
茂木町	5	189	144
市貝町	5	138	113
芳賀町	3	96	85
壬生町	2	100	85
野木町	3	105	90
那須町	8	400	308
群馬県			
前橋市	49	2,690	2,290
高崎市	30	1,620	1,380
桐生市	23	1,100	964
伊勢崎市	59	3,220	2,770
館林市	20	1,060	870
藤岡市	15	1,000	942
富岡市	23	1,420	1,260
みどり市	28	1,490	1,310
下仁田町	2	140	120
甘楽町	16	1,020	920
玉村町	8	414	356
板倉町	14	539	414
明和町	3	97	68
千代田町	3	86	43
大泉町	2	43	19
邑楽町	5	182	138
埼玉県			
本庄市	26	1,130	983
美里町	6	246	209
埼玉県（続き）			
神川町	5	191	166
上里町	6	201	165
新潟県			
新潟市	87	1,140	685
富山県			
高岡市	16	230	50
山梨県			
甲府市	35	2,170	2,050
笛吹市	29	1,460	1,340
中央市	17	825	695
市川三郷町	3	153	144
昭和町	3	194	183
岐阜県			
関市	11	275	160
中津川市	13	402	172
美濃市	4	98	60
恵那市	9	245	123
美濃加茂市	8	160	109
可児市	6	143	102
坂祝町	1	26	10
富加町	2	34	22
川辺町	3	49	21
七宗町	1	11	6
八百津町	2	20	8
白川町	2	48	23
東白川村	1	20	11
御嵩町	2	41	21
愛知県			
岡崎市	14	431	381
幸田町	8	660	626
京都府			
城陽市	1	54	48
八幡市	5	271	239
京田辺市	9	666	588
久御山町	4	166	147
大阪府			
岸和田市	6	377	369
貝塚市	4	274	268
泉佐野市	8	476	466
泉南市	3	193	189
阪南市	1	58	57
熊取町	2	116	114
田尻町	1	60	59
奈良県			
奈良市	4	218	186
大和高田市	1	61	50
大和郡山市	4	256	217
天理市	7	457	408
橿原市	1	36	23
桜井市	3	185	157
五條市	10	480	448

(13) トマト
ア 冬春トマト

主要産地市町村	作付面積	収穫量	出荷量
	ha	t	t
奈良県（続き）			
御所市	1	32	17
葛城市	4	203	173
宇陀市	4	124	95
山添村	1	25	14
斑鳩町	2	80	53
田原本町	7	403	338
高取町	2	100	79
明日香村	1	30	19
広陵町	11	596	491
吉野町	1	17	11
大淀町	1	24	13
山口県			
下関市	22	365	270
徳島県			
吉野川市	7	480	430
阿波市	33	2,480	2,300
美馬市	7	420	359
三好市	6	360	310
板野町	5	300	245
上板町	3	192	155
つるぎ町	1	29	24
東みよし町	2	133	115
香川県			
観音寺市	16	410	281
三豊市	7	178	100
愛媛県			
松山市	19	546	345
伊予市	14	373	257
東温市	6	173	107
松前町	2	70	62
砥部町	5	106	80
熊本県			
熊本市	42	1,380	1,230
荒尾市	2	113	100
玉名市	5	189	168
南関町	4	216	185
和水町	15	600	505
大分県			
佐伯市	10	160	134
豊後大野市	17	360	320
北海道			
平取町	43	5,310	4,960
新冠町	x	x	x
新ひだか町	10	498	461
福島県			
南相馬市	3	356	337
新地町	1	93	76
茨城県			
結城市	7	668	629
取手市	2	141	133
坂東市	15	1,280	1,200
つくばみらい市	6	419	395
境町	4	219	206
栃木県			
宇都宮市	26	2,890	2,830
足利市	24	4,200	3,990
栃木市	23	4,260	4,080
鹿沼市	14	2,240	2,100
小山市	18	2,700	2,560
真岡市	16	2,080	1,980
大田原市	7	532	479
矢板市	1	33	28
那須塩原市	2	192	182
さくら市	1	33	25
下野市	1	155	150
上三川町	12	1,500	1,350
市貝町	1	81	79
芳賀町	6	572	470
壬生町	9	1,670	1,630
野木町	12	1,680	1,620
塩谷町	1	65	60
高根沢町	8	560	465
群馬県			
高崎市	10	671	630
桐生市	1	61	60
伊勢崎市	45	3,520	3,340
藤岡市	12	1,430	1,320
みどり市	18	1,440	1,430
玉村町	2	156	142
埼玉県			
加須市	9	1,620	1,540
本庄市	7	725	682
上里町	6	649	604
千葉県			
銚子市	10	720	677
野田市	7	567	539
茂原市	2	140	113
旭市	39	2,810	2,640
匝瑳市	9	648	612
横芝光町	2	88	83
一宮町	21	1,540	1,500
睦沢町	x	x	x
長生村	4	284	258
白子町	18	1,300	1,210

6　令和３年産市町村別の作付面積、収穫量及び出荷量（続き）

(13)　トマト（続き）

ア　冬春トマト（続き）

主要産地 市町村	作付 面積	収穫量	出荷量
	ha	t	t
千葉県（続き）			
長柄町	x	x	x
神奈川県			
藤沢市	21	1,850	1,800
茅ヶ崎市	6	519	507
海老名市	7	523	510
寒川町	1	45	44
新潟県			
新潟市	35	1,610	1,500
石川県			
小松市	8	588	535
加賀市	1	88	79
白山市	8	202	185
山梨県			
南アルプス市	4	190	153
中央市	11	450	420
岐阜県			
海津市	26	4,630	4,300
養老町	4	771	703
輪之内町	x	x	x
静岡県			
三島市	7	440	428
島田市	1	36	32
焼津市	13	374	332
掛川市	18	1,740	1,700
藤枝市	3	75	66
御前崎市	10	837	813
菊川市	16	1,120	1,110
伊豆の国市	19	2,220	2,170
函南町	6	556	544
愛知県			
豊橋市	112	14,000	13,400
豊川市	63	6,050	5,760
津島市	2	199	188
田原市	95	12,000	11,400
愛西市	19	1,900	1,800
弥富市	25	2,580	2,450
飛島村	3	322	305
三重県			
桑名市	9	918	856
木曽岬町	29	3,440	3,200
兵庫県			
神戸市	12	804	680
奈良県			
奈良市	3	241	225
大和郡山市	4	328	309
天理市	9	812	780
田原本町	2	168	155
和歌山県			
御坊市	4	271	261
美浜町	x	x	x
日高町	2	177	165
由良町	x	x	x
印南町	18	1,080	1,030
みなべ町	2	105	100
日高川町	4	242	232
香川県			
高松市	4	130	122
丸亀市	1	24	23
坂出市	2	56	55
善通寺市	2	90	88
さぬき市	10	640	503
東かがわ市	3	157	114
三木町	0	11	11
多度津町	4	198	196
まんのう町	1	33	31
愛媛県			
今治市	10	635	594
新居浜市	1	34	29
大洲市	13	1,190	1,160
四国中央市	1	50	46
福岡県			
福岡市	10	1,530	1,450
久留米市	7	1,040	987
柳川市	7	1,030	982
八女市	11	1,630	1,550
筑後市	10	1,560	1,490
大川市	x	x	x
うきは市	20	3,930	3,730
朝倉市	5	662	627
みやま市	3	246	231
筑前町	0	28	26
広川町	x	x	x
佐賀県			
佐賀市	11	919	855
小城市	x	x	x
長崎県			
南島原市	46	4,810	4,580
熊本県			
八代市	460	63,900	62,200
荒尾市	x	x	x
玉名市	202	27,900	27,000
宇土市	7	575	553
宇城市	74	6,660	6,450
長洲町	14	1,820	1,740
和水町	x	x	x
氷川町	15	2,080	1,960
宮崎県			
宮崎市	66	6,080	5,660
日向市	8	674	637
高鍋町	4	338	318

イ　夏秋トマト

主要産地 市町村	作付 面積	収穫量	出荷量
	ha	t	t
宮崎県（続き）			
新富町	8	608	548
木城町	1	49	46
川南町	14	1,320	1,240
都農町	38	3,660	3,540
門川町	9	759	699
美郷町	3	281	258
沖縄県			
豊見城市	23	1,870	1,650
北海道			
小樽市	7	473	434
旭川市	12	632	502
砂川市	13	768	676
富良野市	27	1,360	1,180
北斗市	39	3,080	2,980
知内町	3	267	252
木古内町	2	131	126
七飯町	1	90	85
森町	18	1,350	1,300
蘭越町	13	891	811
ニセコ町	3	239	219
真狩村	1	31	29
喜茂別町	5	499	456
京極町	1	104	95
倶知安町	1	46	43
仁木町	69	3,480	3,170
余市町	34	2,470	2,260
奈井江町	11	806	720
浦臼町	3	162	142
新十津川町	6	214	183
東神楽町	3	201	168
当麻町	20	1,050	930
美瑛町	50	5,390	4,860
上富良野町	11	385	328
中富良野町	10	563	486
南富良野町	3	155	132
日高町	8	1,010	944
平取町	65	7,970	7,440
新冠町	x	x	x
新ひだか町	23	1,070	996
青森県			
青森市	20	748	620
弘前市	27	1,020	907
八戸市	8	340	275
黒石市	18	1,110	1,010
五所川原市	28	1,440	1,270
十和田市	3	116	94
つがる市	35	1,530	1,370
平川市	28	1,800	1,680
平内町	1	29	24
今別町	1	19	15
蓬田村	11	516	465
外ヶ浜町	2	35	20
鰺ヶ沢町	2	112	92
深浦町	13	446	375
藤崎町	6	280	233
大鰐町	12	626	539
田舎館村	15	857	754
板柳町	7	270	225
鶴田町	3	138	120
中泊町	9	428	355
七戸町	17	1,100	1,000
東北町	4	203	161
三戸町	20	1,140	1,010
五戸町	2	81	70
田子町	9	457	416
南部町	12	505	409
階上町	1	13	8
新郷村	3	128	118

6 令和3年産市町村別の作付面積、収穫量及び出荷量（続き）

(13) トマト（続き）

イ 夏秋トマト（続き）

主要産地 市町村	作付 面積	収穫量	出荷量
	ha	t	t
岩手県			
盛岡市	25	1,300	1,110
花巻市	11	360	259
北上市	7	393	317
一関市	35	1,900	1,580
二戸市	9	441	378
八幡平市	14	752	666
奥州市	21	1,050	861
滝沢市	3	123	90
雫石町	7	240	152
葛巻町	1	29	12
岩手町	5	293	262
紫波町	8	290	219
矢巾町	3	119	95
金ヶ崎町	3	81	62
平泉町	2	75	43
九戸村	5	256	228
一戸町	11	707	650
宮城県			
石巻市	30	972	738
名取市	7	197	154
東松島市	10	288	204
秋田県			
横手市	26	809	450
湯沢市	31	1,240	973
鹿角市	14	678	540
大仙市	25	1,050	798
仙北市	4	98	70
小坂町	2	64	47
美郷町	16	736	586
羽後町	12	487	384
東成瀬村	5	188	148
山形県			
山形市	17	969	847
鶴岡市	30	1,090	944
大蔵村	13	1,170	1,110
鮭川村	2	160	140
戸沢村	3	142	122
三川町	2	48	34
庄内町	3	65	28
福島県			
福島市	7	213	154
会津若松市	13	701	527
郡山市	17	924	800
白河市	20	960	859
須賀川市	9	289	217
喜多方市	17	604	437
相馬市	2	52	27
二本松市	13	382	289
田村市	14	681	595
南相馬市	6	247	206
伊達市	13	386	324
本宮市	4	126	75
桑折町	1	23	14
川俣町	4	119	100
大玉村	2	50	34

主要産地 市町村	作付 面積	収穫量	出荷量
	ha	t	t
福島県（続き）			
鏡石町	3	108	91
天栄村	1	16	6
下郷町	4	204	177
只見町	10	851	791
南会津町	27	2,140	1,980
北塩原村	1	22	6
西会津町	2	36	17
磐梯町	2	87	69
猪苗代町	7	395	349
会津坂下町	6	214	153
湯川村	2	92	71
柳津町	4	227	199
三島町	0	6	2
昭和村	0	7	1
会津美里町	8	369	294
西郷村	1	31	17
泉崎村	7	445	405
中島村	9	847	787
矢吹町	22	1,490	1,390
棚倉町	2	80	44
矢祭町	2	73	50
塙町	3	113	84
鮫川村	2	49	36
石川町	6	177	150
玉川村	3	139	118
平田村	1	29	22
浅川町	1	50	42
古殿町	3	104	93
三春町	2	57	49
小野町	1	22	16
新地町	4	331	271
飯舘村	0	1	0
茨城県			
筑西市	91	2,900	2,750
桜川市	40	1,440	1,370
行方市	16	904	858
鉾田市	287	14,300	13,600
茨城町	17	781	741
栃木県			
宇都宮市	16	816	728
小山市	10	490	441
真岡市	2	128	109
下野市	7	350	315
益子町	6	450	441
市貝町	2	87	74
芳賀町	1	40	31
野木町	1	44	40
群馬県			
沼田市	33	3,080	2,930
片品村	33	2,740	2,610
川場村	4	327	311
昭和村	20	1,520	1,460
みなかみ町	6	402	358
千葉県			
銚子市	35	1,540	1,460
東金市	1	17	12

主要産地 市町村	作付面積	収穫量	出荷量
	ha	t	t
千葉県（続き）			
旭市	58	2,550	2,420
八街市	52	2,040	1,940
富里市	38	1,280	1,150
匝瑳市	9	298	283
山武市	26	879	791
大網白里市	10	338	270
九十九里町	11	372	298
芝山町	28	930	790
横芝光町	8	270	216
一宮町	7	343	330
長生村	4	105	79
白子町	14	490	472
富山県			
富山市	26	620	430
石川県			
小松市	16	747	671
福井県			
福井市	9	208	158
あわら市	7	162	92
坂井市	8	188	103
山梨県			
韮崎市	1	26	11
北杜市	21	1,700	1,560
長野県			
長野市	22	556	308
松本市	27	1,340	1,200
上田市	8	256	151
飯田市	8	256	177
伊那市	14	580	395
駒ヶ根市	7	319	267
中野市	5	170	107
飯山市	10	395	351
塩尻市	9	461	405
東御市	5	195	164
青木村	1	16	3
長和町	3	84	70
箕輪町	3	112	47
飯島町	3	118	75
南箕輪村	4	173	142
宮田村	1	39	22
松川町	2	49	28
阿南町	2	76	64
売木村	1	31	28
泰阜村	2	66	56
喬木村	1	26	14
豊丘村	1	34	23
山形村	3	171	165
木島平村	1	54	47
信濃町	5	171	152
小川村	1	16	5
栄村	3	192	185
岐阜県			
高山市	124	10,900	10,300
中津川市	27	1,740	1,480
恵那市	12	682	552
飛騨市	17	1,470	1,360
郡上市	14	591	532
下呂市	16	1,300	1,200
七宗町	2	20	12
白川町	7	306	242
東白川村	6	331	266
岡山県			
高梁市	22	1,410	1,370
新見市	15	707	517
吉備中央町	2	59	43
広島県			
安芸高田市	5	102	76
北広島町	14	719	521
神石高原町	17	1,470	1,320
山口県			
山口市	18	556	509
萩市	11	536	429
阿武町	1	24	19
香川県			
高松市	6	149	135
丸亀市	1	27	12
坂出市	2	47	35
善通寺市	2	37	28
さぬき市	8	162	140
東かがわ市	3	71	42
多度津町	2	46	45
まんのう町	3	85	83
愛媛県			
松山市	9	221	133
伊予市	14	339	237
久万高原町	20	1,350	1,220
砥部町	4	118	71
内子町	3	104	52
熊本県			
熊本市	21	531	505
八代市	71	4,280	4,050
宇土市	4	100	93
宇城市	36	1,330	1,270
阿蘇市	55	4,850	4,700
産山村	2	184	177
高森町	5	319	306
南阿蘇村	24	1,670	1,580
御船町	3	90	72
嘉島町	3	90	80
益城町	5	158	144
山都町	70	4,920	4,740
氷川町	4	265	255
大分県			
竹田市	63	4,420	4,240
由布市	3	91	84

6　令和３年産市町村別の作付面積、収穫量及び出荷量（続き）

(13)　トマト（続き）
イ　夏秋トマト（続き）

主要産地 市町村	作付 面積	収穫量	出荷量
	ha	t	t
大分県（続き）			
九重町	19	1,360	1,250
玖珠町	7	365	310
宮崎県			
高千穂町	11	691	654
日之影町	1	45	41
五ヶ瀬町	5	230	213

(14)　ピーマン
ア　冬春ピーマン

主要産地 市町村	作付 面積	収穫量	出荷量
	ha	t	t
茨城県			
神栖市	219	20,300	19,200
高知県			
高知市	2	221	203
室戸市	1	210	196
安芸市	7	1,030	985
南国市	15	1,440	1,360
土佐市	28	4,120	3,990
須崎市	6	478	445
四万十市	2	279	259
香南市	6	881	820
香美市	1	93	80
奈半利町	x	x	x
田野町	0	18	17
安田町	2	151	129
芸西村	13	2,510	2,410
四万十町	1	135	124
黒潮町	x	x	x
宮崎県			
宮崎市	43	4,720	4,480
日南市	12	1,740	1,650
小林市	8	900	855
串間市	8	1,110	1,050
西都市	85	8,360	7,850
高原町	1	124	118
国富町	14	1,610	1,530
高鍋町	3	332	315
新富町	29	3,790	3,600
木城町	1	91	86
鹿児島県			
鹿屋市	15	2,040	1,930
志布志市	32	4,470	4,340
大崎町	1	195	188
東串良町	27	3,820	3,700
肝付町	5	553	525
沖縄県			
南城市	4	235	200
八重瀬町	20	1,640	1,440

イ 夏秋ピーマン

主要産地 市町村	作付面積	収穫量	出荷量
	ha	t	t
青森県			
青森市	8	146	107
八戸市	11	547	465
平内町	5	81	64
三戸町	11	567	510
五戸町	8	398	358
田子町	3	189	153
南部町	11	554	509
階上町	1	26	21
新郷村	7	357	334
岩手県			
盛岡市	7	214	154
大船渡市	2	84	63
花巻市	19	959	806
北上市	6	227	152
遠野市	9	442	370
一関市	20	1,220	1,080
八幡平市	11	400	339
奥州市	47	2,430	2,130
滝沢市	3	95	67
雫石町	4	153	120
葛巻町	1	24	12
岩手町	29	1,060	962
紫波町	3	88	65
矢巾町	2	38	26
金ヶ崎町	2	111	91
大槌町	2	90	84
福島県			
二本松市	10	226	189
田村市	14	1,000	944
伊達市	5	104	91
本宮市	2	61	48
大玉村	0	8	6
三春町	8	473	443
小野町	3	195	182
茨城県			
神栖市	188	7,980	7,500
長野県			
長野市	13	281	180
松本市	7	161	129
飯田市	6	150	115
中野市	2	60	31
飯山市	5	166	135
塩尻市	9	210	190
松川町	1	37	28
高森町	1	26	15
阿南町	1	41	36
阿智村	1	16	12
根羽村	0	5	3
下條村	2	49	42
天龍村	1	10	8
泰阜村	2	45	39
喬木村	1	25	18
豊丘村	1	19	11
麻績村	0	4	3
山形村	1	16	14
長野県（続き）			
筑北村	1	10	5
木島平村	2	55	47
野沢温泉村	1	22	19
信濃町	2	41	32
小川村	1	13	7
飯綱町	1	29	14
栄村	0	9	6
兵庫県			
豊岡市	21	727	545
養父市	4	118	73
朝来市	4	104	48
香美町	2	79	68
新温泉町	4	112	90
愛媛県			
松山市	3	65	22
伊予市	3	72	50
西予市	6	141	101
久万高原町	14	559	540
砥部町	1	25	14
内子町	5	183	168
熊本県			
高森町	2	40	36
南阿蘇村	1	21	15
御船町	1	30	28
山都町	25	1,230	1,150
大分県			
大分市	8	225	220
中津市	6	96	75
臼杵市	31	2,840	2,780
竹田市	14	690	660
豊後大野市	33	2,150	2,090
九重町	2	270	245
玖珠町	9	318	307
宮崎県			
小林市	8	325	297
えびの市	4	177	159
高原町	1	45	40

［付］ 調 査 票

⇦ ⇦ ⇦ 入 力 方 向

別記様式第９号

4	3	5	2

秘	統計法に基づく基幹統計
農林水産省	作 物 統 計

政府統計

統計法に基づく国の統計調査です。調査票情報の秘密の保護に万全を期します。

年 産	都道府県	管理番号	市区町村	客体番号
2 0				

令和　　年産

野菜作付面積調査・収穫量調査調査票（団体用）

春植えばれいしょ用

○ この調査票は、秘密扱いとし、統計以外の目的に使うことは絶対ありませんので、ありのままを記入してください。

○ 黒色の鉛筆又はシャープペンシルで記入し、間違えた場合は、消しゴムできれいに消してください。

○ 調査及び調査票の記入に当たって、不明な点等がありましたら、下記の「問い合わせ先」にお問い合わせください。

★ 数字は、1マスに1つずつ、枠からはみ出さないように右づめで記入してください。

記入例				9	8	7	6	5	4	0

つなげる　すきまをあける

★ 該当する場合は、記入例のように点線をなぞってください。

記入例	⁄	→	／

★ マスが足りない場合は、一番左のマスにまとめて記入してください。

記入例	11	2	3

記入していただいた調査票は、　月　日までに提出してください。

調査票の記入及び提出は、インターネットでも可能です。

詳しくは同封の「オンライン調査システム操作ガイド」を御覧ください。

【問い合わせ先】

【１】貴団体で集荷している春植えばれいしょの作付面積及び出荷量について

記入上の注意

○ 主たる収穫･出荷期間は、北海道は9月から10月まで、都府県は4月から8月までですが、この期間以降に出荷を予定している量も含めて記入してください。
○ 作付面積の単位は「ha」とし、小数点第一位（10a単位）まで記入してください。0.05ha未満の結果は「0.0」と記入してください。
○ 作付面積及び出荷量には種ばれいしょを含めないでください。
○ 出荷量の「うち加工向け」はでんぷん原料用及び加工食品用です。

作物名		作付面積	出荷量	うち加工向け
春植えばれいしょ	前年産	ha	t	t
	本年産			

【２】作付面積の増減要因等について

作付面積の主な増減要因について記入してください。

主な増減地域と増減面積について記入してください。

貴団体において、貴団体に出荷されない管内の作付団地等の状況（作付面積、作付地域等）を把握していれば記入してください。

【３】収穫量の増減要因等について

前年産と比べた本年産の作柄の良否、被害の多少、主な被害の要因について該当する項目の点線をなぞってください。

作物名	作柄の良否			被害の多少		
	良	並	悪	少	並	多
春植えばれいしょ	／	／	／	／	／	／

主な被害の要因（複数回答可）									
高温	低温	日照不足	多雨	少雨	台風	病害	虫害	鳥獣害	その他
／	／	／	／	／	／	／	／	／	／

被害以外の増減要因（品種、栽培方法などの変化）があれば、記入してください。

⇦ ⇦ ⇦ 入力方向

別記様式第10号

4362

秘	統計法に基づく基幹統計
農林水産省	作物統計

年産	都道府県	管理番号	市区町村	客体番号
20				

政府統計

統計法に基づく国の統計調査です。調査票情報の秘密の保護に万全を期します。

令和　年産

野菜作付面積調査・収穫量調査調査票（団体用）

○ この調査票は、秘密扱いとし、統計以外の目的に使うことは絶対ありませんので、ありのままを記入してください。
○ 黒色の鉛筆又はシャープペンシルで記入し、間違えた場合は、消しゴムできれいに消してください。
○ 調査及び調査票の記入に当たって、不明な点等がありましたら、下記の「問い合わせ先」にお問い合わせください。

★ 右づめで記入し、マスが足りない場合は一番左のマスにまとめて記入してください。
★ 該当する場合は、記入例のように点線をなぞってください。

記入例	11	9	8	6	5	3
記入例	⁄	→	／			

つなげる　すきまをあける

記入していただいた調査票は、　月　日までに提出してください。
調査票の記入及び提出は、インターネットでも可能です。
詳しくは同封の「オンライン調査システム操作ガイド」を御覧ください。

【問い合わせ先】

【１】貴団体で集荷している作付面積及び出荷量について

記入上の注意
○ 「作付面積」は、は種又は植付けし、発芽又は定着した作物の利用面積を記入してください。単位は「ha」とし、小数点第一位（10a単位）まで記入してください。0.05ha未満の場合は「0.0」と記入してください。
○ 「出荷量」には、種子用や飼料用として出荷した量は含めません。
○ 「加工向け」は、加工場や加工を目的とする業者へ出荷した量を記入してください。
○ 「業務用向け」は、飲食店、学校給食、ホテルや総菜等を含む外食産業や中食産業に出荷した量を記入してください。

品目名 品目コード	主たる収穫・出荷期間	区分	作付面積	出荷量	うち加工向け	うち業務用向け
		前年産	ha	t	t	t
		本年産	.			
		前年産				
		本年産	.			
		前年産				
		本年産	.			
		前年産				
		本年産	.			

次のページに進んでください。

【１】 貴団体で集荷している作付面積及び出荷量について（続き）

品目名	主たる収穫・出荷期間	区分	作付面積	出荷量		
品目コード					うち加工向け	うち業務用向け
		前年産	ha	t	t	t
		本年産				
		前年産				
		本年産				
		前年産				
		本年産				
		前年産				
		本年産				
		前年産				
		本年産				
		前年産				
		本年産				
		前年産				
		本年産				
		前年産				
		本年産				
		前年産				
		本年産				
		前年産				
		本年産				
		前年産				
		本年産				
		前年産				
		本年産				
		前年産				
		本年産				
		前年産				
		本年産				
		前年産				
		本年産				

【１】貴団体で集荷している作付面積及び出荷量について（続き）

品目名 品目コード	主たる収穫・出荷期間	区分	作付面積	出荷量	うち加工向け	うち業務用向け
		前年産	ha	t	t	t
		本年産				
		前年産				
		本年産				
		前年産				
		本年産				
		前年産				
		本年産				
		前年産				
		本年産				
		前年産				
		本年産				
		前年産				
		本年産				
		前年産				
		本年産				
		前年産				
		本年産				
		前年産				
		本年産				
		前年産				
		本年産				
		前年産				
		本年産				
		前年産				
		本年産				
		前年産				
		本年産				
		前年産				
		本年産				

次のページに進んでください。

【１】貴団体で集荷している作付面積及び出荷量について（続き）

品目名 品目コード	主たる収穫・出荷期間	区分	作付面積	出荷量	うち加工向け	うち業務用向け
		前年産	ha	t	t	t
		本年産				
		前年産				
		本年産				
		前年産				
		本年産				
		前年産				
		本年産				
		前年産				
		本年産				
		前年産				
		本年産				
		前年産				
		本年産				
		前年産				
		本年産				

【２】作付面積、生育、作柄及び被害の状況について

主な品目ごとの作付面積の増減要因について記入してください。

主な品目ごとの増減地域と増減面積について記入してください。

主な品目ごとの生育、作柄及び被害状況について記入してください。

入力方向

別記様式第11号

調査票		枚目のうち		枚目

4	3	6	3

年産	都道府県	管理番号	市区町村	客体番号
20				

秘
農林水産省

統計法に基づく基幹統計
作物統計

政府統計

統計法に基づく国の統計調査です。調査票情報の秘密の保護に万全を期します。

令和　年産
野菜作付面積調査・収穫量調査調査票（団体用）

指定産地（市町村）用

○ この調査票は、秘密扱いとし、統計以外の目的に使うことは絶対ありませんので、ありのままを記入してください。

○ 黒色の鉛筆又はシャープペンシルで記入し、間違えた場合は、消しゴムできれいに消してください。

○ 調査及び調査票の記入に当たって、不明な点等がありましたら、下記の「問い合わせ先」にお問い合わせください。

★ 数字は、1マスに1つずつ、枠からはみ出さないように右づめで記入してください。

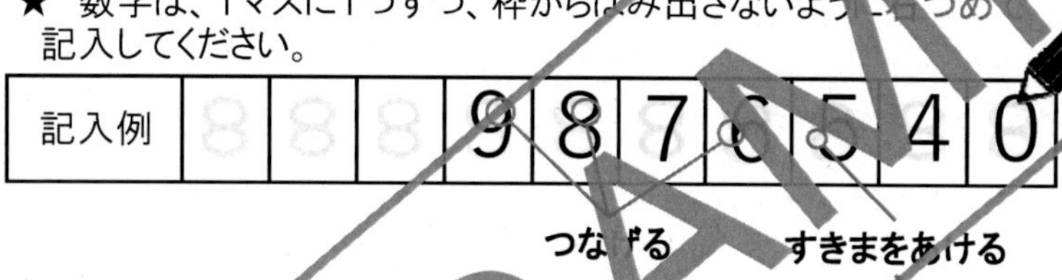

★ マスが足りない場合は、一番左のマスにまとめて記入してください。

記入していただいた調査票は、　月　日までに提出してください。
調査票の記入及び提出は、インターネットでも可能です。
詳しくは同封の「オンライン調査システム操作ガイド」を御覧ください。

【問い合わせ先】

【１】 貴団体で集荷している市町村別の作付面積及び出荷量について

記入上の注意

○ その品目の指定産地が存在する市町村について、指定産地の内外にかかわらず記入してください。
○ 「作付面積」は、は種又は植付けし、発芽又は定着した作物の利用面積を記入してください。単位は「ha」とし、小数点第一位（10a単位）まで記入してください。0.05ha未満の場合は「0.0」と記入してください。
○ 「作付面積」及び「出荷量」には、種子用や飼料用は含めません。

品目名 コード	主たる収穫・出荷期間	指定産地名 コード	市町村名 コード	区分	作付面積 ha	出荷量 t
				前年		
				本年		
				前年		
				本年		
				前年		
				本年		
				前年		
				本年		
				前年		
				本年		
				前年		
				本年		
				前年		
				本年		
				前年		
				本年		
				前年		
				本年		
				前年		
				本年		
				前年		
				本年		
				前年		
				本年		
				前年		
				本年		

【１】 貴団体で集荷している市町村別の作付面積及び出荷量について（続き）

品目名 コード	主たる収穫・出荷期間	指定産地名 コード	市町村名 コード	区分	作付面積 ha	出荷量 t
				前年		
				本年		
				前年		
				本年		
				前年		
				本年		
				前年		
				本年		
				前年		
				本年		
				前年		
				本年		
				前年		
				本年		
				前年		
				本年		
				前年		
				本年		
				前年		
				本年		
				前年		
				本年		
				前年		
				本年		
				前年		
				本年		
				前年		
				本年		
				前年		
				本年		

次のページに進んでください。

【１】貴団体で集荷している市町村別の作付面積及び出荷量について（続き）

品目名 コード	主たる収穫・出荷期間	指定産地名 コード	市町村名 コード	区分	作付面積 ha	出荷量 t
				前年		
				本年		
				前年		
				本年		
				前年		
				本年		
				前年		
				本年		
				前年		
				本年		
				前年		
				本年		
				前年		
				本年		
				前年		
				本年		
				前年		
				本年		
				前年		
				本年		
				前年		
				本年		
				前年		
				本年		
				前年		
				本年		
				前年		
				本年		
				前年		
				本年		

⇦ ⇦ ⇦ 入 力 方 向

別記様式第21号

4	3	7	1

秘	統計法に基づく基幹統計
農林水産省	作 物 統 計

都道府県	管理番号	市区町村	旧市区町村	農業集落	調査区	経営体

政府統計

統計法に基づく国の統計調査です。調査票情報の秘密の保護に万全を期します。

令和　　年産

野菜収穫量調査調査票（経営体用）

春植えばれいしょ用

○ この調査票は、秘密扱いとし、統計以外の目的に使うことは絶対ありませんので、ありのままを記入してください。
○ 黒色の鉛筆又はシャープペンシルで記入し、間違えた場合は、消しゴムできれいに消してください。
○ 調査及び調査票の記入に当たって、不明な点等がありましたら、下記の「問い合わせ先」にお問い合わせください。

★ 右づめで記入し、マスが足りない場合は一番左のマスにまとめて記入してください。
★ 該当する場合は、記入例のように点線をなぞってください。

記入例	11	9	8	6	5	3

つなげる　すきまをあける

記入例 ⁄ → ⁄

記入していただいた調査票は、　月　日までに提出してください。

【問い合わせ先】

【１】本年の生産の状況について

本年の作付状況について教えてください。
必ず、該当する項目の点線を1つなぞってください。

本年、作付けを行った	⁄
本年、作付けを行わなかった	⁄

【２】来年以降の作付予定について

来年以降の作付予定について教えてください。
必ず、該当する項目の点線を1つなぞってください。

来年以降、作付予定がある	⁄
来年以降、作付予定はない	⁄
今のところ未定	⁄
農業をやめたため、農作物を作付け（栽培）する予定はない	⁄

・本年作付けを行った方は、【３】（裏面）に進んでください。

・本年作付けを行わなかった方はここで終了となりますので、調査票を提出していただくようお願いします。
御協力ありがとうございました。

本年、作付けを行った方のみ記入してください。

【３】作付面積、出荷量及び自家用等の量について

本年産の作付面積、出荷量及び自家用等の量について記入してください。

記入上の注意

○「作付面積」は、被害等で収穫できなかった面積（収穫量のなかった面積）も含めてください。
　また、１年間のうち、同じほ場に複数回作付けした場合（収穫後、同じ作物を新たに植えた場合） は、その延べ面積としてください。
○「収穫量」は、「箱」、「袋」、「t」等で把握されている場合は、「kg」に換算して記入してください。
　（例：10kg箱で150箱出荷した場合→1,500kgと記入）
○「出荷量」は、農協や市場へ出荷したものや、消費者に直接販売したものなど、販売した全ての量を含めてください。また、販売する予定で保管されている量も「出荷量」に含めてください。
　なお、**種子用のばれいしょは出荷量に含めないでください。**
○「自家用、無償の贈答用、種子用等の量」は、ご家庭で消費したもの、無償で他の方にあげたもの、翌年産の種子用にするものなどを指します。
○ **北海道は、9月～10月に主に収穫、出荷したものについて記入してください。**
　なお、9月以前に出荷した量、又は10月以降に出荷が予定されている場合はその量も出荷量に含めてください。
　都府県は、4月～8月に主に収穫、出荷したものについて記入してください。
○ 1a、1kgに満たない場合は四捨五入して整数単位で記入してください。
　（例：0.4a、0.4kg以下→「0」、0.5a、0.5kg以上→「1」と記入）
○「出荷先の割合」は、記入した「出荷量」について該当する出荷先に出荷した割合を%で記入してください。
　「直売所・消費者へ直接販売」は、農協の直売所、庭先販売、宅配便、インターネット販売などをいいます。
　「その他」は、仲買業者、スーパー、外食産業などを含みます。

作物名	作付面積 (町)(反)(畝) ha a	収穫量	
		出荷量 （販売した量及び販売目的で保管している量） t kg	自家用、無償の贈与、種子用等の量 t kg
春植えばれいしょ			

○ 記入した出荷量について該当する出荷先に出荷した割合を記入してください。

【４】出荷先の割合について

作物名	加工業者	直売所・消費者へ直接販売	市場	農協以外の集出荷団体	農協	その他	合計
春植えばれいしょ	%	%	%	%	%	%	100%

【５】作柄及び被害の状況について

前年産と比べた本年産の作柄の良否、被害の多少、主な被害の要因について該当する項目の点線をなぞってください。

作物名	作柄の良否			被害の多少		
	良	並	悪	少	並	多
春植えばれいしょ						

主な被害の要因（複数回答可）									
高温	低温	日照不足	多雨	少雨	台風	病害	虫害	鳥獣害	その他

調査はここで終了です。御協力ありがとうございました。

別記様式第22号

4381

秘	統計法に基づく基幹統計
農林水産省	作　物　統　計

政府統計

統計法に基づく国の統計調査です。調査票情報の秘密の保護に万全を期します。

年　産	都道府県	管理番号	市区町村	旧市区町村	農業集落	調査区	経営体
2 0							

入力方向

令和　　年産

野菜収穫量調査調査票（経営体用）

○ この調査票は、秘密扱いとし、統計以外の目的に使うことは絶対ありませんので、ありのままを記入してください。
○ 黒色の鉛筆又はシャープペンシルで記入し、間違えた場合は、消しゴムできれいに消してください
○ 調査及び調査票の記入に当たって、不明な点等がありましたら、下記の「問い合わせ先」にお問い合わせください

★ 右づめで記入し、マスが足りない場合は一番左のマスにまとめて記入してください。

記入例　11 9 8 6 5 3　つなげ　すきまをあけ

★ 該当する場合は、記入例のように点線をなぞってください。

記入例　⁄ → ／

記入していたたいた調査票は、　　月　　日までに提出してください。

【問い合わせ先】

【１】本年の生産の状況について

本年の作付状況について教えてください。
必ず、該当する項目の点線を1つなぞってください。

本年、作付けを行った	⁄
本年、作付けを行わなかった	⁄

→

【２】来年以降の作付予定について

来年以降の作付予定について教えてください。
必ず、該当する項目の点線を1つなぞってください。

来年以降、作付予定がある	⁄
来年以降、作付予定はない	⁄
今のところ未定	⁄
農業をやめたため、農作物を作付け（栽培）する予定はない	⁄

【1】本年の生産状況の確認で
・ 本年作付けを行った方は、【３】（次のページ）に進んでください。
・ 本年作付けを行わなかった方はここで終了となりますので、調査票を提出していただくようお願いします。
御協力ありがとうございました。

本年、作付けを行った方のみ記入してください。

【３】作付面積、出荷量及び自家用等の量について

本年産の作付面積、出荷量及び自家用等の量について記入してください。

記入上の注意

○ 「作付面積」は、被害等で収穫できなかった面積（収穫量のなかった面積）も含めてください。
　また、１年間のうち、同じほ場に複数回作付けした場合（収穫後、同じ作物を新たに植えた場合）は、その延べ面積としてください。
○ 「収穫量」は、「箱」、「袋」、「t」等で把握されている場合は、「kg」に換算して記入してください。
　（例：10kg箱で150箱出荷した場合→1,500kgと記入）
○ 「自家用、無償の贈与」は、ご家庭で消費したもの、無償で他の方にあげたもの、翌年産の種子用にするものなどを指します。
○ 1a、1kgに満たない場合は四捨五入して整数単位で記入してください。
　（例：0.4a、0.4kg以下→「0」、0.5a、0.5kg以上→「1」と記入）
○ 「出荷先の割合」は、記入した「出荷量」について該当する出荷先に出荷した割合を%で記入してください。
　「直売所・消費者へ直接販売」は、農協の直売所、庭先販売、宅配便、インターネット販売などをいいます。
　「その他」は、仲買業者、スーパーなどを含みます。
○ 「主な被害の要因」は被害があった場合に記入してください。
　（例：「高温」、「多雨」、「台風」、「病害」、「虫害」等）

品目名	主たる収穫・出荷期間	品目コード	作付面積 (町)(反)(畝) ha a	収穫量 出荷量（贈答用の販売を含む。） t kg	収穫量 自家用、無償の贈与 t kg	出荷先の割合（各出荷先の合計が100%となるようにしてください。） 加工業者	外食産業等の業者	直売所・消費者へ直接販売	市場	農協以外の集出荷団体	農協	その他	被害の多少 少	並	多	主な被害の要因

【３】作付面積、出荷量及び自家消費等の量について（続き）

品目名	主たる収穫・出荷期間	品目コード	作付面積	収穫量		出荷先の割合（各出荷先の合計が100%となるようにしてください。）							被害の多少			主な被害の要因
			(町)(反)(畝) ha a	出荷量（贈答用の販売を含む。） t kg	自家用、無償の贈与 t kg	加工業者	外食産業等の業者	直売所・消費者へ直接販売	市場	農協以外の集出荷団体	農協	その他	少	並	多	

次のページに進んでください。

【３】作付面積、出荷量及び自家消費等の量について （続き）

品目名	主たる収穫・出荷期間	品目コード	作付面積 (町)(反)(畝) ha a	収穫量		出荷先の割合 （各出荷先の合計が100%となるようにしてください。）							被害の多少			主な被害の要因
				出荷量 (贈答用の販売を含む。) t kg	自家用、無償の贈与 t kg	加工業者	外食産業等の業者	直売所・消費者へ直接販売	市場	農協以外の集出荷団体	農協	その他	少	並	多	

調査はここで終了です。御協力ありがとうございました。

令和３年産　野菜生産出荷統計

令和５年８月　発行　　　　定価は表紙に表示してあります。

編　集　〒100-8950　東京都千代田区霞が関１－２－１
農林水産省大臣官房統計部

発　行　〒141-0031　東京都品川区西五反田7-22-17　TOCビル
一般財団法人　農　林　統　計　協　会
振替　00190-5-70255　TEL 03(3492)2987

ISBN978-4-541-04446-4 C3061